# CONQUISTAS E DESAFIOS:

## *65 anos da Revolução Cubana*

Aline Fardin Pandolfi
Arelys Esquenazi Borrego
Gissele Carraro
Aline Faé Stocco (orgs.)

# CONQUISTAS E DESAFIOS:
## *65 anos da Revolução Cubana*

1ª edição

EXPRESSÃO POPULAR

São Paulo – 2025

Produção editorial: Lia Urbini
Preparação de texto: Luana Negraes
Revisão: Leticia Bergamini Souto
Capa, projeto gráfico e diagramação: Zap Design
Foto da capa: André Moulin Dardengo
Impressão e acabamento: Paym

Dados Internacionais de Catalogação-na-Publicação (CIP)

S493 Conquistas e desafios: 65 anos da Revolução Cubana / Aline Fardin Pandolfi...[et al.], (orgs.).--1.ed.-- São Paulo : Expressão Popular, 2024.
348 p.

ISBN 978-65-5891-157-9
Vários autores.

1. Revolução cubana - História. 2. A revolução democrática - Cuba. 3. Revolução socialista – Cuba. I. Pandolfi, Aline Fardin. II. Título.

CDU 972.91

Elaborada por Eliane Maria da Silva Jovanovich - CRB 9/1250



1ª edição: janeiro de 2025.

EDITORA EXPRESSÃO POPULAR
Alameda Nothmann, 806, Campos Elíseos
CEP 01216-001 – São Paulo – SP
atendimento@expressaopopular.com.br
www.expressaopopular.com.br
ed.expressaopopular
editoraexpressaopopular

# SUMÁRIO

# PREFÁCIO

Paulo Nakatani

As transformações pelas quais as sociedades contemporâneas estão passando têm levado, ao que tudo indica, a um número cada vez maior de pessoas preocupadas com o futuro da própria humanidade. Os recursos humanos, naturais e sociais nas sociedades fundadas na produção de mercadorias estão sendo depredados e aceleradamente destruídos. Esse processo é decorrente do domínio do capital, cujo objetivo fundamental é a acumulação e a apropriação sempre crescentes dos excedentes sociais da riqueza produzida. Assim, o mundo contemporâneo está atravessado pelas contradições decorrentes das múltiplas manifestações das crises econômicas, políticas, sociais, ambientais e militares que constituem as bases para essa gradual descrença no futuro. Objetivamente, as sociedades fundadas no modo de produção capitalista já mostraram amplamente que essa forma social não atende às necessidades humanas; elas reproduzem e ampliam a miséria, a pobreza e as desigualdades sociais sem oferecer nenhuma perspectiva de vida e de esperança para o futuro da maior parte da população. Subjetivamente, todo esse processo está sendo reproduzido no imaginário social de maneira contínua, em particular por meio de filmes e séries sobre o fim do mundo – em vez de sobre o fim do capitalismo –, amplamente disseminados a partir dos meios de comunicação de massa. Além das guerras mais recentes, as mudanças climáticas, decorrentes das formas de vida contemporâneas, estão fustigando as camadas mais pobres da população com as ondas de calor, de secas e de chuvas extremas, acentuando ainda mais a desesperança.

Após a Segunda Guerra Mundial, mesmo com toda destruição, desgraças e infortúnios, a humanidade ainda estava cheia de expectativas de uma vida melhor, da construção de sociedades mais solidárias e de um futuro mais justo e igualitário. Em numerosos territórios, as forças populares estavam avançando em suas lutas revolucionárias, que visavam à transição socialista. Naquele período, havia uma série de países onde o desenvolvimento da luta de classes avançava e era favorável aos processos revolucionários, como Cuba, Coreia, Vietnã e várias colônias africanas onde as guerras de independência propugnavam igualmente pela via socialista. Naquele momento, o mundo estava dividido entre os países capitalistas desenvolvidos, chamados de primeiro mundo, e os países socialistas industrializados do "segundo mundo". A partir da Conferência de Bandung, em 1955, constituiu-se e se organizou o Terceiro Mundo como uma força não alinhada nem ao primeiro nem ao segundo.

O desenrolar da Guerra Fria entre os Estados Unidos e a União Soviética acelerou, também, os processos de intervenção contra os movimentos sociais em todas as partes do mundo – em particular nos próprios Estados Unidos. Nesse sentido, pode-se afirmar que as lutas de classes, que decorriam das contradições internas nos diferentes países, foram gradativamente internacionalizadas, e, em muitos casos, as determinações externas se tornaram mais importantes e muitas vezes mais decisivas do que as internas. Ou seja, cada vez mais a política externa dos Estados Unidos, a partir dos diferentes meios de que eles dispõem até os dias atuais, bloqueou ou impediu o avanço das forças sociais que pretendiam construir as vias para uma sociedade comunista. Além da participação direta nas guerras civis revolucionárias da Coreia e do Vietnã, a disseminação das ditaduras militares na América Latina foi um dos casos mais evidentes e concretos da maciça intervenção dos Estados Unidos contra qualquer luta ou organização que defendesse as concepções comunistas. Cuba foi a grande exceção nas Américas. O desenrolar da luta de classes conduziu à Revolução, com a derrubada do ditador Fulgencio Batista, apoiado e subordinado pelos interesses dos Estados Unidos. Além disso, logo após a vitória da Revolução, em 31 de dezembro de 1959, um grupo de paramilitares cubanos, financiados, treinados e dirigidos pela CIA e com o apoio das Forças Armadas dos Estados Unidos tentou derrubar a Revolução com a conhecida e derrotada Invasão da Baía dos Porcos, em 1961.

As tensões com os Estados Unidos foram crescendo com as sanções; o bloqueio contra o processo revolucionário cubano está determinado atualmente por várias leis estadunidenses. Iniciado em 1962, esse processo foi gradativamente recrudescido, em particular no início dos anos 1990 com a queda da União Soviética, e ainda mais com o governo de Donald Trump, a partir de 2017. Essa pressão contínua na tentativa de destruir o projeto de transição socialista em Cuba tem sido reprovada e rejeitada anualmente pela maioria absoluta dos países participantes da Organização das Nações Unidas (ONU) há mais de 30 anos, mas isso tem sido solenemente ignorado pelos Estados Unidos. Além das sanções econômicas,

Cuba tem sofrido diariamente, há décadas, um bombardeio cotidiano e contínuo de mensagens contrarrevolucionárias, com programas de rádio e televisão emitidos dos Estados Unidos especificamente para a ilha. Apesar disso tudo, o projeto cubano de transição socialista resiste!

A leitura deste livro traz muitos elementos para a compreensão dessa resistência. Alguns capítulos mostram, ainda, a importância e o peso do bloqueio norte-americano nas condições de produção, circulação e distribuição em Cuba – da dissolução da União Soviética até as medidas do governo de Donald Trump, agudizadas pela pandemia de covid-19. O recrudescimento do bloqueio no contexto de pandemia aprofundou significativamente as dificuldades do povo cubano, em especial sobre as condições materiais de vida necessárias para a população.

Ao longo das últimas décadas, o projeto de construção de uma sociedade mais livre, democrática, solidária e mais igualitária teve de ser reformulado várias vezes em decorrência dos problemas já relatados. Este tomou corpo nas reformas constitucionais, nos novos planos e programas e em várias reformulações, como a mudança no sistema monetário, a reintrodução de mecanismos de mercado, a mudança no sistema de propriedade, as mudanças na *libreta*, que já não consegue mais atender as necessidades básicas da população, entre várias outras. Todas essas modificações aparecem ao longo dos capítulos deste livro, que mostra os avanços e recuos, as contradições e as soluções que foram sendo adotadas para o enfrentamento das dificuldades.

De qualquer modo, os aspectos centrais de todo o desenvolvimento da sociedade cubana são o ser humano e as principais decisões políticas, econômicas e sociais que são tomadas após um amplo debate com a participação de toda a população. Isso porque Cuba desenvolveu uma forma de democracia na qual participam todos os membros da população, de maneira muito distinta em relação ao que se considera como democracia nos países capitalistas. Um dos capítulos desta obra faz uma detalhada descrição de como isso funciona na realidade prática cubana.

As contradições internas decorrentes das pressões externas dos Estados Unidos e aliados foram enfrentadas de várias maneiras. Dentre as novas formas de organização da economia e do mercado interno, foram expandidas as atividades autônomas, o chamado *cuentapropismo*, e as cooperativas de trabalho. Nesse contexto, desenvolveram-se rapidamente as, micro, pequenas e médias empresas (Mipymes), em especial no comércio varejista, que se tornaram muito importantes para o abastecimento local. Assim, apesar da supressão da dualidade monetária, os mercados locais ainda permanecem dolarizados, com muitos preços fixados em moeda nacional e em dólar em uma parte do comércio – às vezes também em euros. As atividades dos *cuentapropistas* e das Mipymes também ampliaram a circulação de mercadorias via mercado paralelo para vários produtos.

A política econômica cubana ainda permanece centrada no bem-estar da população. Os sistemas de saúde e de educação são universais e gratuitos, atendendo a maior parte das necessidades da população. Durante a pandemia de covid-19, o sistema de pesquisa e de produção de medicamentos criou algumas vacinas, as únicas em toda a América Latina à época, e atendem às demandas de vários países pelo mundo. Mas, devido ao bloqueio, o país também teve de desenvolver e produzir equipamentos necessários, como os respiradores, que os Estados Unidos impediram que chegassem até lá. De qualquer forma, o desempenho de Cuba no enfrentamento da pandemia esteve entre os melhores do mundo, apesar das dificuldades. Assim, o governo cubano administra o orçamento visando, em primeiro lugar, à atenção às necessidades básicas de saúde, educação, emprego e ocupação e à proteção social – no contexto atual, com muitas dificuldades. Não podemos nos esquecer de que Cuba é uma pequena ilha do Caribe, com uma pequena população e muitos poucos recursos naturais. Por isso, ao contrário da China e da Rússia, por exemplo, que dispõem de um enorme território, vastos recursos naturais e uma grande população, Cuba tem uma necessidade enorme de manter e ampliar suas relações econômicas com o sistema mundial, sendo dependente destas, o que explica o importante impacto do bloqueio dos Estados Unidos contra o país.

Na sessão da ONU de 2023, em que foi novamente votado e aprovado o fim do bloqueio, com somente dois votos contra, dos Estados Unidos e de Israel, e uma abstenção, da Ucrânia, o ministro Bruno Rodríguez relatou perdas de cerca de cinco bilhões de dólares apenas em 2023. Percebe-se que as perdas durante os 65 anos de bloqueio são enormes. Por isso, cabe a todas as pessoas e entidades ainda conscientes da necessidade de construção das vias para uma nova sociedade – para o comunismo – continuar apoiando o projeto de transição socialista cubano. Essa é uma das formas a partir das quais ainda podemos atuar contra o aprofundamento da crise do capital, o avanço das tendências de extrema direita de afeições fascistas, a crise ambiental e suas consequências para a humanidade. Diante desse contexto, a solidariedade internacional com Cuba é hoje mais necessária do que nunca.

Vitória, dezembro de 2023

# APRESENTAÇÃO

Aline Fardin Pandolfi
Arelys Esquenazi Borrego

> *Admitimos que la revolución conlleva errores, desajustes, desvíos, esquematismos. Pero la asumimos con su haz y con su envés, con su luz y con su sombra, con sus victorias y con sus derrotas, con su limitación y con su amplitud. Porque, aún con todos sus malogros, con todas sus carencias, la revolución sigue siendo para nosotros la única posibilidad que tiene el ser humano de recuperar su dignidad y realizarse a sí mismo: la única posibilidad (mediata o inmediata) de rescatarse de la alienación en que diariamente lo sume el orden capitalista, la presión colonial.*
>
> Mario Benedetti

A Revolução Cubana costuma ser objeto de debate político, mas também de estudos acadêmico-científicos de pesquisadores(as) pelo mundo que objetivam conhecer e analisar essa experiência revolucionária. Estudar experiências dessa natureza, que objetivam construir o socialismo, não é uma escolha esvaziada de interesse político – bem ao contrário, trata-se de uma escolha situada na disputa da luta de classes.

A opção pelos estudos de processos revolucionários e a divulgação destes no Brasil são importantes para difundir ao público interessado informações e análises críticas sobre experiências revolucionárias que seguem disputando uma forma de sociedade alternativa ao capitalismo. Para além de combater diretamente a desinformação e as inverdades difundidas sobre essas realidades, as pesquisas sobre processos revolucionários também permitem questionar a armadilha de que não há saídas ou alternativas possíveis ao capitalismo.

Nesse sentido, estudar as experiências de transição ao socialismo desde uma perspectiva crítica, mas comprometida política e ideologicamente com as necessidades da classe trabalhadora (entendida em sua diversidade de gênero e raça), parte da consciência de que é necessário, possível e urgente uma outra forma de organização do modo de produzir e reproduzir a nossa vida em sociedade. Adicionalmente, pesquisar uma experiência revolucionária concreta, como a cubana, considerando as determinações internas e externas, os avanços e os desafios, as tensões e as contradições etc., também permite ao pesquisador(a) e ao leitor(a) ter uma aproximação valorativa da magnitude e da complexidade que significa tentar constituir uma sociedade por oposição, ruptura e superação à lógica do capital.

Neste ano de 2024 celebram-se 65 anos da tomada do poder pelos rebeldes da guerrilha. O triunfo do processo revolucionário no ano de 1959 iniciou um processo radical de transformações em Cuba. Em 1961, a Revolução que nasceu "dos humildes, pelos humildes e para os humildes" declararia oficialmente seu caráter socialista, em meio ao processo de expropriação dos meios de produção e de diversas transformações institucionais, econômicas, sociais, culturais etc.

Nesse sentido, a Revolução adquiriu caráter socialista na medida em que estruturou, mesmo que parcialmente, novas relações sociais de produção – haja vista a apropriação social dos meios de produção, a coletivização da riqueza socialmente produzida e o processo de negação e superação das formas de exploração do trabalho tipicamente capitalistas. Cuba, sob condições histórico-concretas particularmente difíceis, apostou em uma visão de desenvolvimento socialista que tem se concretizado numa política econômica e social centralmente planificada, com o objetivo de responder às necessidades de sua população. Isso se efetivou em políticas de saúde e educação, no acesso à cultura e ao esporte, em formas particulares de gestão do trabalho e da propriedade, no acesso a alimentos e medicamentos – estes em quantidade e variedade diversificada nesses 65 anos. Atualmente, o país passa por uma grave crise após o período de pandemia de covid-19, com desafios que também serão apontados nos capítulos deste livro, incluindo a escassez de diversos produtos, especialmente medicamentos e alimentos.

As mudanças foram significativas ao longo desses 65 anos, mas, mesmo tendo alcançado patamares de desenvolvimento e justiça social incomparáveis a outros países da América Latina e Caribe, o país continua enfrentando contradições e condições internas e externas que constantemente desafiam a viabilidade de seu projeto de sociedade socialista. Por exemplo, a ilha não superou a relação de dependência externa por matérias-primas fundamentais e produtos alimentícios, além dos desafios advindos do baixo desenvolvimento das suas forças produtivas – tudo isso num contexto de intensa luta de classes, agressões imperialistas e bloqueio (econômico, comercial, financeiro, tecnológico etc.) por parte dos Estados Unidos.

Nos anos 1990, no contexto da desintegração do bloco socialista, a ilha enfrentou uma complexa situação de crise econômica e social, produto de um conjunto de fatores que demandou um novo ciclo de mudanças. Nesse cenário, o governo cubano formulou uma política econômica e social distinta da ideologia/agenda neoliberal hegemônica, incorporando uma perspectiva de desenvolvimento oposta aos padrões tipicamente capitalistas. Porém, ao mesmo tempo, é constantemente obrigada a buscar estratégias para se inserir dentro da economia mundial financeirizada como única via para reproduzir condições materiais concretas para sua subsistência, tendo conservado, ao longo desses 65 anos, uma estrutura econômica dependente.

A partir de 2007, vem se consolidando um processo chamado "atualização do modelo econômico e social da Revolução" com o intuito de sustentar os avanços econômicos e sociais do projeto cubano. Desde então, o país passa por profundas transformações, as quais imputam novas contradições, oportunidades e desafios para a transição ao socialismo na ilha.

Esta obra prioriza fazer um balanço de ambos os movimentos; destacar em cada uma das áreas pesquisadas os principais avanços sociais nesses 65 anos, mas também as contradições e desafios atuais do processo de transição ao socialismo na ilha. Trata-se de um esforço por entender a Revolução Cubana em toda sua complexidade e integralidade, ou, como citou o poeta, "com suas vitórias e suas derrotas, com sua limitação e com sua amplitude" (Benedetti, 1981, p. 81-82). Esse é o objetivo da publicação desta coletânea de artigos que trata de diferentes temáticas no interior dessa experiência revolucionária.

Em 2020, no contexto das celebrações pelos 60 anos do triunfo da Revolução Cubana e frente à conjuntura de crise sanitária ocasionada pela covid-19, um grupo de jovens professores(as) e pesquisadores(as) brasileiros(as) e cubanos(as) decidiram organizar um curso online intitulado "Revolução Cubana: 60 anos depois". O curso teve muitos(as) inscritos(as) de diferentes partes do Brasil, com diversas trajetórias e formações acadêmicas e variadas inserções profissionais e militantes. A unidade desse grupo de jovens se deu devido à vontade e à necessidade de aprofundar coletivamente conhecimentos e debates sobre a história e conjuntura recente de Cuba.

O coletivo se propõe uma perspectiva crítica que, a partir da totalidade e de contradições, considera a relevância histórica e política que a Revolução apresenta para os próprios cubanos(as), para América Latina e o Caribe e também para outras experiências revolucionárias e libertárias. Este livro é fruto dessa iniciativa e das que posteriormente se desdobrarão no empenho desse grupo por visibilizar, analisar e permanentemente debater a experiência cubana em toda sua amplitude e complexidade. Esse grupo atualmente constitui o Coletivo de Estudos sobre a Revolução Cubana ( Cerc).

Portanto, esta produção é resultado e síntese dos estudos, debates e reuniões do Cerc. Esse coletivo realizou investigações a nível de mestrado e doutorado sobre o processo revolucionário cubano. Grande parte destes(as) professores(as) e pesquisadores(as) integraram o Programa de Pós-graduação em Política Social da Universidade Federal do Espírito Santo (PGPS-Ufes). Também há entre os(as) autores(as) desta coletânea profissionais formados pela Faculdade de Economia da Universidade de Havana (UH), assim como egressos dos Programas de Pós-Graduação em Desenvolvimento Urbano da Universidade Federal de Pernambuco (UFPE), do Programa de Pós-Graduação em Serviço Social da Pontifícia

Universidade Católica do Rio Grande do Sul (PUCRS) e do Programa de Pós-Graduação em Educação: Conhecimento e Inclusão Social da Universidade Federal de Minas Gerais (PPGE/FaE/UFMG).

Os textos aqui organizados permitem desmistificar falácias e inverdades tão difundidas nos últimos anos sobre Cuba. Todos os artigos são iniciados por uma introdução, seguida de subitens que discutem os elementos principais do texto, e são finalizados com as conclusões principais, sempre destacando para o(a) leitor(a) as conquistas, mas também os principais desafios da Revolução Cubana.

Abrimos o livro com o texto de Camila Costa Valadão e Gissele Carraro, "Política social na experiência cubana de desenvolvimento". Dentre outros aspectos, o texto traz uma reflexão fundamental acerca da importância estratégica que assume a política social no projeto social cubano. A alternativa de desenvolvimento socialista de Cuba tem como prioridade os investimentos do Estado em saúde, educação, cultura, esportes e demais formas de distribuição da riqueza socialmente produzida – como o acesso à parte dos itens de alimentação via *libreta de abastecimiento*. A política social se tornou um mecanismo necessário de acesso à riqueza social e representa em seu conjunto o grande salto social das transformações do país. Essa mesma política também sofreu alterações desde a atualização do modelo econômico e social, assim como tem apresentado limites na sua execução após a crise sanitária causada pela covid-19.

No segundo capítulo, "Planificação no processo sócio-histórico cubano: experiências e desafios no contexto atual", Rodrigo Emmanuel Santana Borges e Gissele Carraro oferecem um panorama sintético da história e da forma atual da planificação no país. Para isso, em primeiro lugar tratam da história cubana a partir da Revolução de 1959, com foco na dinâmica (com seus avanços e reveses) da planificação estatal. No texto, identificam-se seis momentos distintivos no percurso da planificação socialista cubana. Reforça-se a articulação entre planejamento, política social e participação dos trabalhadores. Além disso, os autores dão mostras do grau de refinamento e complexidade da planificação em Cuba, singular após a forma com que, forçosamente, foi preciso reabrir espaços para atuação do mercado e seus mecanismos desde o Período Especial. Para fechar, apontam, ainda, os desafios atuais para a planificação.

Em seguida, abordamos os aspectos que particularizam a forma de participação política em Cuba. O capítulo "As formas de participação política em Cuba: organizações de massa, partido e Poder Popular" nega análises reducionistas sobre o tema, demonstrando como as organizações de massa, o Partido Comunista de Cuba (PCC) e o Poder Popular conformam uma unidade diversa. Contextualiza-se historicamente cada uma dessas formas de participação e as mudanças recentes. Por meio dessa análise, Aline Fardin Pandolfi mostra o processo democrático de participação popular que existe em Cuba, pontua algumas contradições e, sobretudo, nega as análises que insistem em reduzir a democracia a processos eleitorais pluripartidários.

Em "Cooperativas de trabalho em Cuba: aportes sobre uma década de implementação das cooperativas não agropecuárias (2012-2022)", André Moulin Dardengo traz uma discussão sobre esse tema que foi uma novidade do processo de atualização do modelo econômico e social cubano. Nesse capítulo, é possível conhecer mais sobre essa forma de propriedade particular nos processos de transição socialista, considerando sua relevância no que diz respeito à coletivização da gestão da produção e quanto ao acesso ao seu resultado. A análise se centra no processo de implementação das cooperativas não agropecuárias, indicando seus resultados positivos e suas contradições, além de apontar os desafios dessa forma de propriedade no interior do projeto cubano frente a outras formas privadas de organização da produção.

O capítulo de Vinicius Querzone, intitulado "O *cuentapropismo* cubano: uma experiência em desenvolvimento", trata do surgimento dessa forma de propriedade na ilha e demonstra como ela ganha maior espaço em conjunturas específicas, como uma forma de ampliar as possibilidades de acesso à renda e a um conjunto de bens e serviços. Em Cuba, os trabalhadores que atuam de maneira autônoma acessam os bens e serviços distribuídos de maneira coletiva, pois o trabalho em qualquer forma de propriedade permite à população acessar saúde, educação, cultura, esporte e a *libreta* de abastecimento (extremamente restrita atualmente). Nessa linha, o texto demonstra o avanço dessa forma de propriedade e captura algumas de suas contradições frente à atualização.

Em mais uma faceta sobre o trabalho em Cuba, o texto de Arelys Esquenazi Borrego trata sobre a "Política de empleo en la Revolución Cubana: principales avances conquistados por las cubanas". O objetivo desse texto é analisar a transformação da participação laboral das mulheres ao longo da história da Revolução. O texto está organizado em vários itens que explicitam a participação laboral das mulheres em vários períodos históricos da Revolução. Nas reflexões finais, o capítulo traz um balanço dos principais avanços e desafios em termos de participação das mulheres cubanas, demonstrando como ao longo da Revolução Cubana as mulheres vêm transformando substancialmente o perfil qualitativo e quantitativo da sua participação laboral.

Em seguida, temos o texto de Mario Mariano Ruiz Cardoso, "Universidade e educação na etapa inicial da Revolução: aportes do pensamento de Fidel Castro", que trata das transformações revolucionárias na política de educação na primeira década após 1959. A educação foi uma das frentes prioritárias do exército rebelde ainda no contexto da luta armada. Nos primeiros anos da Revolução Cubana, a educação sofreu transformações radicais, e se construiu uma universidade socialista. Nos dois primeiros anos após a tomada do poder, a ampla Campanha de Alfabetização praticamente eliminou o analfabetismo no país. Como parte fundamental dessa nova sociabilidade educativa da Revolução Cubana, a intervenção política dirigente e as ideias de Fidel Castro são elementos centrais. Esse texto objetiva a reflexão sobre as contribuições do pensamento de Fidel Castro, principal líder da Revolução Cubana, nos primeiros passos de transformação da educação e, de modo específico, da universidade na ilha socialista.

A discussão relativa à valorização cultural a partir da Revolução Cubana aparece no capítulo "Más allá de la Unesco: la Habana Vieja como bien cultural", de Maite Hernández Alfonso. No texto, apresenta-se como as políticas implementadas e as instituições criadas a partir do processo revolucionário contribuíram para a formulação de uma concepção do Centro Histórico de Havana como bem cultural, para além de instâncias como a Unesco. O texto destaca o processo de criação de leis e instituições por parte do governo revolucionário com o objetivo de valorizar e proteger o patrimônio cultural, bem como ampliar o acesso da população à educação e à arte. No entanto, o acesso à cultura e à arte nesse contexto de crise tem sido outro desafio importante, pois atualmente a piora nas condições objetivas de vida, com a falta de combustível, a presença de apagões em províncias do interior de Cuba e o desabastecimento de alimentos, aprofundou a tendência migratória que já existia e tem contribuído para a dissidência de artistas, os quais também têm emigrado.

O capítulo sobre o Sistema de Pensões e Seguridade Social em Cuba, "Evolución histórica y retos actuales del sistema de pensiones de la seguridad social en Cuba", de Henry Colina Hernández, trata dessa esfera específica da política social. A vitória revolucionária em Cuba implicou em alterações radicais na seguridade social. A partir de então, tem-se um sistema de repartição solidária e universal da capitalização dos fundos. Esse setor também tem passado por transformações ao longo do processo revolucionário. Entre os aspectos que caracterizam essas mudanças estão: as limitações da extensão da idade para aposentadoria, as fórmulas de cálculo e os métodos de contribuição. Nessa linha, esse texto objetiva sistematizar as transformações na área desde o triunfo da Revolução até a atualidade. Nessa área, os desafios quanto à relação entre os valores recebidos pelos aposentados e a alta dos preços têm sido um desafio importante.

No capítulo "Investimentos estrangeiros diretos em Cuba: o caso de Mariel", Guilherme Sávio Marchi traz uma das discussões mais polêmicas para a Revolução Cubana na atualidade: o processo de ampliação e as novas regulações para os investimentos estrangeiros em Cuba. Nesse texto, o autor destaca como os investimentos estrangeiros diretos constituem parte da estratégia de atualização do modelo. Os Investimentos Estrangeiros Diretos (IEDs) no país passam a ser compreendidos como fundamentais para superar os desafios advindos do baixo desenvolvimento das forças produtivas. A partir das mudanças na configuração da correlação de forças a nível mundial, os IEDs passam a ser adotados, primeiro como mecanismo de sobrevivência após o fim da União Soviética (URSS) e do Conselho de Auxílio Mútuo Econômico (Came), depois como importante elemento para o futuro da economia. Nesse contexto de crise após a pandemia, a abertura para os investimentos estrangeiros tem sido incentivada na economia cubana, mas segue sendo controlada pelo Estado.

O último capítulo desta obra, "Desafios da Revolução Cubana após a crise sanitária", de Aline Stocco, Aline Pandolfi e Arelys Borrego, trata da política de saúde cubana e visa contextualizar como o país enfrentou a pandemia causada pela covid-19. O recente contexto de crise sanitária e de recrudescimento do bloqueio (econômico, comercial e financeiro) agravou a situação socioeconômica do país: houve uma profunda desaceleração do crescimento econômico, apresentando, inclusive, decrescimentos em vários anos; áreas como turismo, níquel, exportação de serviços profissionais e remessas tiveram contrações significativas; houve uma redução considerável do processo de exportação e importação, dificultando o acesso a combustíveis, matérias-primas e alimentos; há recorrentes cortes de energia por problemas na geração de eletricidade e por falta de combustível. Desde então, o país enfrenta uma queda na oferta de diversos bens e serviços, em termos de disponibilidade, variedade e qualidade, gerando um quadro de tensão socioeconômica e política que atingiu seu ápice em 2021, mas que segue caracterizando o contexto da ilha. Em 2021, também se começa a implementar o ordenamento monetário, que intenta avançar no processo de unificação monetária e cambial no país. No entanto, devido à intensificação da crise econômica mundial somado ao contexto de pandemia, ao aprofundamento do bloqueio, a própria desaceleração econômica que já vinha se perfilando no país e também devido a erros na implementação deste programa, tudo isso se desdobrou em elevadas taxas de inflação e de devaluação do peso cubano (CUP) – situação ainda persistente Ainda diante desse quadro, o país centrou esforços em dar respostas à pandemia de covid-19 entre 2020 e 2021 e empreendeu um importante feito com a produção de cinco vacinas próprias para a doença. Ao longo de 2022, o ciclo vacinal da população em geral estava praticamente concluído. O texto visa trazer esses elementos atuais.

Há um intenso processo de luta por parte da sociedade cubana para manter as conquistas da Revolução mesmo diante dos vários desafios. A frase proferida por Martí no século XIX se mantém atual ainda no século XXI, 65 anos depois do início da Revolução Cubana: "A liberdade custa caro e é necessária. Ou nos resignamos a viver sem ela, ou decidimos pagar seu preço" (Martí, 2011, p. 193). A partir de 2022, esse "preço" se eleva, pois a crise se aprofunda, e Cuba é muito impactada pelas condições de ilha, de baixo desenvolvimento das forças produtivas, por não dispor de matérias-primas, pela opção por um projeto societário que rompe com os interesses do capital internacional (e que, por consequência, enfrenta mais de 60 anos de bloqueio econômico), pelas mudanças internas na economia realizadas numa conjuntura de instabilidade – haja vista o processo de unificação monetária em plena pandemia – e por outras determinações que serão apresentadas neste livro.

Trazemos esta coletânea de textos ao público brasileiro de pesquisadores(as), estudantes, militantes e demais interessados(as) para que possam conhecer um pouco mais dessa experiência revolucionária. Estamos convictos(as) de que este conjunto de reflexões incita a discussão e o desenvolvimento de novas pesquisas sobre a ilha e sobre processos de transformação social e experiências revolucionárias – que são mais urgentes hoje do que foram há 65 anos, haja vista os efeitos do avanço do capitalismo como modo de vida. É nítido o aceleramento das consequências para o meio ambiente, a crise climática, o aprofundamento das desigualdades que pioram as condições de vida dos(as) trabalhadores(as) do mundo, sobretudo na América Latina e no Caribe, na África e nos demais lugares que historicamente sofrem com a expropriação da riqueza social. Do ponto de vista do capital, a esfera política já evidenciou sua disposição à radicalidade para manter setores privilegiados, por meio da articulação e do espraiamento da extrema direita (também de feições fascistas). Romper com a lógica de vida calcada na produção de mercadorias continua sendo a contraposição necessária ao aprofundamento da barbárie. Aprender com as lições e conhecer os desafios e avanços da Revolução Cubana possibilita o esperançar no nosso tempo, conforme diz o poeta: "la revolución sigue siendo para nosotros la única posibilidad que tiene el ser humano de [...] realizarse a sí mismo: [...] de rescatarse de la alienación en que diariamente lo sume el orden capitalista, la presión colonial" (Benedetti, 1981, p. 81-82).

## Referências

BENEDETTI, M. Las prioridades del escritor. *In: El escritor latinoamericano y la revolución posible*. México: Editorial Nueva Imagen, 5ª ed., 1981, p. 81-82.

MARTÍ, J. Lectura en la reunión de emigrados cubanos en Steck Hall/New York, 24 de enero de 1880. *In: CEM* (Centro de Estudios Martianos). Obras Completas, v. 4. La Habana: Editorial Ciencias Sociales, 2011, p. 193.

# POLÍTICA SOCIAL NA EXPERIÊNCIA CUBANA DE DESENVOLVIMENTO

Camila Costa Valadão[1]
Gissele Carraro[2]

## Introdução

A Revolução Cubana introduziu a experiência de transição socialista na América Latina e inaugurou um novo período para a história da região. Os processos mobilizados em Cuba promoveram um conjunto acelerado de medidas que transformou as relações de propriedade, os mecanismos de produção e distribuição da riqueza, o papel e a organização do Estado. Orientadas por uma concepção e uma direção societárias, que colocaram a satisfação das necessidades sociais como objetivo principal da transição, as ações implementadas tiveram um forte impacto social no país.

Desde o princípio, a elevação do bem-estar e a da qualidade de vida da população foram prioridades da luta revolucionária.

---

1 Assistente social. Doutora em Política Social pela Universidade Federal do Espírito Santo (Ufes). Deputada estadual no Espírito Santo. E-mail: milacvaladao@gmail.com.

2 Assistente social. Doutora em Serviço Social pela Pontifícia Universidade Católica do Rio Grande do Sul (PUCRS). Professora do Núcleo de Estudos Cubanos, do Centro de Estudos Avançados Multidisciplinares da Universidade de Brasília (UnB). E-mail: gcarraro5@gmail.com.

Por meio da vinculação entre desenvolvimento econômico e social como inseparáveis e interdependentes, os investimentos na área social foram priorizados, o que representou a estruturação de uma ampla rede de serviços sociais universais e gratuitos, além de promover o pleno emprego e reduzir a desigualdade de renda e as diferenças salariais. Em poucos anos, Cuba universalizou os serviços de educação e saúde, erradicou o analfabetismo, graduou massivamente professores e médicos, expandiu a cobertura e a soma total das pensões de seguro social e converteu a maior parte da população em proprietária de suas residências (Mesa-Lago, 2012).

Desse modo, a política social implementada na ilha caribenha tem características particulares que se ancoram em uma lógica de desenvolvimento integral e um amplo conjunto de direitos de caráter universal, com a exclusividade do Estado na gestão, na oferta e no financiamento da proteção social, além de elevado grau de participação política da sociedade nos processos. Para o alcance desses resultados, ainda, foi fundamental a planificação econômica como instrumento de regulação da produção, garantindo, de forma integrada e conjugada, a distribuição de bens e serviços à população cubana. Não por acaso, o gasto social em Cuba se caracterizou por alta prioridade macroeconômica, mesmo nos momentos de crise.

Apesar de todos os esforços efetivados, Cuba tem enfrentado várias dificuldades que limitam os avanços, como a restrição de recursos econômicos, pelo *deficit* financeiro e impacto dos fenômenos climatológicos que causam sérios danos à economia, além do bloqueio econômico dos Estados Unidos, que traz prejuízos bilionários para o país há mais de 60 anos.

É nesse contexto que o presente capítulo tem por objetivo refletir sobre a política social na experiência cubana de transição socialista, evidenciando suas configurações e os desafios enfrentados para sua concretização na atualidade. Na perspectiva de contemplar aspectos que são confluentes e constituem uma relação de unidade, estruturamos o texto em duas partes: a primeira trata da conformação das políticas sociais desde o processo revolucionário realizado por Cuba, e a segunda registra algumas considerações finais a partir do contexto de transformações contemporâneas. [3]

## A conformação das políticas sociais a partir da Revolução

A política social cubana ocupa uma posição singular na América Latina, como parte das estratégias de desenvolvimento que colocaram as necessidades humanas no centro das prioridades e vincularam o econômico e o social como dimensões enoveladas. Essa estratégia de desenvolvimento em Cuba só foi possível pela conformação de um modelo de produção e distribuição da riqueza estruturado sob a forma de propriedade coletiva dos meios de produção, o que possibilitou a apropriação conjunta, direcionando-a para a melhoria contínua das condições de vida e de satisfação das necessidades de toda a sociedade. Ou seja, os resultados alcançados por Cuba no âmbito social são frutos da ruptura revolucionária com o capitalismo.

Desde o princípio, a Revolução Cubana definiu como propósito a construção de uma nova sociedade, sem espaço para a riqueza de uns ao custo da miséria de outros, na qual o

[3] Cabe mencionar que o texto aqui sistematizado é produto das discussões realizadas pelas autoras em teses de doutorado, a partir de análises documentais e revisões bibliográficas.

trabalho se constitua em uma atividade criadora, e as necessidades materiais e espirituais da coletividade sejam satisfeitas a partir de relações sociais pautadas na solidariedade humana.

Nessa perspectiva de projeto societário, a política social desempenhou, ao longo de todo o processo, um papel central na estratégia de desenvolvimento, posto que as transformações impulsionadas nas diferentes áreas que a compõem propiciaram a elevação do nível e da qualidade de vida e do bem-estar da população cubana, a partir da equidade e da igualdade de condições para o acesso à satisfação de necessidades. Em outras palavras, a conformação de uma estratégia social como componente prioritário de um projeto de nação foi consubstancial às transformações revolucionárias.

O Programa de Moncada, a partir do diagnóstico socioeconômico da ilha, representou um programa mínimo inicial que colocou as demandas dos setores populares no centro das mudanças. A radicalização da luta no país buscou, então, responder às demandas dos "humildes" por meio de medidas que construíram, paulatinamente, outro conceito de economia, posto em função dos interesses da vida humana, e não da reprodução do capital (Guanche, 2012). Além do mais, tratava-se de um programa "democrático e popular, com um profundo conteúdo anti-imperialista e de liberação nacional, que conformava de maneira consciente uma base a partir da qual podia empreender-se a transformação socialista do processo" (Tabío, 2008, p. 17, tradução nossa).

De forma explícita, o Programa de Moncada, sistematizado por Fidel Castro no documento *La historia me absolverá*, apontou minuciosamente os problemas fundamentais a serem resolvidos, que abrangiam especialmente a terra, a industrialização, a moradia, o desemprego, a educação e a saúde. Assim, a atenção simultânea aos problemas econômicos e sociais foi definida como primordial para a elevação do bem-estar e da qualidade de vida da população, que foi objetivo prioritário da Revolução. Com uma concepção de desenvolvimento que vinculou o econômico e o social como inseparáveis e interdependentes, a política social foi entendida como objetivo principal da política econômica, o que possibilitou sua continuidade e centralidade ao longo do processo de transição.

Desse modo, no percurso histórico da Revolução Cubana, os pressupostos estratégicos e os principais traços do modelo de desenvolvimento cubano se mantiveram constantes e podem ser sintetizados, segundo Espina (2008, p. 139-140, tradução nossa), nas seguintes características:

> – Atuação sobre a matriz produtiva e de propriedade como pressuposto para atuar sobre as relações de distribuição.
> – Eliminação da propriedade privada sobre os meios fundamentais de produção e das condições que geram as relações de exploração.
> – Propriedade social estatal como base da socialização, da hegemonia dos setores populares e da preponderância de sua agenda social. A mesma igualdade como direito.
> – Centralidade da igualdade e da justiça social na formulação das políticas.
> – Protagonismo do Estado no desenho e na implementação das políticas sociais e a planificação centralizada como mecanismo para seu ordenamento. O Estado como produtor, distribuidor e alocador de bens por excelência. O mercado possui um papel secundário e subordinado.
> – Política social única e centralizada, considerada como garantia dos níveis mais amplos possíveis de serviços sociais básicos universais.
> – Concepção de ser humano e suas necessidades como sujeito cujas necessidades de ordem material e espiritual

se pressupõem e se reforçam mutuamente e desempenham um papel essencial no desenvolvimento individual e social.
– Centralidade da distribuição como instrumento de justiça social.
– Combinação de consumo individual e social, com alto peso deste na justiça distributiva.
– Presença de mecanismos de participação popular nas ações transformativas.
– Desconcentração e homogeneização progressiva da renda.
– Acesso massivo ao emprego.
– Racionalidade do consumo e das necessidades como modelo de vida social em geral, não somente como medida para resolver a pobreza e a escassez de recursos.
– Promoção de processos de desestratificação e homogeneização social.
– Concepção de atenção à pobreza dentro da gestão de políticas gerais de integração social e desenvolvimento.
– Orientação para a satisfação das necessidades básicas e racionais, sistematicamente ampliadas, outorgando protagonismo à esfera educacional e espiritual-cultural.
– Redução progressiva do papel da renda pessoal e familiar no consumo e na satisfação das necessidades.
– Manutenção desses princípios e da responsabilidade inalienável e indagável do Estado, como dirigente da política social, independente da disponibilidade de recursos econômicos e quantia de bens a distribuir.

Esse conjunto de características do modelo de desenvolvimento cubano permaneceu ininterrupto, invariante frente às mudanças na estratégia econômica ao longo do período, como um elo condutor que enlaça uma etapa à outra, assegurando a continuidade e a centralidade da política social (Espina, 2008). Dois mecanismos foram decisivos para a materialização desses pressupostos estratégicos: a construção de um sistema político e institucional amplo e a priorização dos gastos sociais. O sistema político institucional foi a base para a implementação da política social, a partir de elevado grau de institucionalização do processo e uma ampla diversidade temática, territorial e setorial, regida por uma estratégia e uma planificação centralizada que asseguram a unidade, a universalidade e a cobertura total da política (Espina, 2008).

No que se refere ao gasto social, o modelo cubano estabeleceu que a equidade4 e a justiça social não dependem somente da distribuição de renda monetária na escala individual e familiar, mas, sim, da implementação de espaços de igualdade (Espina, 2008). Estes são definidos como mecanismo de distribuição por meio dos fundos sociais de consumo caracterizados pela universalidade, facilidade e igualdade de acesso e preponderância das soluções coletivas sobre as individuais. Desse modo, o Estado, por meio de uma extensa rede pública de cobertura, é o único – ou pelo menos o hegemônico e decisivo – protagonista desses espaços distributivos:

> A presença de uma propriedade estatal forte, como garantia da capacidade de intervenção do Estado na economia e na esfera social, assim como na ênfase nos espaços de igualdade

---

[4] Sobre a noção de equidade, Pereira e Stein (2010) registram uma consideração interessante para sua aplicação no contexto de políticas públicas progressistas que nos parece similar ao adotado em Cuba. Ainda que etimologicamente a equidade seja considerada sinônimo de equanimidade, isto é, a disposição para reconhecer imparcialmente o direito de cada um, a equidade como um conceito orientador das políticas tem mais a ver com um antigo preceito de Marx (1875): "De cada um segundo as suas capacidades e a cada um segundo as suas necessidades". Ainda segundo as autoras, para Marx, "em uma sociedade de classe todo direito igual tem efeitos desiguais, porque consiste na aplicação de uma regra única a homens diferentes que, de fato, não são nem idênticos nem iguais. Sendo assim, o direito igual (típico do direito burguês) é uma violação da igualdade e da justiça" (Pereira, Stein, 2010, p. 113).

> como mecanismo distributivo, permitiu ao Estado cubano colocar em prática uma perspectiva de enfrentamento da pobreza que possibilitou sua colocação dentro de uma lógica que transborda os marcos assistencialistas e se situa na lógica de promoção do desenvolvimento, ao fechar condições essenciais de sua reprodução e criar âmbitos de integração social universais e sistematicamente ampliados. (Espina, 2008, p. 145, tradução nossa)

Assim, a implementação prática da estratégia de desenvolvimento em Cuba consistiu em uma ampliação dos gastos sociais ao longo dos anos, apenas brevemente interrompidos nos primeiros anos da grave crise econômica dos anos 1990. Essa aplicação de recursos financeiros crescentes em cada etapa só foi possível pelo caráter planificado da economia cubana, o que possibilitou a continuidade da política social, sua coerência ao longo do período e um tratamento sistemático de seus programas.

O caráter universal das ações das políticas sociais no país, que abarca a população em seu conjunto, sem distinção de nenhuma natureza, é um traço destacado e coerente com os princípios de igualdade e justiça social que vem guiando o projeto social da Revolução. Outro elemento central foi o valor atribuído à equidade, entendida não apenas como igualdade de oportunidades de acesso aos bens e serviços para a satisfação de necessidades, mas também como a garantia de maiores oportunidades a grupos sociais que, por sua situação historicamente condicionada, se encontram em posições de desvantagem (Muruaga, 2012).

De acordo com Espina (2012), a equidade se concretizou em Cuba como a integração de três princípios básicos: o da igualdade absoluta, que garante direitos universais básicos inalienáveis e oportunidades reais para que todos os cidadãos possam desenvolver suas capacidades; o da solidariedade, que inclui a atenção preferencial diferenciada às desvantagens e necessidades especiais dos indivíduos e grupos sociais particulares, por motivo de deficiência, velhice ou desvantagem histórica de natureza socioeconômica; e o da igualdade relativa ou proporcional, que aceita a presença de desigualdades legítimas, associadas ao montante, à qualidade e à utilidade de contribuições trabalhistas ou serviços de outro tipo, individuais e coletivos.

Isso significa garantir na igualdade a diversidade, as particularidades e as singularidades para alcançar protetivamente a todos. O princípio da igualdade que orienta a política social em Cuba é a igualdade substantiva, e não apenas a igualdade formal/jurídica (Carraro, 2016). Baseia-se

> nos princípios da solidariedade e da cooperação, identificados com a atenção efetiva às necessidades humanas, moral e historicamente alicerçadas no processo coletivizado de produção e distribuição do produto social; e não nos princípios da competição e da coerção, identificados com o processo da rentabilidade privada que resulta da exploração e da manipulação da força de trabalho como mercadoria especial, tal como está implícito na concepção liberal-burguesa de proteção social pelo Estado capitalista e de direitos de cidadania. (Pereira, 2013, p. 44)

A partir desses princípios, a política social cubana reconheceu legalmente o direito à satisfação das necessidades sociais, a partir das esferas da educação, saúde, alimentação, habitação, água e saneamento, emprego, seguridade e assistência social. Com esse conjunto de garantias, fica evidente que um dos principais elementos que distinguem a transição socialista em Cuba é a relevância concedida à política social (Valadão, 2021). Mesmo tratando-se de um país periférico, no que se refere à dimensão social e à promoção da equidade, a experiência cubana demonstra que as transformações nas relações de produção e a universalização dos direitos sociais, por meio de uma ampla intervenção e regulação estatal em todas as esferas, são uma fórmula eficiente para promover rapidamente a integração social às maiorias, ainda que em condições de pouco crescimento econômico (Espina, 2012).

Entre as políticas prioritárias da Revolução destacam-se a saúde, a educação e a seguridade social em virtude da amplitude orçamentária e institucional. As primeiras ações nessas áreas consistiram em estatização, reestruturação e ampliação dos serviços sociais. Logo nos primeiros anos, os indicadores nacionais e internacionais registraram o êxito de tais transformações, com a redução da taxa de mortalidade infantil, a elevação da esperança de vida, a diminuição da taxa de analfabetismo, o aumento da cobertura da seguridade social, entre outros. Mesmo em condições de subdesenvolvimento, dificuldades econômicas e bloqueio norte-americano, Cuba possui um quadro epidemiológico similar ao de países desenvolvidos, o gasto social em educação mais alto e a segunda taxa de analfabetismo mais baixa da América Latina, além do sistema de seguridade social mais abrangente da região (Valadão, 2021).

Nas áreas de emprego, cultura, esporte, alimentação e habitação, destacam-se como principais resultados o crescimento da oferta de empregos e a eliminação do desemprego; a ampliação do acesso à cultura e a elevação do nível cultural geral da população; o incentivo à prática massiva do esporte e da educação física, tornando gratuito o acesso a todo tipo de espetáculo esportivo; o aumento do nível nutricional da população e a erradicação da desnutrição; o reconhecimento da habitação adequada como um direito, o que transformou 87% da população em proprietária de sua casa, configurando a porcentagem mais alta da América Latina (Valadão, 2021).

Com a grave crise que Cuba enfrentou nos anos 1990, graças à desintegração do campo socialista, o que foi denominado Período Especial no país, o modelo de desenvolvimento cubano esteve submetido aos principais desafios desde a sua implantação. Entre esses, vale ressaltar o *deficit* de recursos que impactou severamente a política social, em virtude das limitações de insumos para a prestação dos serviços e a gradual deterioração da infraestrutura; e os impactos sociais da reforma econômica, que outorgou maior espaço ao mercado na distribuição (Cepal, 2004). Além disso, contribuiu para o agravamento da crise e suas implicações o acirramento do bloqueio norte-americano contra Cuba, com a aprovação da Lei Torricelli (1992) e da Lei Helms-Burton (1996). O Período Especial representou um momento muito difícil para a ilha:

> A crise econômica foi muito intensa. O PIB caiu quase 35% entre 1989 e 1993; o *deficit* fiscal chegou a 33% do PIB em 1993, e as importações a preços correntes caíram 75% nesses quatro anos. A condição de vida da população piorou fortemente apesar dos esforços do governo. Assim, por exemplo, houve queda de mais de 30% na aquisição de calorias e proteínas por parte da população, e surgiram doenças decorrentes de carências nutricionais, como a neurite óptica e a neuropatia epidêmica em 1993 (Rodríguez, 1999, 2007, 2008). [...] Um programa econômico de emergência foi aplicado a partir de uma estratégia cujos objetivos principais eram persistir e superar os efeitos da crise ao menor custo social possível e, ao mesmo tempo, criar as condições para reinserir a economia cubana nas novas condições internas e externas, contando para isso com o indispensável consenso político. (García, 2011, p. 29)

Além desses impactos, a crise evidenciou alguns limites no modelo da política social adotado, que podem ser sintetizados em três grandes *deficits*, segundo Espina (2017): i) *deficit* de sustentabilidade econômica – a dinâmica dos gastos sociais está sempre acima do crescimento do PIB, o que constitui um ponto de vulnerabilidade da política social; ii) *deficit* de diversidade – a identificação da igualdade com a homogeneização das necessidades e satisfações, que induzem uma oferta universal de bens e serviços igualitaristas sem sensibilidade para reconhecer diferenças entre grupos populacionais nas condições reais, para acessar de forma efetiva os bens; iii) *deficit* de participação – o desenho centralizado e setorial da tomada de decisões garante apenas parcialmente a participação dos beneficiários, reforçando a baixa sensibilidade para captar diferenças e particularidades.

Comparado ao que Espina (2017) denomina "*deficit* de diversidade", Domínguez (2006) ressalta que, a despeito de o caráter universal das políticas sociais em Cuba ser uma das principais virtudes do modelo, por vezes, isso se converteu em desvantagem, na medida em que tratou de modo uniforme grupos sociais diversos, com condições historicamente diferenciadas. Nesse sentido, para a autora,

> é necessário reconhecer que a política social ao longo de décadas não tomou suficientemente em conta, por exemplo, particularidades de tipo territorial entre regiões e províncias do país e inclusive entre municípios e localidades de uma mesma província, questões nas quais se vem trabalhando mais recentemente ao dar tratamento especial às zonas montanhosas ou distinguir situações especiais em alguns territórios, seja por suas potencialidades econômicas como os polos turísticos ou por dificuldades históricas e conjunturais. (p. 4, tradução nossa)

Da mesma forma, a autora salienta que desigualdades, como as raciais, não foram suficientemente incluídas como critério das políticas sociais, de modo que grupos historicamente em desvantagem, como é o caso da população negra, vêm sendo tratados com as mesmas oportunidades que outros com maiores possibilidades de aproveitá-las, o que dificulta a superação efetiva dessas desigualdades. Mesmo com o predomínio do enfoque universal, algumas políticas foram implementadas para grupos específicos no país, tendo em conta, principalmente, critérios sociodemográficos, como é o caso das políticas voltadas para infância, juventude, mulheres e população idosa (Domínguez, 2006).

Para responder aos desafios emergentes da crise dos anos 1990, ocorreu a implementação de um conjunto de reformas econômicas, e algumas medidas foram adotadas no âmbito da política social, como manter os trabalhadores em seus empregos e conservar seus salários nominais; garantir os salários dos pensionistas do sistema de seguridade e assistência social; transformar a maior parte dos bens de consumo disponíveis em bens do sistema de racionamento para garantir equidade na distribuição; e preservar os programas nas áreas da saúde e educação (Cepal, 2004). Essas medidas tiveram o propósito de proteger os avanços sociais da Revolução e repartir entre todos os custos sociais da crise: "Assim, por exemplo, ainda que os salários reais se deteriorassem, como era previsível, o impacto da crise não se concentraria em um grupo de trabalhadores que ficariam desempregados" (Cepal, 2004, p. 67, tradução nossa).

Posteriormente, foram adotadas outras medidas para o enfrentamento da crise, que podem ser distinguidas em duas etapas: 1ª Etapa (1993-2000) – com o objetivo de melhorar a eficiência da política social, foram promovidas transformações no desenho das prestações de serviços, na descentralização, na modernização e no fortalecimento das instâncias locais, assim como na participação de instituições sem fins lucrativos na gestão e no financiamento da política social; 2ª Etapa (a partir de 2000) – a política social incorporou novos objetivos estratégicos de desenvolvimento, apesar das dificuldades econômicas ainda existentes. Assim, foram criados programas com a meta de oferecer oportunidades a todos, reduzindo os impactos sociais da crise e, ao mesmo tempo, adotou-se um caráter mais personalizado em algumas políticas (Cepal, 2004). Sem renunciar à universalidade das políticas sociais, foram realizadas ações para avaliar, selecionar e atender de forma mais adequada os beneficiários potenciais das ações do Estado:

> Um elemento central da nova concepção é a institucionalização do Trabalhador Social, cuja função é detectar e avaliar os problemas das famílias em sua comunidade de trabalho. [...] Essa nova concepção de serviços mais personalizados se estende paulatinamente às distintas esferas da política social. Surge assim um número significativo de programas que irão criando as condições para que a dita política seja mais focalizada e sem transições traumáticas. (Cepal, 2004, p. 67, tradução nossa)

Apesar de a crise ter afetado a qualidade dos serviços públicos e as medidas de ajuste econômico terem impactado no consumo das famílias, não foram aplicadas em Cuba alterações de cunho neoliberal, com o objetivo de reduzir a intervenção estatal na satisfação das necessidades sociais. Ao contrário, a política social na ilha foi ampliada e manteve seu caráter universal, tendo o Estado como protagonista principal desse processo. Desse modo, um elemento definidor da política social cubana é a estabilidade ao longo do processo histórico, tanto no que se refere aos princípios estratégicos como na prioridade macroeconômica e institucional.

A partir dos anos 2000, em uma ofensiva política denominada Batalha das Ideias, foi implementado um conjunto de medidas visando aprofundar a participação dos trabalhadores e jovens na revolução:

> Um aspecto central desse programa é o esforço para ampliar as oportunidades educacionais para o povo cubano e aumentar o acesso à cultura, com a finalidade de fazer frente às pressões da ideologia imperialista norte-americana, que promove o capitalismo como única opção para o futuro da humanidade. A 'Batalha das Ideias' materializa-se em seis batalhas específicas: 1) o emprego socialmente útil; 2) a seguridade social e a assistência social; 3) a educação; 4) a cultura; 5) a saúde; 6) o esporte. (Mendes; Marques, 2007, p. 15)

Em relação ao emprego, a política econômica aplicada abriu espaço maior para as atividades autônomas, com diversificação de atividades desenvolvidas e extensão de licenças para exercício dessas atividades a profissionais de nível superior. Também se definiu como possibilidade de trabalho a integração de famílias e coletivo de trabalhadores em cooperativas do setor agrícola. Foi instituído um programa territorial de criação de postos de trabalho, por exemplo, na agricultura urbana e no turismo, bem como os relacionados a professores de computação, professores emergentes e trabalhadores sociais. Além disso, se privilegiou trabalho para mulheres, bem como para pessoas com deficiência (Álvarez; Máttar, 2004).

No que tange à seguridade e à assistência social, especialmente entre 2007 e 2008, a partir de recomendações sobre o processo de envelhecimento da população, foi elaborado um anteprojeto de lei de seguridade social que propunha modificações nas normativas vigentes. O anteprojeto foi submetido à análise dos trabalhadores em dezembro de 2008 e foi aprovado pela Assembleia Nacional do Poder Popular na forma da Lei n. 105 de Seguridade Social. Além de ratificar o sistema de seguridade e assistência social, ampliou a idade de aposentadoria das mulheres (55 a 66 anos) e dos homens (60 a 65 anos), em resposta ao processo de envelhecimento, que tem implicações em gastos sociais e recursos trabalhistas (Guilarte; Panelas; Padrón, 2016).

Na educação, foram desenvolvidas várias ações, dentre as quais se destacam: oferta de um Curso Integral para Jovens entre 17 e 30 anos, que não estudavam nem trabalhavam, com bolsa para dar continuidade aos estudos, resultando na graduação de vários deles em Ciências Médicas; criação de quatro Escolas de Trabalhadores Sociais, das quais saíram graduados 44 mil jovens, que passaram a trabalhar em distintas esferas do país, como escolas infantis, primárias e secundárias, organizações sociais e conselhos populares; surgimento de escolas de arte, sendo os egressos incorporados no trabalho de formação de cultura integral da população; formação de professores de computação e de educação física, de enfermeiras e outras relacionadas à saúde (Guilarte; Panelas; Padrón, 2016).

No que diz respeito à cultura, houve a abertura de 17 Escolas de Artes Plásticas, concebidas para preparar artistas dessa especialidade em todo o território cubano. Foram criados programas de cultura, educação artística, formadores de arte, extensão da Feira do Livro para várias cidades, edições territoriais, biblioteca familiar, revitalização das casas de cultura, mesas redondas, tribunas abertas, Universidade para Todos, salas comunitárias de televisão. Além disso, foi efetuado o resgate paulatino de teatros cubanos em todas as províncias, bem como a revitalização dos cinemas, a diversificação da oferta com recuperação da produção nacional e novas tecnologias, além da oferta de videotecas estatais como outra opção cultural (Ferriol; Castiñeiras; Therborn, 2004).

Relativo à saúde, efetuou-se a consolidação, a reforma e a modernização do sistema, com incremento da comunidade na gestão e nas ações. Também foram ampliados programas para avançar na atenção à saúde; para isso, foram desenvolvidos policlínicos como centros de atenção primária, com reparação e equipamentos nesses espaços e consultórios de médicos de família e formação emergente de enfermeiras visando cobrir o *deficit* dessa especialidade (Puentes, 2003). Além disso, teve como centralidade os investimentos no desenvolvimento de uma indústria de saúde para responder aos programas de vacinação, de detecção de câncer de mama, o materno-infantil, entre outros. O acesso, a disponibilidade e a ampliação da cobertura foram determinados pela prioridade dada à organização de serviços de atenção primária à saúde (Ruiz, 2016).

Concernente ao esporte, destacam-se: fundação da Escola Internacional de Educação Física e Esporte, constituída por estudantes de África, Ásia, América Latina e Caribe, com o objetivo de tornar-se uma universidade de referência mundial na formação de profissionais para a educação física e o esporte, pautada na solidariedade humana e na preparação para transformar a educação em seus países; criação do Polo Científico do Esporte, que passa pelo credenciamento do Laboratório Antidoping e pela execução da Clínica do Esporte, que visa garantir a excelência nos serviços científico-técnicos especializados, na investigação e na docência médica pós-graduada; lançamento do Centro de Treinamento de Voleibol, da Escola Nacional de Ginástica, do Centro de Treinamento de Karatê, além da Olimpíada Nacional de Esportes Cubanos, com o intuito de melhorar as condições de treinamento e, ainda mais, os resultados do esporte cubano, reconhecido por sua qualidade entre os primeiros do mundo (Ferriol; Castiñeiras; Therborn, 2004).

Para além das duas etapas que demarcam transformações nas políticas sociais em Cuba após o Período Especial (de 1993 a 2000 e a partir de 2000), Valadão (2021) acrescenta um terceiro momento, formalmente iniciado em 2011 com o processo de atualização do modelo econômico e social, cuja meta é obter melhores resultados econômicos para garantir a sustentabilidade do modelo, especialmente em condições de baixa produtividade e crescimento.

A "atualização do modelo econômico e social" abarca um conjunto complexo de medidas que impactam em todos os âmbitos do país, o que inclui alterações nas políticas sociais. Segundo Guitart *et al.* (2018), a atualização tem como fundamento preservar os princípios do socialismo cubano, manter os avanços sociais alcançados e, ao mesmo tempo, otimizar os recursos assegurando a sustentabilidade do sistema socialista. O objetivo desse processo é avançar para uma melhor articulação entre o âmbito econômico e social, por meio da racionalização dos recursos e a eliminação de gastos desnecessários do orçamento, como gratuidades e subsídios excessivos.

Embora o processo de atualização ainda esteja em curso no país, até o momento, a política social vem preservando sua condição e seu compromisso político com a justiça social que guiou historicamente o processo revolucionário. De acordo com Valadão (2021), esse compromisso se concretiza na manutenção da universalidade e da equidade como princípios e no protagonismo do Estado no financiamento, no desenho e na implementação das ações sobre a base da planificação como mecanismo regulador. Do ponto de vista das políticas setoriais, mantém-se o acesso universal e gratuito nas políticas de saúde e educação, e também os princípios que orientam o sistema de seguridade social. Embora se projete uma redução do emprego estatal, ainda há uma predominância dos ocupados nesse setor (Valadão, 2021).

Entre as alterações verificadas, Valadão (2021) destaca o processo de reorganização, compactação e regionalização dos serviços de saúde, segundo as necessidades de cada território. Para tanto, foi aprovado pelo Ministério da Saúde Pública de Cuba o documento Transformações necessárias no Sistema de Saúde Pública,[5] que objetiva maiores eficiência e racionalidade no uso dos recursos e melhor aproveitamento dos serviços existentes nos territórios (González; Arguelles, 2018).

Nesse contexto, com o propósito de continuar elevando a saúde da população, incrementar a qualidade dos serviços, obter um uso mais eficiente e racional dos recursos disponíveis e garantir a sustentabilidade da política, o sistema de Atenção Primária de Saúde (APS)[6] foi modificado a partir das seguintes diretrizes: racionalização de recursos humanos; reordenamento das estruturas de direção e das áreas de saúde; retomada dos conceitos fundamentais do Programa do Médico e Enfermeiro de Família; reorganização da higiene,

5 Ministerio De Salud Pública. *Transformaciones necesarias en el Sistema de Salud Pública*. La Habana: Minsap, 2010.

6 A Atenção Primária de Saúde (APS) se constitui como estratégia fundamental do Sistema Nacional de Saúde Pública de Cuba. É um meio imprescindível para obter a total cobertura da população com os serviços de saúde e constitui o primeiro nível de contato da população com o sistema, devendo, desse modo, dar respostas imediatas aos problemas ou fazer a transferências para os níveis de maior complexidade (González, Arguelles, 2018).

da epidemiologia e da microbiologia; reordenamento dos Programas de Cooperação Médica e aperfeiçoamento e reorganização dos programas de formação de recursos humanos (González; Arguelles, 2018).

No âmbito da educação, os serviços foram reordenados segundo a demanda territorial, o que resultou na diminuição do número de centros de educação, principalmente na educação superior, devido em parte ao processo de fusão de centros e à diminuição sustentável da matrícula (Zabala; León, 2019). Aliado a esse reordenamento, também se desenvolve o processo de "aperfeiçoamento da educação", pautado na promoção de uma concepção curricular que combina currículo geral, comum e obrigatório, e currículo institucional que promova atividades entre a família, os alunos e a comunidade, visando potencializar tradições comunitárias. Além disso, orienta-se o ensino técnico e profissional como alternativa fundamental ao concluir o ensino secundário (Zabala; León, 2019).

No âmbito da seguridade social, entre as alterações destacam-se a diminuição relativa do orçamento do Estado no financiamento da seguridade e a consequente extensão da contribuição dos trabalhadores do setor estatal e a aplicação dos regimes especiais de contribuição para o não estatal, assegurando, dessa forma, o amparo para todos os trabalhadores, independentemente da forma de propriedade ou gestão (Zabala; León, 2019).

Ainda segundo Zabala e León (2019), desde 2012 os gastos com a seguridade social foram incrementados conforme o crescimento da população de 60 anos e mais. As pensões por idade, invalidez total ou morte representam o principal componente do regime, com 95% do total de gastos. Além disso, observa-se um incremento no quantitativo de beneficiários entre 2010 e 2014 e uma tendência de redução entre 2015 e 2017 (Zabala; León, 2019).

No que se refere especificamente à assistência social, política complementar da seguridade social, mantiveram-se os tipos de prestações e público-alvo, mas foram reduzidos drasticamente os gastos sociais e, consequentemente, o número de beneficiários dessa política. Segundo Martínez (2020), entre 2008 e 2019 o gasto em relação ao PIB teve uma redução de 49%, constituindo uma das áreas mais afetadas do processo de atualização. Atualmente, os programas da assistência social com maior alcance são os dirigidos ao bem-estar dos idosos, à atenção às pessoas com deficiência e a mães com filhos com deficiência severa, além da assistência social em domicílio.

Na área do emprego, a principal transformação se refere a sua ampliação no setor não estatal, assim como a reestruturação do estatal. Como base dessa mudança, foi aprovado em 2014 um novo Código do Trabalho que legitima a diversidade de formas de propriedade e gestão e as disposições para regular as relações de trabalho nas formas não estatais (Zabala; León, 2019).

Não obstante, enunciativamente se declara que essas mudanças propõem um novo cenário para a sustentabilidade do projeto socialista; elas significam, também, um redirecionamento dos pilares do processo revolucionário e, consequentemente, enormes desafios para a exemplar ilha caribenha. Entre estas, Valadão (2021) destaca a possibilidade do aprofundamento das inequidades, principalmente para alguns grupos já em situação de desvantagem em Cuba, como a população negra; a preservação da equidade como um princípio das políticas sociais, uma vez que são previstas alterações no sistema de distribuição social, com o estabelecimento de políticas diferenciadas e seletivas; a descentralização como estratégia para ampliar a participação local, e com isso estabelecer políticas mais próximas às necessidades das populações; e a manutenção da interdependência entre política econômica e política social que fundamentou historicamente a concepção de desenvolvimento no país, promovendo o crescimento econômico articulado a uma distribuição mais equitativa da riqueza, o acesso universal aos serviços sociais básicos e a atenção aos problemas sociais existentes (Valadão, 2021).

**Conclusão**

As políticas sociais constituíram uma dimensão intrínseca ao desenvolvimento cubano, a partir de uma concepção que privilegia a satisfação das necessidades sociais e a melhoria contínua das condições de vida como objetivo principal. São muitos os avanços sociais ao longo de mais de seis décadas, com destaque para as esferas de saúde, educação, seguridade social e emprego.

Mesmo em momentos de grave crise, como nos anos 1990, Cuba manteve um desempenho social destacado, se comparado aos demais países latino-americanos. Isso é resultado da mudança de paradigma após o triunfo da Revolução, que colocou a equidade e a justiça social como um componente prioritário da estratégia de desenvolvimento e atribuiu às políticas sociais um papel fundamental.

O processo recente de atualização representa alterações e desafios para a preservação da interdependência entre a política social e a política econômica, que fundamentou historicamente a concepção de desenvolvimento em Cuba. Mesmo assim, segundo Valadão (2021), é importante registrar que a atualização do modelo não segue a lógica das contrarreformas neoliberais implementadas em praticamente todos os países do mundo e da América Latina, baseadas no desmonte dos sistemas de proteção social, a partir das estratégias de substituição dos sistemas públicos e universais por seguros privados ou serviços mercantis, ou alterações que reduziram ou eliminaram direitos.

Isso quer dizer que em Cuba o Estado continua como protagonista no desenho, na implementação e no financiamento das políticas sociais, tendo o mercado um papel secundário e subordinado. Não existe no país, por exemplo, educação, saúde e seguridade social privadas. As alterações promovidas, até então, visam garantir a sustentabilidade do projeto social cubano, conservando a equidade e a justiça social como pilares (Valadão, 2021). A partir do aprofundamento da crise em 2022, o governo cubano tem apresentado desafios para sustentar materialmente a própria política social. Há dificuldades quanto ao acesso a insumos e medicamentos na saúde. Na educação, há dificuldades em garantir as condições para as aulas, como a presença de professores. O momento que o país tem vivenciado exige a crítica permanente sobre os seus efeitos para a sociedade e para o compromisso estratégico de construção de outro mundo de igualdade e de solidariedade. Como afirma Mauro Iasi, "nós que amamos Cuba e seu povo, esperamos que sigam na rota da emancipação e do futuro" (Iasi, 2021, s/p).

## Referências

ÁLVAREZ, E.; MÁTTAR, J. (coord.) *Política social y reformas estructurales*: Cuba a principios del siglo XXI. México: Comisión Económica para América Latina y el Caribe (Cepal); Cuba: Instituto Nacional de Investigaciones Económicas (Inie); Pnud, 2004.

CARRARO, G. *As políticas sociais de assistência social, educação e saúde no Brasil e em Cuba*: as particularidades dos processos de planejamento, monitoramento e avaliação. Tese (Doutorado em Serviço Social) – Programa de

Pós-Graduação em Serviço Social, Escola de Humanidades, Pontifícia Universidade Católica do Rio Grande do Sul, Porto Alegre, 2016.

CEPAL. *Política social y reformas estructurales*: Cuba a principios del siglo XXI. Cuba: [s.n.], 2004.

DOMÍNGUEZ, M. I. *Políticas sociales y ciencias sociales en Cuba*. La Habana: Centro de Investigaciones Psicológicas y Sociológicas (CIPS), 2006.

ESPINA, M. P. *Políticas de atención a la pobreza y la desigualdad*: examinando el rol del Estado en la experiencia cubana. Buenos Aires: Clacso, 2008 (Colección Clacso-CROP).

ESPINA, M. P. "La política social en Cuba: nueva reforma económica". *Revista de Ciencias Sociales*, Costa Rica, v. I-II, n. 135-136, p. 227-236, 2012. Disponível em: https://revistas.ucr.ac.cr/index.php/sociales/article/view/3679/3578. Acesso: 2 jun. 2024.

ESPINA, M. "El bienestar como horizonte de políticas desde una teoría de las necesidades racionales". *In:* ARGÜELLES, M. C. Z. (comp.). *Debates actuales sobre política social*: Cuba en el contexto de América Latina y el Caribe. La Habana: Flacso-Cuba; Fundación Friedrich Ebert, 2017. p. 10-33.

ESPINA, M.; LEÓN, D. E. "El cuadro socioestructural emergente de la 'actualización' en Cuba: retos a la equidad social". *International Journal of Cuban Studies*, Buckingham, Reino Unido, v. 12, n. 1, p. 29-52, jul. 2020. Disponível em: https://www.jstor.org/stable/10.13169/intejcubastud.12.1.0029. Acesso: 2 jun. 2024.

FERRIOL, A.; CASTIÑEIRAS, R.; THERBORN, G. *Política social*: el mundo contemporáneo y las experiencias de Cuba y Suecia. La Habana: Instituto Nacional de Investigaciones Económicas, 2004.

GARCÍA, R. C. "La cuestión social y las políticas sociales en Cuba". *Argumentum*, Vitória, v. 1, n. 1, p. 123-159, jul.-dez. 2009.

GARCÍA, J. L. R. "A economia cubana: experiências e perspectivas (1989-2010)". *Revista Estudos Avançados*, São Paulo, v. 25, n. 72, p. 29-44, maio-ago. 2011. Disponível em: https://www.revistas.usp.br/eav/article/view/10569. Acesso: 2 jun. 2024.

GARCÍA, J. L. R. "Notas sobre la economía cubana y latinoamericana: sesenta años después del triunfo de la Revolución Cubana". *In:* SALAZAR, L. S. (coord.). Cuba en revolución: miradas en torno a su sesenta aniversario. 1ª edição. Buenos Aires: Clacso, 2019. p. 49-82.

GONZÁLEZ, M. M. S.; ARGUELLES, M. C. Z. "Opiniones y valoraciones de la población sobre las transformaciones del Sistema de Atención Primaria de Salud Pública". *Estudios del Desarrollo Social*: Cuba y América Latina, v. 6, n. 2, p. 104-131, maio-ago. 2018. Disponível em: https://revistas.uh.cu/revflacso/article/view/5845. Acesso: 2 jun. 2024.

GUANCHE, J. C. *La verdad no se ensaya*. Santiago de Chile: Ediciones Universidad Alberto Hurtado, 2012.

GUILARTE, E. C.; PANELAS, A. V.; PADRÓN, R. R. "Estado y seguridad social em Cuba". *In:* SILVA, J. F. S.; GUTIÉRREZ, T. P. M. (org.).

*Política social e serviço social*: Brasil e Cuba em debate. São Paulo: Veras, 2016. p. 83-98.

GUITART, S. O.; HERNÁNDEZ, H. C. "Política social y política económica en el contexto cubano actual". *In:* ARGUELLES, M. C. Z. (comp.) *Debates actuales sobre política social:* Cuba en el contexto de América Latina y el Caribe. La Habana: Flacso-Cuba; Fundación Friedrich Ebert, 2017. p. 202-225.

GUITART, S. O. *et al.* "Política Social: la experiencia de desarrollo cubano". *In:* COUTO, B. R. *et al. Análise dos Sistemas de Proteção Social na América Latina*: Brasil, Chile e Cuba. Porto Alegre: EDIPUCRS, 2018. p. 259-292.

IASI, Mauro. Ode de amor a Cuba. *Blog da Boitempo.* Disponível em: https://blogdaboitempo.com.br/2021/07/16/ode-de-amor-a-cuba/. Acesso: 01 set. 2021.

MARTÍNEZ, N. V. M. *Programas de pensiones no contributivas*: Cuba en el contexto latino-americano. Tese (Facultad de Economía) – La Habana (Cuba), 2020.

MARX, Karl. *Crítica do Programa de Gotha*. São Paulo: Boitempo, 2012 [1875].

MENDES, Á.; MARQUES, R. M. "Cuba e a Batalha das Ideias: um salto para a frente". *In:* ENCONTRO NACIONAL DE ECONOMIA POLÍTICA (SEP), XII, 2007. Anais... São Paulo: FEA-USP.

MESA-LAGO, C. *Sistemas de protección social en América Latina y el Caribe*: Cuba. Santiago de Chile: Comisión Económica para América Latina y el Caribe (Cepal), 2012 (Colección Documentos de proyectos).

MURUAGA, A. F. "Política social: una perspectiva comparada entre América Latina y Cuba". *In:* GARCÍA, M. L.; COUTO, B. R.; MARQUES, R. M. (org.). *Proteção social no Brasil e em Cuba*. Porto Alegre: EDIPUCRS, 2012.

PARTIDO COMUNISTA DE CUBA (PCC). Conceptualización del modelo económico y social cubano de desarrollo socialista. La Habana, Cuba: Asamblea Nacional del Poder Popular, 2017.

PEREIRA, P.; STEIN, R. "Política social: universalidade versus focalização: um olhar sobre a América Latina". *In:* BOSCHETTI, I. *et al.* (org.) *Capitalismo em crise: política social e direitos*. São Paulo: Editora Cortez, 2010.

PEREIRA, P. A. P. "O sentido de igualdade e bem-estar em Marx". *Katálysis*, Florianópolis, v. 16, n. 1, p. 37-46, jan.-jun. 2013.

PUENTES, S. M. *Cuba*: más allá de los sueños. 1ª edição. La Habana, Cuba: José Martí, 2003.

RODRÍGUEZ, J. L; MORENO, G. C. *Erradicación de la pobreza en Cuba*. La Habana, Cuba: Editorial de Ciencias Sociales, 1987.

RUIZ, R. F. "Política y servicios de salud en Cuba". *In:* SILVA, J. F. S.; GUTIÉRREZ, T. del P. M. (org.) *Política social e serviço social:* Brasil e Cuba em debate. São Paulo: Veras, 2016. p. 129-146.

SOARES, L. T. R. "Neoliberalismo e lutas sociais: perspectivas para as políticas públicas – retrocessos, recorrências e avanços". *Revista de Políticas Públicas,*

São Luiz, v. 14, p. 13-22, 2010. Disponível em: http://periodicoseletronicos.ufma.br/index.php/rppublica/article/view/377. Acesso: 2 jun. 2024.

SOTO, O. P. “La ciencia económica y los procesos de desarrollo: la experiencia cubana”. *Argumentum*, Vitória, v. 3, n. 2, p. 94-112, jul./dez. 2011. Disponível em: https://periodicos.ufes.br/argumentum/article/view/2027. Acesso: 2 jun. 2024.

SOTO, O. P.; BORREGO, A. E. “Proteccion y política social”. *In:* COUTO, B. R. *et al. Análise dos sistemas de proteção social na América Latina:* Brasil, Chile e Cuba. Porto Alegre: EDIPUCRS, 2018. p. 73-84.

STOCCO, A. F.; PANDOLFI, A. F.; LEITE, I. C. “Algumas considerações sobre a proteção social no Brasil, no Chile e em Cuba”. *In:* COUTO, B. R. *et al. Análise dos sistemas de proteção social na América Latina:* Brasil, Chile e Cuba. Porto Alegre: EDIPUCRS, 2018. p. 44-72.

TABÍO, P. A. “Introducción”. *In:* CASTRO, F. *La historia me absolverá* (edición anotada). 3ª ed. La Habana, Cuba: Oficina de Publicaciones del Consejo de Estado; Editorial Pueblo y Educación, 2008. p. 9-17.

VALADÃO, C. C. *Política social na transição socialista cubana*: revolução e atualização. Tese (Doutorado em Política Social) – Programa de Pós-Graduação em Política Social, Universidade Federal do Espírito Santo (Ufes), Vitória, 2021.

ZABALA, M. D. C; LEÓN, D. E. *Las políticas sociales para Cuba del 2030*: elementos para su diseño e implementación. [S.l.]: [s.n.], 2019.

# PLANIFICAÇÃO NO PROCESSO SÓCIO-HISTÓRICO CUBANO: EXPERIÊNCIAS E DESAFIOS NO CONTEXTO ATUAL

Rodrigo Emmanuel Santana Borges[1]
Gissele Carraro[2]

## Introdução

A Revolução Cubana representou um fantástico avanço na luta de classes em favor da classe trabalhadora, não só da ilha, mas da América Latina e do mundo. A direção consciente da reprodução social e econômica foi materializada em uma experiência de planejamento com prioridade no ser humano (e, portanto, nas políticas sociais) única e valiosíssima para apreender avanços, desafios e peculiaridades.

Estudar essa experiência é, assim, uma tarefa crucial para pensar estratégias e alternativas populares para a região latino-americana frente à crescente "dívida social" que o desenvolvimento capitalista gerou e amplia na região. Marx

1 Economista. Doutor em Economia Internacional e Desenvolvimento pela Universidad Complutense de Madrid. Economista assessor especial no Instituto de Pesquisas e Estatística do Distrito Federal (IPEDF). E-mail: rodrigo@borges.net.br.

2 Assistente social. Doutora em Serviço Social pela Pontifícia Universidade Católica do Rio Grande do Sul (PUCRS). Professora do Núcleo de Estudos Cubanos, do Centro de Estudos Avançados Multidisciplinares da Universidade de Brasília (UnB). E-mail: gcarraro5@gmail.com.

(2008, p. 148) ressaltou o papel angular do planejamento: "a figura do processo social de vida, isto é, do processo material de produção, só se livra de seu místico véu de névoa quando, como produto de homens livremente socializados, encontra-se sob seu controle consciente e planejado".

Ernesto Guevara (2007, p. 14), a seu turno, também o ressaltou em várias ocasiões, como, por exemplo, ao declarar: "la planificación centralizada es el modo de ser de la sociedad socialista, su categoría definitoria y el punto en que la conciencia del hombre alcanza, por fin, a sintetizar y dirigir la economía hacia su meta, la plena liberación del ser humano en el marco de la sociedad comunista".

Como forma de aproveitar e dar a conhecer essa experiência, o presente escrito oferece um panorama sintético da história e da forma atual do planejamento em Cuba. Para tanto, em primeiro lugar sobrevoa-se a história cubana a partir da Revolução de 1959, com foco na articulação entre a reprodução social (e suas dificuldades no decorrer das décadas) e as dinâmicas (com seus avanços e reveses) do planejamento estatal. Identificamos ao menos seis momentos distintivos no percurso da planificação socialista cubana. Mostra-se também como o cuidado com a estrutura de propriedade é estratégico no êxito da planificação a partir do Estado cubano.

Na sequência, sintetizam-se os princípios e métodos que, em nossa visão, norteiam e concretizam o planejamento como realizado hoje na ilha revolucionária. Reforça-se, aqui, a articulação entre planejamento, política social e participação central dos trabalhadores. Além disso, dão-se mostras do grau de refinamento e complexidade do planejamento em Cuba, singular após a forma pela qual forçosamente foi preciso reabrir espaços para atuação do mercado e seus mecanismos desde o Período Especial.

Por fim, fechamos o texto com considerações sobre os desafios atuais para o planejamento e políticas sociais em sentido amplo em Cuba. Como desafios, destacam-se a materialização e o detalhamento das novas arestas abertas com a Constituição de 2018, a evolução demográfica da ilha, a *tarea de ordenamiento monetario* e o reforço dos bloqueios, direto e indireto, imperialistas e subimperialistas à ilha.

## História e contexto

Podemos identificar períodos sujeitos a dinâmicas e contradições próprias na transição socialista de Cuba. Um primeiro momento se estende da vitória revolucionária até o I Congresso de seu Partido Comunista (1975) e a Constituição de 1976 (Brigos; Belamaric; Ferrer, 2012). Divisam-se outros cinco períodos pelos quais passou a ilha, na sequência, todos marcando características e dinâmicas do planejamento próprias e profundas.

O primeiro vai de 1975-1976 a 1990, singular no aprofundamento da associação com a União Soviética, no bojo da prioridade no retorno à especialização na exportação de açúcar, mas para os países do Conselho de Ajuda Mútua Econômica (Came), a valores bastante elevados. É referido como o período de "renovação e retificação no socialismo cubano" (Cantón; Silva, 2009).

O segundo foi o "Período Especial". Com o fim abrupto da URSS e vínculos econômicos associados, em conjunto com o recrudescimento da asfixia econômica por parte dos Estados Unidos,[3] Cuba passou por uma crise gravíssima, o

[3] Leis Torricelli e Helms-Burton, apenas para citar as agressões imperialistas mais evidentes, em particular ampliando extraterritorialmente o bloqueio.

que redundou em uma série de medidas emergenciais e "passos atrás" com a reintrodução de maiores espaços mercantis e uma segmentação via dolarização parcial, inicialmente, e dualidade monetária. O retorno a mais mecanismos de mercado na economia cubana trouxe soluções provisórias e contradições próprias.

Nesse período, a descentralização, como diretriz, foi adotada na gestão econômica, que passou a exigir o fortalecimento da planificação centralizada "com outro caráter, ao se concentrar nas decisões de maior importância econômica e social, ao mesmo tempo que se passava a regular e controlar com novos mecanismos econômicos a atividade empresarial e a administração cotidiana dos recursos" (Rodríguez García, 2000, p. 286, tradução nossa).

Além disso, uma das mudanças efetuadas no âmbito da direção estatal da economia foi a substituição da Junta Central de Planificação, constituída em 1960, pela criação do Ministério de Economia e Planificação (MEP) no ano de 1994, órgão estatal responsável por dirigir, executar e controlar a aplicação da política do Estado e do governo na economia, planificação, estatística, regulamentação e demais dimensões (Cuba, 2011).

A partir de 2003 e 2004, *do ponto de vista interno*, com a Batalha de Ideias e iniciativas para além do emergencial na condução da revolução, e, *externamente*, com melhora importante do cenário graças à aproximação fundamental da Venezuela e de outros governos favoráveis, inaugura-se o terceiro período.

A virada da primeira para a segunda década do século XXI definiu um quarto período na república revolucionária. Este foi configurado pelo contexto de *actualización del modelo económico y social* cubano, direcionado principalmente pelos *Lineamientos de la Política Económica y Social del Partido y la Revolución* (2011), como indica Pandolfi (2017, p. 16), e construção da nova constituição.

O último momento, contemporâneo, é marcado pela asfixia econômica redobrada contra a Revolução e pelo marco de refundação constitucional socialista na ilha.

## *Da vitória revolucionária ao I Congresso do Partido Comunista de Cuba (PCC) de 1975*

A partir de janeiro de 1959, com o triunfo da Revolução, são tomadas medidas importantes de impacto popular para dar concretude ao processo de transformação da sociedade cubana. Foram instituídas leis, implementadas reformas e criados órgãos e instituições para a efetivação de políticas definidas como prioritárias, como as políticas agrária, urbana, habitacional, educacional, cultural, de saúde, de emprego e de seguridade social.

Com o processo de nacionalização das empresas estrangeiras e o cumprimento do Programa de Moncada,[4] efetivados pouco antes do final de década de 1960, ficou explícita a necessidade de "impulsionar ao máximo a planificação para assegurar a reprodução da propriedade social, que havia alcançado um peso determinante na economia nacional" (Rodríguez García, 2016, p. 2).

[4] O Programa de Moncada, sistematizado por Fidel Castro, que resultou no documento *La historia me absolverá*, apontava os problemas fundamentais a serem resolvidos, que abrangiam especialmente a terra, a industrialização, a habitação, o desemprego, a educação e a saúde. Ademais, continha indicativos de proposições consideradas primordiais para fazer frente ao identificado no diagnóstico socioeconômico, com os principais objetivos econômicos e sociais a que o processo revolucionário dedicaria seus esforços desde 01/01/1959 para alcançá-los.

Importante marco nesse processo foi a criação da Junta Central de Planificação (Juceplan), por meio da Lei n. 757 de 11 de março de 1960, em substituição a dois órgãos (Lara; García; León, 2007): Junta Nacional de Economia, instituída em 1952, com funções voltadas para orientação e coordenação da política econômica de Estado; e Junta Nacional de Planificação, estabelecida em 1955, órgão consultivo e assessor do Executivo. O caráter estrito destes dissonava e não dava conta das transformações socioeconômicas em processo de implementação; por isso, a Juceplan constituiu-se enquanto um organismo encarregado de um conjunto de funções:

> *fixar* os objetivos gerais da ação do Estado em matéria econômica, *formular* planos de desenvolvimento, *centralizar* a investigação econômica, estatística e tecnológica, *prestar* assessoramento aos organismos executores dos planos e *vigiar* sua adequada realização, *supervisionar* a assistência técnica prestada por organismos internacionais e *coordenar* as atividades dos distintos organismos encargados da política econômica. (Cuba, 1960, tradução nossa, grifos nossos)

Subsequentemente, com a nacionalização dos meios fundamentais de produção do país e a centralidade da atuação do Estado nas atividades econômicas e sociais, avaliou-se a necessidade de ampliar a Juceplan, aprovando a Lei Orgânica desse órgão (Lei n. 935 de 23 de fevereiro de 1961). Esta teve como objetivo aprimorar a estrutura e especificar as funções desse órgão, a partir de direções: direção central; agricultura; indústrias; comércio interior, obras públicas e transporte; balanços; estatística (Cuba, 1961, tradução nossa, grifos nossos).

Como a formulação de planos de longo e curto prazo era uma construção fundamental para avançar na transformação social almejada e requeria recopilação, tabulação e publicação de estatísticas, em julho de 1961 foi aprovado um censo integral e criou-se a Oficina Central do Censo na Juceplan. Os dados produzidos subsidiaram as diretivas político-econômicas na elaboração do plano econômico nacional para 1962 e para o período quadrienal 1962-1965 e do orçamento do Estado (MEP Cuba, 2023).

Assim, o ano de 1962 foi abalizado como Ano da Planificação, sendo um processo marcado pela participação dos trabalhadores que efetivaram discussões dos planos em cada centro de trabalho das diversas unidades produtivas, com orientação política dos núcleos das Organizações Revolucionárias Integradas e de sindicatos e orientação técnica dos administradores das empresas, dos chefes de departamentos da produção e dos Conselhos Técnicos Assessores. Subsequentemente à aprovação dos planos nessas unidades, estes retornaram às empresas que, por sua vez, encaminharam aos ministérios e, por último, para a Juceplan compatibilizá-los e submetê-los à aprovação do Conselho de Ministros. Prontamente, foram transformados em lei e de cumprimento obrigatório a toda economia nacional (Boti, 2009).

Concomitante a isso, ocorreu a aprovação do Orçamento Nacional de 1962, avaliado como o mais elevado da história de Cuba, e de uma nova lei fiscal, estabelecendo um imposto progressivo sobre o rendimento pago por pessoas naturais, jurídicos e coletivas, nacionais e estrangeiras, domiciliadas no país (Cuba, 2009). Essas duas medidas eram vistas como cruciais para o progresso econômico e a construção do socialismo.

Contudo, como a oferta não cobria a demanda e almejava-se que toda a população tivesse acesso equitativamente a alimentos, vestuário e outros artigos de uso comum, criou-se uma *libreta* de controle de abastecimentos para a distribuição desses produtos. O propósito era garantir que qualquer cidadão, independentemente de sua renda, pudesse adquirir a mesma quantidade de produtos a um preço acessível fixado oficialmente (Navarro, 2010). Em que pese os limites postos, entre 1959 e 1989, o PIB cresceu a uma taxa anual de 4,4%, acompanhado por um desenvolvimento de infraestrutura básica que assegurava avanços na produção e nos serviços, bem como melhoria dos indicadores sociais (Rodríguez García, 2011).

No entanto, essa construção foi marcada por grandes dificuldades: de natureza interna, especialmente pela existência de uma "estrutura econômica deformada"[5] e pela carência de pessoas com formação/qualificação profissional; de natureza externa, com a política agressiva do imperialismo norte-americano, recrudescida pelo bloqueio decretado[6] em fevereiro de 1962 e pela crise dos mísseis[7] em outubro do mesmo ano e as condições climáticas desfavoráveis, que produziram efeitos sociais, econômicos e políticos para toda a sociedade. Ademais,

---

5 Expressão utilizada por Rodríguez García (2016).

6 John F. Kennedy, presidente dos Estados Unidos, aprovou a Resolução 3447, que estabelecia uma série de sanções, como a interrupção de transações comerciais, diplomáticas e aéreas com outros países do continente, que resultou na expulsão de Cuba da Organização dos Estados Americanos (OEA) e em sua exclusão da Associação Latino-Americana de Livre-Comércio (Alalc) (Lara; García; León, 2009).

7 A crise dos mísseis foi um enfrentamento político e militar entre os Estados Unidos e a União Soviética, após a descoberta de mísseis soviéticos no território cubano, o que provocou uma resposta agressiva por parte dos Estados Unidos. A situação se agravou quando o presidente estadunidense John F. Kennedy ordenou um bloqueio naval ao redor de Cuba para impedir a chegada de mais mísseis soviéticos. A solução foi um acordo entre a União Soviética e os Estados Unidos de retirada de todas as armas soviéticas da ilha, sem incluir Cuba. O bloqueio naval foi suspenso, mas as medidas de agressão econômica e política contra a Revolução Cubana foram ratificadas (Lara; García; León, 2009).

> a metodologia de planificação tomada da experiência soviética implicou enorme carga administrativa, que, por sua vez, foi um dos fatores que impulsionou a luta contra o burocratismo como campanha política entre 1964 e 1967 e o rompimento com o primeiro modelo de planificação. Surgiram então os chamados planos especiais que integravam o ramo de produções agrícola e pecuária, começando pela produção de açúcar – materializada no plano de produção [...], assim como planos especiais para a produção de ovos e a criação de gado, entre os mais significativos. (Rodríguez García, 2016, tradução nossa)

Como se pode evidenciar, a elaboração de planos especiais por setores, especialmente o agrícola, o pecuário e o açucareiro, se constituirá em uma nova estratégia para impulsionar o desenvolvimento, exigindo, inclusive, a constituição de estruturas específicas para sua materialização, como o Ministério da Indústria Açucareira no ano de 1964.

Efetivamente, nos primeiros anos da década de 1960 coexistiram dois sistemas de direção econômica: o Sistema de Financiamento Orçamentário (SFP, na sigla em castelhano), proposto por Ernesto Guevara no setor industrial, que em 1961 foi nomeado para dirigir o Ministério da Indústria; e o sistema de cálculo econômico, empregado pelo Instituto Nacional de Reforma Agrária (INRA), parcialmente aplicado na agricultura, no comércio exterior e na atividade manufatureira. O debate e o contraste práticos de ambos os sistemas viriam a fazer parte do que ficou conhecido como Gran Debate:

> O *primeiro* era altamente centralizado e utilizava de forma muito restrita as alavancas econômicas, as relações de mercado e os estímulos materiais. A planificação e a direção econômica davam mais importância ao cumprimento das metas nas unidades físicas e à administração [...]. O *sistema de cálculo econômico*, que pressupõe o

> autofinanciamento das empresas, estímulos materiais, certo grau de descentralização na gestão, autonomia contabilística e um intercâmbio entre empresas baseado na compra e venda de seus produtos, se implantou basicamente no agro, devido às particularidades que este exibia (presença de pequena propriedade privada e outros), o que tornou necessário conceder maior autonomia aos níveis inferiores. (ONU; Cepal; Ilpes; 1988, tradução nossa, grifos nossos)

No SFP, toda a indústria era tratada como consolidada, assim como se mostrara possível e corrente na prática dos *trusts* capitalistas mais centralizados. Nesse contexto, trocas entre empresas não eram relações mercantis, mas equivalentes a movimentações logísticas e contábeis dentro das indústrias consolidadas. O objetivo essencial de tal sistema era aumentar a produtividade diante da grande restrição à disponibilidade de recursos humanos de gestão e divisas, ao mesmo tempo que aumentavam a consciência e se contrapunham à alienação vigente em sistemas baseados em incentivos materiais individuais e relações de mercado.

A partir de entrevistas com Alfredo González Gutiérrez, membro da Juceplan no período, e outras grandes personalidades e heróis da Revolução Cubana, Helen Yaffe concluiu:

> Não houve vencedores nem perdedores no Grande Debate. Terminou quando Guevara partiu de Cuba em 1965. No entanto, em 1967, ambos os sistemas foram suplantados por um novo Sistema de Registro que foi implementado em toda a economia. A partir de abril de 1967, o orçamento do Estado foi eliminado, enquanto os encargos e pagamentos entre ministérios e empresas foram abolidos e substituídos por um sistema de "registros econômicos". Em 1968, a correlação entre produção e remuneração foi cortada e as últimas formas de tributação abolidas. Os estudos univer-

> sitários em economia política socialista e contas públicas foram encerrados. Em março de 1968, foi lançada a Grande Ofensiva Revolucionária para acabar com o setor privado não agrícola. Mais de 58 mil pequenas empresas privadas foram nacionalizadas em um mês – elas também aderiram ao Sistema de Registro.

O então presidente de Cuba, Oswaldo Dorticós, afirmou que esse sistema era consistente com as ideias econômicas de Guevara. Na verdade, abandonou premissas-chave do Sistema Financeiro Orçamentário: análise econômica, controle de custos e foco na produtividade e eficiência. (Yaffe, 2020, p. 22, tradução nossa)

Dos planos construídos, destaca-se o Plano Prospectivo do Açúcar (1965-1970), lançado em 1965, que previa a expansão e modernização, com vistas a atingir 10 milhões de toneladas de açúcar até 1970 (Azcuba, [202?]). Importa mencionar que a ampliação e a reestruturação desse ramo da economia contaram com a cooperação da União das Repúblicas Socialistas Soviéticas (URSS), que, em 1965, comprometeu-se a subsidiar Cuba nesse processo (Paz, 2018).

Em 1970, foi atingido o nível mais elevado de produção de açúcar durante um único ano, mas a meta de 10 milhões de toneladas não foi alcançado; o que se atingiu foram 8,6 milhões (Azcuba, [202?]). Isso se deu, entre outros fatores, por insuficiente força de trabalho, deficiências de organização e métodos inadequados de direção e gestão econômica (Navarro, 2010). Destarte, Fidel, a partir de suas análises em meados desse ano, aponta a necessidade de retificar algumas concepções e decisões: mudanças estruturais e na direção do aparato econômico do país, otimização do uso de maquinaria e outros instrumentos de produção, obtenção de coordenação perfeita entre todos os fatores que afetam a economia e o fortalecimento das organizações políticas e de massas (Paz, 2018).

Entre 1970 e 1972, ocorre um salto qualitativo na atividade açucareira, mesmo com o impacto das secas sofridas. Houve melhoria na qualificação dos trabalhadores, técnicos e pessoal de direção e avanço da mecanização no processo de corte e colheita. Em meados de 1972, um marco importante acontece: Cuba passa a integrar o Conselho de Ajuda Mútua Econômica (Came), organização econômica internacional dos países socialistas, considerada imprescindível para efetivar as perspectivas de desenvolvimento econômico e social do país (Navarro, 2010).

Com a participação de Cuba no Came, a partir da metade de 1972, ao processo de planificação incorpora-se uma dimensão extranacional que, além de conjugar os níveis global, setorial e territorial entre si e em distintos horizontes temporais, coordena a elaboração dos planos quinquenais entre diferentes países da área socialista. Importante mencionar que, nesse processo, foram assinados acordos de comércio e cooperação econômica com a URSS para o período de 1973 a 1975 (ONU; Cepal; Ilpes, 1988).

*Imbricação com a União Soviética (1975 a 1990)*

A grande associação com o campo socialista produziu-se, desde princípios dos anos 1970, no bojo de uma etapa de "institucionalização da revolução".

Em 1975, realizou-se o I Congresso do Partido Comunista de Cuba. Na convocatória do Comitê Central do Partido Comunista de Cuba, publicizada a toda a população em diferentes meios de comunicação, consta como objetivo principal consolidar a Revolução Cubana e definir as diretrizes políticas, econômicas e sociais do país para os próximos anos. Nele foram realizadas análises, apresentadas para a discussão com todo o povo, e se firmaram acordos e decisões para retificar os erros do período de 1966-1970 e traçar novos caminhos. Resultou disso uma série de documentos diretivos, que continham definições e proposições para distintas áreas, com o intuito de avançar no desenvolvimento e na consolidação do projeto socialista.

Portanto, o congresso foi considerado, por muitos, um marco importante para um novo porvir, que gerou a aprovação de uma plataforma pragmática, de diretrizes para o desenvolvimento econômico e social no quinquênio 1976-1980; do Sistema de Direção e Planificação da Economia; da instituição de Órgãos do Poder Popular; de uma nova divisão político-administrativa; do projeto de Constituição da República; de acordos sobre a vida interna do partido, como parte do aprimoramento do sistema político e seu papel na construção do socialismo (León, 2010).

Enfatiza-se o Sistema de Direção e Planificação da Economia (SDPE), explicitado de forma pormenorizada no documento *Teses e resoluções*. Define-se o sistema como um "conjunto de princípios, subsistemas, métodos e procedimentos a partir e por meio dos quais se realizam organização, planificação, gestão e controle das atividades econômicas" (PCC, 1975, p. 1, tradução nossa).

Conforme Estrada (2018), tratava-se de um mecanismo semelhante ao prevalecente na União Soviética, *baseado principalmente em balanços materiais centralizados*, que registram as possíveis fontes e a utilização de todos os recursos disponíveis e/ou necessários para identificar interdependências nos processos produtivos. Assim, nesse congresso foi tomada a decisão de adotar o sistema de cálculo econômico na planificação.

> O cálculo econômico é a forma planificada de gestão empresarial que se expressa na necessidade de que os gastos e resultados da atividade econômica sejam medidos em dinheiro; os gastos sejam cobertos pelas empresas a partir de seus próprios rendimentos; e a rentabilidade a esse nível seja suficiente para criar fundos para conceder incentivos materiais de um e a rentabilidade a esse nível é suficiente para criar fundos para conceder estímulos de caráter individual e coletivo aos trabalhadores. (ONU; Cepal; Ilpes, 1988, p. 27, tradução nossa)

Outrossim, os pilares de sustentação do SDPE indicados são os fundamentos do socialismo, que supõem a planificação centralizada e a propriedade social dos meios de produção (PCC, 1975). Nesse modo de planificação, o Estado assume o controle dos meios de produção e a distribuição de bens e serviços para atender às necessidades da sociedade. Isso implica redistribuição de renda mais equitativa e uma maior participação da população no processo decisório. Subsequentemente, a Constituição da República de Cuba de 1976 reitera o papel do Estado nesse processo: "O Estado organiza, dirige e controla a atividade econômica nacional de acordo com o Plano Único de Desenvolvimento Econômico-Social, em cujas elaboração e execução participam ativa e conscientemente os trabalhadores de todas os setores da economia e das demais esferas sociais" (Cuba, 1976, tradução nossa).

Destarte, a construção e o desenvolvimento da sociedade socialista, bem como a elevação constante do bem-estar do povo requerem uma planificação orientada na perspectiva de um sistema único, conduzida por planos de longo, médio e curto prazos, cientificamente fundamentados e organicamente integrados os três níveis econômicos – global (toda a economia nacional), setorial e empresarial –, coordenados com sua planificação territorial (PCC, 1975). Esse é um pressuposto fundamental do sistema de planificação centralizada, diferentes níveis da atividade precisam estar integrados para estabelecer e assegurar a coerência interna entre as suas diferentes ligações e entre os mecanismos utilizados (ONU, Cepal, Ilpes, 1988).

Ademais, nas teses e resoluções do SDPE chama-se atenção para: o Plano de Economia Nacional com caráter de lei e o sistema de balanços da economia nacional como instrumento fundamental; a direção estatal da economia, sob responsabilidade da Assembleia Nacional do Poder Popular e seu Conselho de Estado e Governo (Conselho de Ministros e o seu Comitê Executivo); o sistema de órgãos de direção e planificação da economia nacional, que inclui a Juceplan (autoridade máxima) e os ministérios ou organismos centrais para atender aos problemas globais e lidar com o desenvolvimento de ramos específicos da economia, e os ministérios ou organismos inferiores ao nacional que abrangem os aparatos de planificação e controle dos órgãos do poder popular nas províncias e municípios e empresas (PCC, 1975).

Do ponto de vista material, houve, no período, notáveis avanços nos campos da produção e do consumo, subsumidos a uma estratégia externa centrada na exportação de açúcar a preços acordados para os países da Came. Foi possível uma grande melhoria no nível de vida dos cubanos nesse período, com estabilidade, universalização efetiva dos serviços sociais como saúde, educação e assistência e passagem da "revolução como fonte do direito à chamada legalidade socialista" (Martínez-Heredia, 2001, p. 27). A taxa de investimento pôde ser incrementada a mais de um quinto do produto social (Mok Leon; Vallejo, 2018). Ao fim do período, a soma de indústria e construção representava cerca de 31% de todas as atividades, e a agropecuária reduzia-se de 14% a 10% na mesma comparação.

Notavam-se, também, certas contradições. Nas palavras de Heredia,

> Al mismo tiempo, se importaron muchas de las incongruencias del sistema remunerativo y administrativo del antiguo campo socialista, se abandonaron valores y métodos propios de la Revolución cubana, se generalizó la burocratización y el dogmatismo, se limitó el debate público y la mediocridad y el oportunismo impusieron su regla en muchos aspectos de la vida. El "modelo soviético" de socialismo devino paradigma irreprochable para muchos y de manera velada, pero consistente, algunos renegaron de los "idealismos" relacionados con el apoyo al movimiento revolucionario en América Latina. (Martínez-Heredia, 2001, p. 25-28)

A burocratização e a correspondente emergência operativa de interesses para além dos ideais revolucionários – como os vinculados a corrupção e tecnocratismo – e certo esvaziamento do discurso político foram eixo de preocupação na direção da transição socialista.

Conformaram-se, assim, dois subperíodos até o momento de grave crise com o fim da União Soviética:

> las estrategias de transición implementadas en el periodo demarcaron claramente dos momentos: un primer subperiodo, de 1975 a 1985, en el que se restablecieron las bases de un socialismo convencional, inspirado en la experiencia del 'socialismo real' europeo; y un segundo, de 1985-1990, en el que se regresó a la pretensión de un socialismo más autóctono y presuntamente más avanzado. Visto en conjunto, las estrategias de transición socialista dominantes en el periodo produjeron un escenario de fuerte institucionalización de la sociedad cubana y de mayor racionalización económica, aunque con el mismo grado de

> estatización ya establecido [...] cada una de estas estrategias tuvo como 'núcleo duro' la promoción de un cierto 'Sistema de Dirección y Planificación de la Economía', así como su implementación compulsiva, a saber:
>
> - De 1975 a 1985, se instauró un nuevo sistema económico de inspiración soviética, enfatizando su carácter de economía 'centralmente planificada'.
> - En el periodo 1985-1990, se pasó a la crítica y modificación de tal sistema en favor de un mayor peso de las decisiones políticas y sus prioridades. Para esto, se recuperaron algunas de las prácticas y parte del imaginario de los años sesenta. (Paz, 2018, p. 183)

As práticas referidas, impulsionadas a partir da segunda metade dos anos 1980, remontaram-se, em particular, à convocação de maior participação e apoio dos trabalhadores por meios massivos.

Dessa forma, esse período é marcado por uma estabilidade relativa importante na estrutura de propriedade, no grau mais elevado de estatização dos meios de produção em Cuba. Apenas no plano da agricultura se manteve setor agrícola privado, mas pequeno e em alguma redução. Nesse período, continuou a redução da desigualdade na sociedade cubana.

Entretanto, a combinação do bloqueio e a forma de integração à divisão internacional socialista do trabalho se fizeram mantendo uma forte concentração tanto na exportação de açúcar, a preços acordados muito mais estáveis que a deterioração mundial destes nos anos 1980, como nos destinos das trocas internacionais. Para o final da década de 1980, acumulava-se um desequilíbrio com o exterior equivalente a cerca de um décimo da produção nacional (*deficit* em transações correntes – comercial, de serviços e rendas).

Nesse contexto, o corte abrupto, ocorrido em um par de anos, derivado do desmoronamento da URSS, alcançaria uma profundidade muito maior.

*O Período Especial (1991 a cerca de 2002)*

A implosão imprevista e expedita do bloco soviético representou um duríssimo golpe à transição socialista cubana. A um tempo, perdeu três quartos das exportações e proporção ainda maior da capacidade de importar, deixaram de se respeitar diversos acordos firmados com países da anterior Came.

Não bastasse a dificuldade direta de readequação forçosa, o imperialismo estadunidense aproveitou a vulnerabilidade cubana e incrementou muitíssimo a intensidade do bloqueio econômico. As Leis Torricelli[8] e Helms-Burton[9] foram duas duríssimas leis dos Estados Unidos para ocasionar amplo dano e tentar forçar uma "mudança de regime". De fato, representaram extraterritorialização ampliada da aplicação do bloqueio (empresas que fizessem negócios com os Estados Unidos estavam proibidas de se relacionar com Cuba).

Dessa forma, o início do período foi marcado por uma profunda recessão e escassez generalizada de bens básicos, alimentos e combustíveis entre outros.

---

[8] A Lei Torricelli foi aprovada em 1992 pelo Congresso dos Estados Unidos e impôs uma série de restrições econômicas a Cuba, incluindo a proibição de que navios estrangeiros visitassem portos cubanos atracassem em portos estadunidenses por seis meses e a proibição de empresas americanas de negociarem com empresas cubanas controladas pelo Estado.

[9] A Lei Helms-Burton foi aprovada em 1996 e passava a aceitar que cidadãos estadunidenses processassem empresas estrangeiras que negociassem com propriedades expropriadas pelo governo cubano após a Revolução de 1959. A lei também transferiu o poder de decisão de suspender o embargo contra Cuba ao Congresso, tirando tal potestade do presidente.

Frente a tais perdas e agressões, não havia saída fácil. Para a reativação e reconfiguração da reprodução social da vida na rapidez e na amplitude necessárias sem abdicar do socialismo, regressões táticas e novas soluções eram imprescindíveis, e, sobretudo, sua eficácia exigia atitudes e assunção decididas e gerais, ou seja, de todos os trabalhadores, que sofreriam e seriam seus sujeitos.

Até março de 1994, graças à preparação feita por quase meio milhão de ativistas sindicais, mais de 80 mil parlamentos de trabalhadores tiveram lugar, ao longo de 45 dias. Mais de três milhões de trabalhadores discutiram sobre todos os temas, desde absenteísmo de trabalhadores, desvios de produção, mercado negro, impostos, taxas, crimes, até várias questões trabalhistas. Ao todo, os trabalhadores, nesses fóruns, elaboraram 261.859 propostas – soluções baseadas no máximo consenso, sob o princípio de que os trabalhadores eram donos e responsáveis pelos meios de produção.

Combateram-se problemas, inovou-se em soluções para aproveitar materiais – de medicamentos a cimento – e energia ao máximo. "Os parlamentos operários constituíram uma das novas maneiras pelas quais a revolução demonstrou que seu humanismo básico poderia superar até mesmo as circunstâncias mais difíceis sem recorrer às soluções insensíveis e desumanas do capitalismo" (Ottenberg, 2023, s.p.).

Com essa mobilização em massa dos trabalhadores, o caminho forçado ratificado foi o de reintroduzir mecanismos de mercado e abertura controlada ao capital estrangeiro, além de uma dolarização parcial da economia. José Luis Rodríguez, ex-ministro da Economia de Cuba, sintetizou três dimensões das transformações do planejamento cubano para enfrentar os desafios postos.

Em primeiro lugar, quanto às transformações mais significativas, indicava que se decidiu abrir espaço para diferentes formas de propriedade, em particular com:

- Introduzir seletiva e gradualmente o capital estrangeiro;
- Transformar uma grande parte das fazendas estatais em cooperativas;
- Aumentar a presença do trabalho privado não agrícola;
- Simplificar e enxugar a estrutura da administração central do Estado, tanto em termos de número de ministérios como de pessoal;
- Introduzir gradualmente a separação entre o Estado como proprietário e as funções administrativas, por meio da descentralização da gestão empresarial, substituindo métodos verticalizados de direção administrativa.

Em segundo lugar, na dimensão dos desajustes macroeconômicos, a direção das medidas foi de estruturar um sistema combinado de regulação com ação estatal direta, mas com crescente participação de mecanismos indiretos – via políticas monetária, fiscal, comercial e financeira; desenhar e implementar um programa de estabilização financeira interna; fazer uma dolarização parcial – legalizando o dólar e outras divisas para sua circulação no interior do país, além de autorizar remessas – com a criação da rede de casas de câmbio e de lojas com vendas de mercadorias em divisas.

Nessa segunda dimensão, enlaçada com o planejamento, nosso objeto central, destaca o autor (Rodríguez García, 2000) que se passou a transformar gradualmente o sistema anterior de balanços materiais a planejamentos essencialmente financeiros com a reestruturação do sistema bancário e financeiro e a modificação do monopólio estatal centralizado do comércio exterior, impulsando uma maior descentralização dos serviços.

Por fim, também com impactos nos métodos e nas diretrizes de planejamento, na dimensão microeconômica, estabeleceram-se sistemas e relações de contrato e instrumentos mercantis para cobrança e pagamento no sistema empresarial, impulsionando a lógica de autofinanciamento empresarial, alterando a formação de preços de varejo e atacado e transformando os sistemas de remuneração com a introdução de mecanismos de estímulo em "moedas fortes". Mesmo nesse contexto, o autor concluía:

> Puede así afirmarse que la descentralización en la gestión económica no debilitó el papel de la planificación centralizada sino que, por el contrario, exigió su fortalecimiento aunque con otro carácter, al concentrarse en las decisiones de mayor importancia económica y social, al tiempo que se pasaba a regular y controlar con nuevos mecanismos económicos, la actividad empresarial y la administración cotidiana de los recursos. (Rodríguez García, 2000, p. 286)

Do ponto de vista setorial, foi mantida a prioridade à política social. Entre 1986 e 1996, os gastos estatais orçados decresceram cerca de nove pontos percentuais, mas na esfera social aumentaram, mantendo a sua participação no PIB (Peña Farias, 2017, p. 149). Deu-se, além disso, centralidade ao desenvolvimento do setor de turismo, com abertura ao investimento estrangeiro direto, mas mediação da contratação de força de trabalho via Estado. Criaram-se Unidades Básicas de Produção Cooperativa (UBPC), regulando-se parte do trabalho por autônomo. Preservou-se e impulsionou-se, na medida do possível, conhecimento e produção biotecnológicos ligados à área da saúde.

*A Batalha de Ideias, Venezuela e a onda rosa (2003 a 2011)*

O conjunto de medidas para enfrentar o Período Especial teve eficácia para reestruturar forte e velozmente a dinâmica da reprodução social sem quebrantar a sua forma política e orientação fulcral de manutenção do socialismo na ilha. Implicou, como dissemos, lidar com tensões e contradições maiores e cumulativas.

As dificuldades geradas pelo estabelecimento da dualidade monetária, por exemplo, eram reconhecidas pela direção econômica e política da ilha nos seguintes termos:

> No obstante, por más que resultara inevitable y aunque esa disimilitud ha tendido a atenuarse levemente con la revalorización de la moneda nacional frente al dólar – casi 7 veces en tres años –, y el crecimiento de las posibilidades de acceso a las divisas por diversas vías, entre ellas las de los esquemas de estimulación y la apertura de casas de cambio, no deja de generar problemas ideológicos serios por las desigualdades que crea y los afanes desmedidos de posesión de divisas que desata, muy distantes de los valores y principios que defendemos [...]. Esta dolarización no es lo normal y de ella saldremos tan pronto sea económicamente factible. (PCC, 1997, s.p.)

Na mesma resolução, já se apontava uma diretriz que se materializaria a partir da década seguinte:

> Nuestras exportaciones deben diversificarse e ir modificando su estructura a favor de productos con mayor valor agregado y servicios de alta calificación, lo que supone un proceso de varios años en el que se presentarán no pocas complejidades pero que tiene que ser enfrentado desde el presente con rigor. (PCC, 1997, s.p.)

O autofinanciamento empresarial com maior liberdade de atuação no comércio exterior, a seu turno, não fora capaz de reverter a escassez de divisas.

A partir de novembro de 1999, tomou lugar o que seria o estopim sociopolítico do novo momento que ora descrevemos: após o naufrágio de uma embarcação que emigrava de Cuba, com a morte de vários dos seus ocupantes, foi resgatado do mar o menino Elián González, de seis anos, que perdera sua mãe nessa travessia, feita à revelia de seu pai. As dificuldades interpostas com intervenção de opositores políticos de Cuba foram contrapostas por uma intensa mobilização popular na ilha e por enfrentamento de grande batalha legal quanto ao reconhecimento da potestade paterna. Seria o início de uma nova ofensiva ideológica e política, batizada de Batalha de Ideias.

Por fim, a aproximação da Venezuela e da China, a partir de 2001, trouxe alívio crescente quanto à disponibilidade energética, além de sinergia em diversas frentes, particularmente na exportação de serviços profissionais de alta qualificação para a primeira nação.

Nesse contexto de superação da emergência e nova ofensiva pelo caráter humanista e social da Revolução, a partir de 2003 produziu-se um processo de forte incentivo nas áreas sociais, de cultura, educação, enfrentamento da vulnerabilidade social e de avaliação e revisão das reformas efetuadas no início do Período Especial.

Do ponto de vista do planejamento, foram revertidos excessos de medidas descentralizadoras que se mostraram ineficazes ou contraproducentes. Entre as prioridades estratégicas, colocou-se o maior controle sobre as divisas disponíveis, que permitisse direcioná-las a atender às questões nacionais fundamentais.

No Quadro 1, sintetizam-se mudanças importantes, como a reversão parcial da dolarização e retorno a monopólio de comércio exterior centralizado, com impactos em todo o processo de planejamento, e as novas frentes da política social.

**Quadro 1: Mudanças vinculadas ao planejamento e à política Social em Cuba (2003-2007)**

| | |
|---|---|
| **Mudança no modelo de gestão e uso da moeda em direção a uma maior centralização** | • Curso forçado da moeda nacional (2003)<br>• Estabelecimento da conta única (2005)<br>• Controle cambial (2005) |
| **Mudança no estilo e nos métodos de direção da economia** | • Aperfeiçoamento do planejamento, fortalecimento do controle e da regulação econômicos<br>• Maior concentração do comércio exterior<br>• Recentralização de algumas faculdades delegadas a empresas quando do advento do Período Especial |
| Política Social | • Fortalecimento dos programas tradicionais<br>• Certa focalização da política social<br>• Introdução dos Programas da Revolução |

Fonte: Nodarse, 2001, tradução própria

Além dessas mudanças, nesse período também se avançou rumo ao planejamento territorial com articulação descentralizada maior. Do ponto de vista estratégico produtivo, tomou-se uma das mais audazes e impressionantes decisões em décadas: a restruturação para minimização da produção e da exportação açúcar. Além da reconfiguração agrária, veio acompanhada da orientação da exportação de biotecnologia da área da saúde e serviços profissionais. Graças a seu avanço acumulado e a acordos estatais regionais e internacionais nessas áreas, Cuba pôde desfrutar de um alívio nas contas externas, pelo forte *superavit* na balança de serviços, ampliando a margem de possibilidades materiais e a margem para planificação

### *Dos Lineamentos da Política Econômica e Social do Partido e da Revolução à Constituição de 2019*

Na década de 2010, reforçou-se o planejamento estratégico de mais longo prazo, marcado em termos normativos por três instrumentos centrais: os Lineamentos da Política Econômica e Social do Partido e da Revolução de 2011; o Plano Nacional de Desenvolvimento Econômico e Social (2030); e a nova Constituição da República de Cuba (2019). Todos foram submetidos a um amplo processo de participação popular, que abarcou consultas populares, referendos e eleições por meio de voto livre e secreto.

No ano de 2011, durante o VI Congresso do PCC, foi discutido e analisado o projeto final dos Lineamentos da Política Econômica e Social do Partido e da Revolução. A partir de análises sobre os avanços e problemas complexos a serem superados para prosseguir rumo ao desenvolvimento econômico e social do país, foram reiteradas e incorporadas definições, diretrizes, objetivos e medidas (a curto, médio e longo prazo) para cada uma das esferas que conformam a política econômica e social da sociedade cubana, mantendo uma perspectiva basilar e estratégica da planificação.

Além disso, foi proposta a atualização do modelo econômico, na intenção de garantir a continuidade e a irreversibilidade do socialismo, o desenvolvimento econômico e a elevação do nível de vida da população, conjugados com a necessária formação de valores éticos e políticos. Entre as definições centrais, reiterou-se que "o sistema de planificação socialista continuará sendo a via principal para a direção da economia nacional, e deve transformar-se em seus aspectos metodológicos, organizativos e de controle" (PCC, 2011, p. 10, tradução nossa). Um dos norteadores das transformações foi avançar para um sistema mais descentralizado, em reconhecimento de dificuldades oriundas da centralização nas condições histórico-conjunturais dadas (PCC, 2011).

Reafirmou-se que o Estado cubano seguirá primando pela planificação socialista, contudo sem deixar de levar "em conta o mercado [em caráter subordinado], influindo sobre ele e considerando suas características" (PCC, 2011, p. 39, tradução nossa). Nessa direção, ao se tratar do modelo de gestão econômica, abalizou-se que "nas formas de gestão não estatais não se permitirá a concentração da propriedade nas pessoas jurídicas ou naturais" (PCC, 2011, p. 10, tradução nossa).

Confirmou-se a empresa estatal socialista como a principal forma da economia nacional e, ao mesmo tempo, afirmou-se a necessidade de ampliação e diversificação da economia cubana com as modalidades de inversão estrangeira previstas em lei (empresas mistas, contratos de associação econômica internacional, entre outras), as cooperativas, os pequenos agricultores, os trabalhadores autônomos e outras formas, devendo a planificação abarcá-las em todo seu processo, incluindo a planificação territorial (PCC, 2011).

A concretude ao disposto nos Lineamentos da Política Econômica e Social do Partido e da Revolução, ao mesmo tempo, requisitou atualização na busca por refletir as mudanças na situação econômica e política do país e subsidiou a edificação do Plano Nacional de Desenvolvimento Econômico e Social até 2030. Seu projeto final foi submetido à discussão e à análise no VII Congresso do Partido Comunista de Cuba, em 2016, com deliberação das bases de sustentação do plano, aprovadas pela Assembleia Nacional do Poder Popular em meados de 2017. No mesmo ano, analisou-se e aprovou-se a Conceitualização do Modelo Econômico e Social Cubano de Desenvolvimento Socialista, a qual expõe:

> No país, vigora um sistema de economia socialista baseado na propriedade de todo o povo sobre os meios fundamentais de produção, como forma principal de propriedade e direção planejada da economia, que considera, regulamenta e controla o mercado de acordo com os interesses da socie-

> dade. A Conceitualização do Modelo atualizado explica e justifica os objetivos estratégicos deste, os princípios em que se fundamenta e as principais transformações necessárias em conformidade com as condições contemporâneas. (PCC, 2021, p. 16, tradução nossa)

Essas definições foram tomadas como fundamentos do Plano Nacional de Desenvolvimento Econômico e Social até 2030. A importância deste reside no fato de constituir-se um documento orientador do sistema nacional de planificação, que inclui, de forma integral e coerente, estratégias, objetivos, metas e ações em matéria econômica, social e política, e direcionador da condução do desenvolvimento e da resolução dos desequilíbrios estruturais da economia com uma visão estratégica e coerente, a médio e longo prazo (PCC, 2016).

No plano encontra-se a visão de nação a ser alcançada: soberana, independente, socialista, próspera e sustentável. Também, são definidos seis eixos estratégicos, de caráter transversal e inter-relacionados, como pilares e forças motrizes da estratégia de desenvolvimento: governo eficaz e socialista e com integração social; transformação produtiva e inserção internacional; desenvolvimento da infraestrutura; potencial humano, ciência, tecnologia e inovação; recursos naturais e meio ambiente; desenvolvimento humano, equidade e justiça. Para esses eixos foram estabelecidos 22 objetivos gerais e 106 objetivos específicos (PCC, 2021). Sobre esse decenal processo de reformas, a análise de Santos e Cordoví (2022) indica que,

> Dessa forma, pode-se entender a unidade e coerência entre os Lineamentos que avançaram no diagnóstico e delinearam as políticas, a Conceitualização, que antecipou o modelo e o fundamentou conceitualmente, e o PNDES, que se concretizou, posteriormente, em grandes macroprogramas. No entanto, é importante lembrar que entre a

> discussão e aprovação das Diretrizes (2011) e a aprovação da Conceituação e do PNDES (2017) foram praticamente seis anos, nos quais foram adotadas novas medidas e políticas, contidas principalmente nas Diretrizes, que podem ser resumidas da seguinte forma: estímulo às forças produtivas; fortalecimento da coordenação das políticas macroeconômicas; transformação do modelo de gestão; relacionadas à política social; aperfeiçoamento dos órgãos do Estado e do Governo; sobre o modelo de desenvolvimento econômico e social. (2022, p. 13-14, tradução nossa)

*Pandemia, asfixia econômica redobrada e refundação contemporânea*

O período contemporâneo pode ser visto como fruto da combinação de mudanças estruturais internas e externas de grande significação e grandes consequências.

Externamente, a partir de 2017, com a chegada ao poder da extrema direita personificada por Donald Trump à presidência da potência imperialista estadunidense, o bloqueio econômico dos Estados Unidos, tanto direto – entre 243 medidas adicionais de asfixia econômica, constou a ativação inédita do Título III da Lei Helms-Burton (TIIIHB) e a inclusão de Cuba na lista de "países patrocinadores do terrorismo" –, mantido mesmo no governo Biden, como indireto, com a guerra econômica contra a Venezuela (com impactos fortes no grau de cooperação e intercâmbio desta com a ilha), o golpe no Brasil e a ascensão bolsonarista (voluntariamente e unilateralmente submisso ao governo de Trump), com corte até o início de 2023 do intercâmbio via programa Mais Médicos no Brasil. Em particular, a asfixia econômica foi cruelmente intensificada durante a pandemia de covid-19.

Internamente, houve a avançada transição geracional nos postos-chave do Estado cubano e aprovação plebiscitária e vigência da nova Constituição de Cuba (em 2019), com avanços positivos em sua regulamentação e normativas posteriores, como a regulamentação da implementação do PNDES 2030 (Decreto Presidencial 261 de 2021) e a recente aprovação do novo e avançado Código da Família; mas também com o convoluto processo da *tarea de ordenamiento monetario y cambiario*, cuja implementação a partir de 2021 tem estado sujeita a recorrentes ajustes.

De fato, a reformulação da Constituição de Cuba representou um evento crucial desse amplo processo de reformas em curso na década. Em fevereiro de 2019, após dois anos de consulta popular, aprovou-se massivamente em referendo popular a Constituição da República de Cuba, que atualizou os fundamentos políticos, econômicos e sociais do país, aprofundando deveres e direitos dos cidadãos, entre outros aspectos relevantes para o presente e o futuro.

Especificamente sobre a planificação, a Constituição da República de Cuba de 2019 endossa os pressupostos apontados anteriormente nos Lineamentos da Política Econômica e Social do Partido e da Revolução e do Plano Nacional de Desenvolvimento Econômico e Social (até 2030), dos quais destaca-se: sistema de economia socialista baseado na propriedade de todo o povo sobre os meios de produção como forma principal de propriedade; direção planejada da economia, que leva em conta, regula e controla o mercado em função dos interesses da sociedade; planificação socialista como componente central do sistema de gestão do desenvolvimento econômico e social; participação dos trabalhadores nos processos de planejamento, regulação, gestão e controle da economia (Cuba, 2019).

A Constituição de 2019 consolidou, nesse contexto de crise induzida em amplitude inédita (tanto pelo impacto da pandemia no turismo como pela potencialização da política de asfixia econômica imperialista), uma descentralização maior, e, novamente, como no Período Especial, o impulso a formas privadas de produção e mecanismos de mercado mais consolidados – como a ampliação do escopo de micro, pequenas e médias empresas (Mipymes), escopo da política fiscal e tributária e as mudanças monetárias e cambiais.

A flexibilização no comércio exterior se deu para estímulo máximo a pequenos atores e com abertura controlada de grandes atividades, como o comércio atacadista. Mais espaço foi permitido ao investimento estrangeiro direto, frente às maiores dificuldades com a ativação do TIIIHB.

O processo consciente e gradual de reforma de empresas estatais, de maior protagonismo para governos locais e de maior permissão normativa para atores econômicos não estatais para além do setor agropecuário, que restringe a velocidade de algumas mudanças junto a restrições do cenário externo extremamente adverso, mantém o papel de mecanismos de controle direto da reprodução econômica.

Em relação ao último ponto, a reforma monetária, recentemente o governo de Cuba avançou mais um passo no processo de reformas econômicas: unificação de sua moeda, que era dual (CUP – peso cubano e CUC – peso conversível, este equivalente ao dólar). O processo de unificação monetária, que entrou em vigor em 1º de janeiro de 2021, teve como pressupostos a produtividade do trabalho e a efetividade dos mecanismos distributivos e redistributivos, mas foi balizado diante da profunda restrição externa, fruto da queda de exportações de serviços profissionais e da obtenção de divisas por meio do turismo.

**Princípios e desafios**

Dois fundamentos, materiais e humanos, estruturam o sistema de direção planificada do desenvolvimento econômico e social cubano: a socialização dos meios de produção e a participação efetiva dos(as) trabalhadores(as), de maneira direta e em seu conjunto.

Reflitamos sobre duas dimensões concernentes ao planejamento e à política social, em termos gerais: o lugar da política social no planejamento estatal, por um lado, e o planejamento das políticas sociais em si.

O planejamento é composto pela dimensão político-social. Em uma sociedade capitalista dependente, por exemplo, não raro as políticas sociais são colocadas em uma posição subordinada e marginal no bojo do planejamento prático do Estado, recebendo apenas "sobras" do arcabouço de sua política econômica e social.

Aqui sobressai a grande diferença, visível desde múltiplas perspectivas, da relação entre política social e planejamento estatal em Cuba. Aquela ganha papel fundamental na preocupação centrada no ser humano. A rápida e forte resposta cubana durante a pandemia, com desenvolvimento totalmente nacional de vacinas, vacinação em massa da população e ajuda internacional, é o último exemplo disso.

A premissa central para a discussão sobre planejamento de políticas sociais é a de que "o planejamento é ontológico ao ser social: assim como o trabalho, o homem se diferencia do animal exatamente porque intui antes de realizar aquilo que pretende executar" (Prates, 2015, p. 217). Trabalho e planejamento implicam movimento, pôr em ação as principais capacidades desenvolvidas pelos sujeitos sociais como seres conscientes, capazes de antecipar e projetar mentalmente um conjunto de ações a realizar, e os meios de materializá-las em direção a determinado fim (objetivos). Em outras palavras, o ser humano "não transforma apenas o material sobre o qual opera; ele imprime ao material o projeto que tinha conscientemente em mira" (Marx, 2008, p. 212). Nesse sentido, a finalidade e a própria ação produzem e reproduzem as condições materiais e culturais da existência humana no contexto histórico e socioeconômico de determinada sociedade.

As políticas sociais como "medidas e formas de ação formuladas e executadas com vista ao atendimento de legítimas demandas e necessidades sociais" (Pereira, 2008, p. 96) exigem planejamento, não podem ser guiadas pela improvisação, pela intuição e pelo sentimentalismo (Pereira, 2012). As políticas sociais, como intervenção na e sobre a realidade, envolvem um processo racional de tomada de decisões, fundamentadas em indicadores científicos, possibilitadores da "construção de planos de ação voltados para a satisfação sistemática, continuada e previsível de necessidades" (Pereira, 2012, p. 224).

Isso requer a realização de estudos de situação, escolha de prioridades, estabelecimento de alternativas com definição de objetivos e metas, procedimentos necessários para alcance dos resultados previstos, previsibilidade de recursos, incluindo permanente avaliação (Baptista, 2003) e participação da sociedade em todo processo de planejamento. Planejar implica necessariamente um processo político, porque supõe uma sucessão contínua de tomadas de decisão, inscritas em situações e relações de poder compartilhado entre os diferentes sujeitos que dele participam, os quais apresentam interesses e expectativas diversas (Carraro, 2016).

Apontemos as peculiaridades desse processo em Cuba, ressaltando a coerência entre o planejamento, o modo de organização socioeconômica, a concepção de Estado e a visão de mundo/sociedade daqueles que o constituem, mediada pela correlação de forças que o orientam. Em Cuba, o planejamento é centralizado e orientado à garantia do atendimento às necessidades sociais, com projeção da distribuição de bens a partir de critérios coletivistas.

O Quadro 2 sintetiza traços da estatalidade e da presença de outras formas de propriedade na formação social cubana. A eficácia do planejamento explica-se em parte pela capacidade de materialização de diretrizes em ação profunda, graças à estatalidade presente.

**Quadro 2: Estatalidade e presença de outros atores na formação social cubana desde 1959**

| Setor/dimensão | Períodos | | | | | |
|---|---|---|---|---|---|---|
| | 1959-1975 | 1975-1989 | 1990-2002 | 2003-2011 | 2011-2018 | 2019- |
| | Grau de estatalidade | | | | | |
| Bancos/Finanças | Aumento a plena | Plena | Plena | Plena | Plena | Plena |
| Comércio Exterior | Aumento a plena | Plena | Plena | Plena | Plena | Plena |
| Educação | Aumento a plena | Plena | Plena | Plena | Plena* | Plena* |
| Saúde | Aumento a plena | Plena | Plena | Plena | Plena | Plena |
| Assistência e previdência | Aumento a plena | Plena | Plena | Plena | Plena | Plena |
| Comérico varejista | Aumento a plena | Plena | Plena | Plena | Plena | Muito alta |
| Comércio atacadista | Aumento a plena | Plena | Plena | Plena | Plena | Muito alta |
| Indústra e comunicação | Aumento a plena | Plena | Alta | Alta | Alta | Alta |
| Turismo | Aumento a plena | Plena | Alta | Alta | Alta | Alta |

| Agricultura | Aumento a altíssima | Altíssima | Em redução | Em redução | Baixa | Baixa |
|---|---|---|---|---|---|---|
| | Presença de outras formas de propriedade | | | | | |
| Presença de capital estrangeiro | Empréstimos externos | Empréstimos externos | Entrada controlada** | Entrada controlada** | Entrada controlada** | Entrada controlada** |
| Setor não estatal*** (5 da ocupação) | 12,0% | 7,0% | 20,0% | 16,2% | 31,6% | |

Graus de estatalidades indicativos, de maior a menor: pleno, muito alto, alto, médio, baixo, nulo.
*Permitida e regulada a atuação de autônomos na atenção educativa de crianças na etapa pré-escolar; na prática, pouco significativa.
**Entrada controlada, com participação decisiva cubana; a partir da regulamentação pós-Constituição em vigência, permitida entrada com empreendimentos majoritariamente estrangeiros.
*** Estimativas próprias com base em Anuários Estatísticos de Cuba, vários anos e diversas fontes. Agora foi possível ter a estimativa para a última célula da ocupação não estatal, que é de 34%, uma vez saíram os dados do último anuário com informações até 2022.
Fonte: elaboração própria.

O órgão responsável pelos planos nacionais de desenvolvimento econômico e social é a Assembleia Nacional do Poder Popular (Cuba, 1976). Os planos a que se refere o texto constitucional são o Plano Econômico e Social Anual e o Plano Quinquenal da Economia Nacional. Também são elaborados planos territoriais locais a partir de diagnósticos que permitem uma leitura da realidade local, buscando-se, assim, combinar a planificação nacional com a territorial (Delgado; Feijóo, 2004). Para a efetivação desse processo, é essencial a implantação do Sistema de Direção da Economia, a criação dos órgãos locais do Poder Popular, a nova divisão político-administrativa e a instituição da Direção Territorial e das Direções de Planificação nas Províncias (Izquierdo; Pando, 2011).

Quanto à elaboração desses planos, ela é precedida por avaliações alusivas à dinâmica de funcionamento, aos resultados alcançados e aos limites impostos para seu desenvolvimento, diante dos efeitos e impactos da situação econômica internacional que incide sobre o país e de outros elementos conjunturais (Cuba, 2014). Os congressos do Partido Comunista Cubano, com seus balanços, análises e projeções acerca da política econômica e social em Cuba, a cada cinco anos, constituem peça-chave para tais preâmbulos.

São produzidos informes com o balanço dos anos precedentes, com olhar crítico para cada momento e projeção esperável do desenvolvimento socioeconômico (Civeira, 2014). Também é aprovado um conjunto de documentos, denominado Teses e Resoluções, entre os quais se destacam os Lineamentos da Política Econômica e Social do Partido e da Revolução, que contêm definições, orientações, objetivos e metas a priorizar na implementação das políticas econômicas e sociais no país em um período de cinco anos. Tais lineamentos, quando em forma de projeto, são submetidos a amplo debate em todo território nacional, sendo finalmente aprovados na forma de uma resolução (PCC, 2011).

## Conclusões

Na sociedade cubana em transição para o socialismo, a reprodução social se mantém estruturada e controlada pelo Estado com o objetivo de produzir bens e serviços e distribuir conscientemente e amplamente renda e riqueza.

A dinâmica recente foi contraditória: se por um lado partiram do acúmulo de forças uma vez superadas as emergências do Período Especial, por outro desdobraram-se em meio à crise provocada pela interferência e, finalmente, pela agressão direta imperialista ao mesmo tempo que as contradições e distorções do tecido social com assimetria no acesso a divisas e meios de produção privado maturavam.

A maior e mais explosiva expressão foi desatada com a combinação de crise externa e forma de execução da tarefa de *ordenamiento monetário* em 2021.

A resposta foi contundente e convocou o apoio massivo da população ao Estado socialista cubano.

A experiência de planificação em Cuba, portanto, é singular pela sua orientação e pela delicadíssima atuação por um contexto de guerra não convencional permanente. Parecem bem colocadas as palavras de Yaffe (2019, p. 4) de que "em Cuba socialista, a relação entre o 'governo' e o 'povo', por meio de suas organizações, é extremamente permeável. O socialismo cubano tem sobrevivido com o apoio do povo revolucionário".

## Referências

AZCUBA. *Historia del Sector Azucarero.* [202?]. Disponível em: https://www.azcuba.cu/historia-del-sector-azucarero/. Acesso: 10 mar. 2023.

BOTI, R. "El Plan de Desarrollo Económico de 1962". *In:* LARA, J. B.; GARCÍA, D. L. L.; LEÓN, T. C. *Documentos de la Revolución Cubana 1962.* La Habana: Editorial de Ciencias Sociales, 2009, p. 368-382. Disponível em: http://www.fidelcastro.cu/sites/default/files/fichero_libros/Documentos--de--la--Revolucion--cubana--1962.pdf. Acesso: 9 dez. 2022.

BRIGOS, J. P. G.; BELAMARIC, R. A.; FERRER, R. J. L. *Cuba*: propiedad social y construcción socialista. Havana: Editorial de Ciencias Sociales, 2012.

CANTÓN, N. J.; SILVA, L. A. *Historia de Cuba 1959-1999*: liberación nacional y socialismo. La Habana: Editorial Pueblo y Educación, 2009.

CARRARO, G. *As políticas sociais de assistência social, educação e saúde no Brasil e em Cuba*: as particularidades dos processos de planejamento, monitoramento e avaliação. Tese (Doutorado em Serviço Social) – Programa de Pós-Graduação em Serviço Social, Escola de Humanidades, Pontifícia Universidade Católica do Rio Grande do Sul, Porto Alegre, 2016.

CÉSAR, M. A. *Mulher e política social em Cuba.* 1ª ed. Brasília: Alva LTDA, 2005.

CIVEIRA, F. L. *100 preguntas sobre la historia de Cuba.* 2ª edição. La Habana: Gente Nueva, 2014.

CUBA. *Constitución de la República de Cuba.* La Habana: Ministerio de Justicia, 1976.

CUBA. "Ley 757, de 11 de marzo de 1960: creación de la Junta Central de Planificación". *In:* LARA, J. B.; GARCÍA, D. L. L.; LEÓN, T. C. *Documentos de la Revolución Cubana 1960.* La Habana: Editorial de Ciencias Sociales, 2007, p. 39-46. Disponível em: http://www.fidelcastro.cu/sites/default/files/fichero_libros/Documentos--de--la--Revolucion--cubana--1960.pdf. Acesso: 9 dez. 2022.

CUBA. "Ley 935, de 23 de febrero de 1961: ley Orgánica de la Junta Central de Planificación". *In:* LARA, J. B.; GARCÍA, D. L. L.; LEÓN, T. C. *Documentos de la Revolución Cubana 1961*. La Habana: Editorial de Ciencias Sociales, 2009, p. 241-245. Disponível em: http://www.fidelcastro.cu/sites/default/files/fichero_libros/Documentos--de--la--Revolucion--cubana--1961.pdf. Acesso: 9 dez. 2022.

CUBA. Resolución sobre los lineamientos de la Política Económica y Social del Partido y la Revolución. *In*: CONGRESO DEL PARTIDO COMUNISTA DE CUBA, VI, 2011. La Habana. p. 57-75.

CUBA – MINISTERIO DE ECONOMÍA Y PLANIFICACIÓN. *Indicaciones metodológicas para la elaboración del Plan 2015*. La Habana: MEP, 2014.

DELGADO, E. M.; FEIJÓO, M. C. L. "Las técnicas de análisis regional como parte del diagnóstico en proceso de planificación regional en Cuba". *Observatorio de la Economía Latinoamericana*, n. 34, nov. 2004. Disponível em: https://www.eumed.net/cursecon/ecolat/cu/emd-tar.pdf. Acesso: 2 jun. 2024.

ESTRADA, O. F. "El paradigma de planificación en Cuba: cambiar loque debe ser cambiado". *Cuba Socialista*, mai. 2018. Disponível em: http://www.cubasocialista.cu/2018/05/15/el-paradigma-de-planificacion-en-cuba--cambiar-lo-que-debe-ser-cambiado/. Acesso: 17 ago. 2022.

GUEVARA, E. C. *La planificación socialista, su significado*. 1 ed. Editorial Ocean Press y Ocean Sur; Centro de Estudios Che Guevara y Aleida March. La Habana, 2007.

IZQUIERDO, V. P.; PANDO, M. A. "La planificación por proyectos locales como complemento al Plan de la Economía Nacional". *Revista Economía y Desarrollo*, La Habana, v. 146, n. 1-2, ano XLII, p. 62-77, jan.-dez. 2011.

LARA, J. B.; GARCÍA, D. L. L.; LEÓN, T. C. *Documentos de la Revolución Cubana 1960*. La Habana: Editorial de Ciencias Sociales, 2007. Disponível em: http://www.fidelcastro.cu/sites/default/files/fichero_libros/Documentos--de--la--Revolucion--cubana--1960.pdf. Acesso: 10 dez. 2022.

LEÓN, A. S. "Por los caminos del socialismo: nuevas batallas y victorias (1975-1999)". *In:* NAVARRO, J. C. C.; LEÓN, A. S. *Historia de Cuba 1959-1999*: liberación nacional y socialismo. La Habana: Editorial Pueblo y Educación, 2010. p. 165-252.

MARX, K. *O capital*: crítica da economia política. 26ª ed. Rio de Janeiro: Civilização Brasileira, 2008 (Livro 1, Volume I).

MEP CUBA – MINISTÉRIO DE ECONOMÍA Y PLANIFICACIÓN DE CUBA. *Apuntes históricos de nuestra organización desde JUCEPLAN al MEP*. La Habana: MEP, 2023. Disponível em: https://www.mep.gob.cu/es/nosotros/historia. Acesso: 12 fev. 2023.

MOK LEON, L.; VALLEJO, O. *Economía cubana*: 50 años de desempeño macroeconómico 1960-2010. [S. l.]: [s. n.], 2018.

NACIONES UNIDAS – ONU; COMISIÓN ECONÓMICA PARA AMÉRICA LATINA – CEPAL; INSTITUTO LATINOAMERICANO Y DEL

CARIBE DE PLANIFICACIÓN ECONÓMICA Y SOCIAL – ILPES. *El sistema de dirección y planificación de la economía cubana.* Santiago: ONU; CEPAL; ILPES, 1988. Disponível em: https://repositorio.cepal.org/server/api/core/bitstreams/fa25f782-88ff-4232-86f7-e19c9758f332/content . Acesso: 9 mar. 2023.

NAVARRO, J. C. C. "Nace una Cuba nueva (1959-1975)". *In:* NAVARRO, J. C. C.; LEÓN, A. S. *Historia de Cuba 1959-1999*: liberación nacional y socialismo. La Habana: Editorial Pueblo y Educación, 2010. p. 1-162.

PAZ, J. V. *La evolución del poder en la Revolución Cubana.* Ciudad de México: Rosa Luxemburg Stiftung, 2018. Tomo I. Disponível em: https://jcguanche.wordpress.com/wp-content/uploads/2021/10/la-evolucion-del-poder-en-la-revolucion-cubana-t.-i-5.pdf. Acesso: 09 mar. 2023.

PEREIRA, P. A. P. "Discussões conceituais sobre política social como política pública e direito de cidadania". *In:* BOSCHETTI, I. *et al.* (orgs.). *Política social no capitalismo*: tendências contemporâneas. São Paulo: Cortez, 2008. p. 87-108.

PEREIRA, P. A. P. "Sobre a política de assistência social no Brasil". *In:* BRAVO, M. I. S.; PEREIRA, P. A. P. (orgs.). *Política social e democracia.* São Paulo: Cortez; Rio de Janeiro: UERJ, 2012. p. 221-238.

PONS, C. H. M. D. *et al. Planificación.* La Habana: Editorial Pueblo y Educación, 2006.

PRATES, J. C. "A grande fábrica produtora dos 'Caras de Vinagre'". *Textos e Contextos,* Porto Alegre, v. 14, n. 2, p. 215-222, ago.-dez. 2015. Disponível em: https://revistaseletronicas.pucrs.br/ojs/index.php/fass/article/view/22752. Acesso: 2 jun. 2024.

RODRÍGUEZ GARCÍA, J. L. La experiencia exitosa de la planificación en Cuba. *In:* SEMINARIO DE ALTO NIVEL SOBRE LAS FUNCIONES BÁSICAS DE LA PLANIFICACIÓN: compendio de experiencias exitosas, 16/17 nov. 2000, La Habana.

RODRÍGUEZ GARCÍA, J. L. "A economia cubana: experiências e perspectivas (1989-2010)". *Estudos Avançados,* São Paulo, v. 25, n. 72, p. 29-44, 2011. Disponível em: https://www.revistas.usp.br/eav/article/view/10569/12311. Acesso: 9 mar. 2023.

RODRÍGUEZ GARCÍA, J. L. "La planificación en el socialismo: su importancia y actualidad para nuestra economía (III)". *CubaDebate,* La Habana, dez. 2016. Economía; Opinión. Disponível em: http://www.cubadebate.cu/opinion/2016/12/12/la-planificacion-en-el-socialismo-su-importancia-y-actualidad-para-nuestra-economia-iii/. Acesso: 10 dez. 2022.

SANTOS, V. H.; CORDOVÍ, J. T. "Macroeconomía y crecimiento en la agenda de transformaciones del modelo económico cubano en el período pospandemia". *In:* SANTOS, V. H. (coord.). *La economía cubana pospandemia de covid-19.* La Habana: Editorial UH, 2022. p. 9-34.

# AS FORMAS DE PARTICIPAÇÃO POLÍTICA EM CUBA: ORGANIZAÇÕES DE MASSA, PARTIDO E PODER POPULAR

Aline Fardin Pandolfi[1]

## Introdução

O presente capítulo tem por objetivo analisar a particularidade da forma política em Cuba, considerando as organizações de massa, o Partido Comunista Cubano (PCC) e o Poder Popular. Diferente do funcionamento da democracia nas sociedades capitalistas – as quais são caracterizadas pelos limites das sociedades de classes, sendo o Estado a rigor representante dos interesses da burguesia –, o processo revolucionário cubano consubstanciou outra forma política de participação e decisão por parte da população.

A Revolução Cubana em si resultou de um intenso processo de participação popular. Após o ataque ao quartel Moncada, em julho de 1956, formou-se o Movimento 26 de Julho e consolidou-se a chamada *vitória das ideias*. Desse processo se desdobrou a guerra de guerrilhas (de 1957 até a tomada do

1 Assistente social. Doutora em Política Social pela Universidade Federal do Espírito Santo (Ufes). Professora do Departamento de Serviço Social da Ufes. E-mail: ali_pandolfi@yahoo.com.br.

poder em 1º de janeiro de 1959), a qual expressou a vontade da ampla maioria da população cubana por uma radical transformação social. Sendo expressão da vontade popular, da vontade do povo, trata-se de um processo que explicita a democracia em sua forma mais genuína.

A partir da Revolução de 1959 e há mais de 60 anos em processo de "Revolução permanente"[2], diversas transformações foram implementadas em todos os níveis da sociedade cubana. A economia, a esfera da política e as relações de produção em geral têm sido alteradas desde então. Dentre as contribuições desta coletânea, neste texto trataremos da forma de participação política em Cuba, que se refere a como estão organizados os mecanismos de participação e decisão pelo conjunto da sociedade. Para isso, priorizaremos as organizações de massa, o partido e o Poder Popular, que são os principais mecanismos de participação política do país.

## A participação política em Cuba

A participação política dos trabalhadores sobre a sociedade em geral durante os processos de transição ao socialismo está sustentada em determinada ideia e concepção de democracia. Pretende-se que nessas sociedades em transição a democracia seja ampliada, alargada ao máximo, visto que o governo passa efetivamente a ser o representante da maioria (Lenin, 2010; Luxemburgo, 2013). O maior percurso histórico de

---

[2] Marx e Engels (2010) utilizaram os termos "revolução em permanência" e "revolução permanente" para evidenciar a continuidade, a longevidade e os imensos desafios evidentes num contexto revolucionário e de passagem de um modo de produção para outro. Trotsky (2007) foi quem aprofundou essa tese no texto A Revolução Permanente. De acordo com Löwy (2010), essa tese expressa a fusão entre revoluções democráticas, anticoloniais e socialistas, em um processo ininterrupto, "permanente".

experiências democráticas até o momento se deu nos marcos da sociedade burguesa, sendo que muitas vezes a democracia foi entendida como um dos aspectos restritos ao liberalismo burguês. Isso ocorre porque várias formas de "liberdades democráticas" surgiram no contexto desse modo de produção, como o sufrágio universal, o processo eleitoral para a eleição de representantes, o pluralismo, a representação popular em diversas instâncias, entre outros (Coutinho, 1979). É fundamental lembrar que a democracia como princípio é utilizada no capitalismo em inúmeras situações para fortalecer a relação de dominação imperialista no mundo. São recorrentes medidas que ferem as liberdades dos povos promovidas pelos Estados Unidos da América.

Conforme a etimologia da palavra *demo* = povo somada a *cracia* = governo, a democracia se apresentou em contextos distintos, como nos antigos gens antes mesmo do Estado institucionalizado – como gérmen da "democracia primitiva" (Engels, s/d). Mas foi no modo de produção capitalista que assumiu a forma específica de democracia burguesa, mediante a formação do Estado democrático de direito; por meio deste, se generalizou a ideia de democracia e as formas de participação a ela vinculadas.

Um processo de transição ao socialismo deve contar com a defesa da democracia como princípio, deve garantir que os interesses diversos dos vários grupos que integram a classe trabalhadora estejam representados. Para isso, devem-se admitir os vários mecanismos de organização política, como partidos, sindicatos, comitês de empresa, comunidades de base, associações, entre outros. O pluralismo deve estar preservado, de modo a não impedir uma unidade na direção do projeto de sociedade que se quer instalar. Nesse período de transição, a democracia pode ser efetivada por meio de mecanismos de participação direta e indireta (representativa), conforme as condições concretas de cada experiência de transição. Os mecanismos de participação direta seriam aqueles que se referem às decisões deliberadas diretamente pela população, e os mecanismos de participação indireta estariam relacionados às decisões tomadas a partir de representantes. Conforme a necessidade apresentada pelos espaços de participação política e dos temas ali discutidos e deliberados, adota-se uma ou outra forma de participação, por isso a presença de mecanismos diretos e indiretos pode ser necessária, devendo haver profunda articulação entre ambos, de modo que "essa articulação fará com que [os mecanismos de participação indireta] adquiram uma nova função – ampliando o seu grau de representatividade" (Coutinho, 1979, p. 7).

As transformações na forma de participação política acompanham as transformações de toda a sociedade, alteram-se as relações entre sujeitos e os meios de produção, transformando as formas de propriedade e as formas como estas são geridas. Nesse contexto, devem ser iniciadas alterações no sentido de constituir novas relações de produção, novas formas de apropriação das condições objetivas necessárias à sobrevivência humana, no sentido de que o trabalhador se aproprie de seu processo de trabalho e de produção, desde a produção até o acesso aos seus resultados. Esse movimento passa inicialmente pela forma de propriedade estatal e controle das empresas estatais pelos trabalhadores, mas essa não precisa ser a única, pois pode haver, e é importante que haja, outras formas de propriedade nesse processo. Essas diversas formas de propriedade também devem estar organizadas no sentido de coletivizar a produção e seus resultados, o que, além do aspecto econômico, também implica a participação política, o controle e a direção pelos trabalhadores. Entende-se que esse processo de transição é demasiado complexo, longo e repleto de contradições, as quais também se apresentam com particularidades em cada experiência histórico-concreta. A transição se evidencia mediante um movimento concomitante de negação, conservação e superação, pois significa a passagem de uma sociedade para outra, bem como representa o desenvolvimento da história da humanidade (Pandolfi, 2019).

Quanto às transformações em participação política, decisão e controle da produção, é fundamental nesse processo constituir mudanças na esfera da planificação e organização social da produção, bem como identificar as formas de participação política e decisão sobre a sociedade em geral e sobre a produção em particular. Esses mecanismos devem contribuir com a concretização da *apropriação social da riqueza, da produção*, pois por meio deles os trabalhadores se manifestam não apenas como executores de suas funções produtivas, mas como produtores que planejam, que decidem, que constroem o processo de produção – o qual não pertence a outro, e sim a eles mesmos (Pandolfi, 2019).

De volta à transição cubana, é importante dizer que ela se concretizou como uma revolução nacionalista,[3] que desde os primeiros anos iniciou a expropriação das empresas, fábricas e propriedades da terra com a intenção de torná-las bens coletivos, pertencentes a toda a sociedade. Para isso, foi aprovada a primeira Lei de Reforma Agrária em 17 de maio de 1959,

[3] Diante das mudanças realizadas em Cuba, o bloqueio econômico conduzido pelos EUA foi instaurado desde estes primeiros anos, mesmo antes de a revolução ser caracterizada como uma Revolução Socialista, o que só veio a ocorrer em 1961, após o ataque à Playa Girón pelos EUA.

a qual visava expropriar os grandes detentores das terras em Cuba e repassá-las aos trabalhadores do campo. Houve a fixação de área de 27 hectares como o mínimo necessário à moradia e à sobrevivência de uma família de cinco pessoas. Os trabalhadores agrícolas teriam direito a esse mínimo de terra, o que expressaria uma forma de apropriação imediata das condições objetivas necessárias à sua reprodução. A primeira lei também previu a criação do Instituto Nacional de Reforma Agrária (INRA), o qual tinha por atribuições criar e administrar as cooperativas agrárias e as zonas de desenvolvimento agrário. Os pequenos produtores organizados nas cooperativas foram incorporados aos planos estatais e integrados ao que em Cuba se convencionou denominar *propriedade social*, ou ainda *propriedade ou setor socialista da economia* (Rodríguez; Carriazo, 1990). Quanto às fábricas e empresas estatais, no ano de 1961 foi registrada a desapropriação de mais de 80% das empresas e, em 1963, já haviam sido estatizadas mais de 90% delas. Entre outras, as empresas nas áreas de petróleo, energia elétrica, níquel e usinas açucareiras foram todas estatizadas e passaram a compor a planificação centralizada da economia (Guevara, 1982).

O processo revolucionário cubano, ao mesmo tempo que alterou as relações econômicas, promoveu mudanças no campo da ideologia, da cultura, da arte, da educação, da esfera política, entre outros, movimento esse característico de uma revolução. De acordo com Marx (2009, p. 191), "o antagonismo entre o proletariado e a burguesia é uma luta de uma classe contra outra, luta que, levada à sua expressão mais alta, é uma revolução total".

O governo cubano passa a se diferenciar de maneira importante da ditadura burguesa de Fulgencio Batista, que representava os interesses do capitalismo internacional, sobretudo a comando do imperialismo estadunidense em Cuba. Tem-se um novo Estado em formação, mas que já é representativo das maiorias. Se constituiu uma forma política particular, um Estado que inicia sua organização pela perspectiva da classe trabalhadora, formando um conglomerado de propriedades coletivas, a princípio organizadas pelo Estado, pelo governo cubano.

Em Cuba, a sociedade está organizada desde 1959 por um amplo processo de planificação. A partir desse processo, passam a ser utilizados mecanismos diretos e/ou indiretos (representativos) de participação.

De um ponto de vista geral, a planificação corresponde à sociedade como um todo, refere-se ao planejamento da produção com a intenção de responder às necessidades sociais da população. Trata-se de planejar o que produzir, em que quantidade, sob quais bases produtivas e energéticas, que profissionais e em que áreas do saber ou de formação são necessários para garantir essa produção, quais as matérias-primas necessárias, quais maquinários e tecnologias deverão ser empregados etc. (Romeuf, 1956). Mas a elaboração do plano também corresponde a um local específico, por exemplo, as diversas unidades de produção ou fábricas também irão construir seus próprios planos, os quais devem se vincular ao plano nacional. De acordo com Romeuf (1956, p. 9), a planificação relativa a setores e à economia nacional como um todo "exige a existência de regulamentos, de serviços administrativos e de diretivas; isto é, de uma organização econômica cujo conjunto constitui a economia planificada". Da mesma maneira que se deve prever o que produzir, para quem produzir, em que quantidade produzir, como produzir etc. – pensando a produção como um processo que já traz em si a distribuição –, outro elemento fundamental da planificação, mesmo em seu estágio inicial de desenvolvimento, é o estabelecimento de prazos para se cumprir o planejado conforme a necessidade da população, de modo a também evitar o desperdício no processo de produção, tanto de materiais como do tempo de trabalho humano. Planificar significa também pensar a distribuição do tempo de trabalho humano, no sentido de garantir a produção, mas sem gerar uma sobrecarga de trabalho ou um desperdício do tempo de trabalho (Mészáros, 2011). Conforme aponta Bettelheim (1966),

> o plano corrente de produção de objetos de consumo elaborado a nível nacional deve finalmente levar em conta, muito amplamente, as necessidades expressas pelos consumidores, à medida que estas sejam fisicamente possíveis (em razão dos recursos disponíveis) e respeitando as exigências de coerência dos planos e, sobretudo, as prioridades sociais. (p. 16, tradução nossa)

Assim, é o movimento que intenciona concretizar a planificação como um ato coletivo, no qual se evidencia a participação política dos diversos sujeitos da sociedade no sentido de alterar as relações de produção, que caracterizará a sociedade socialista. Por meio da planificação da sociedade materializam-se mecanismos de participação direta e indireta. O governo revolucionário consolida esses mecanismos que também são resultado de um processo coletivo de transformações. Em Cuba, esse processo constituiu um conjunto de organizações de massa, o Partido Comunista Cubano (PCC) e o Poder Popular de Cuba. Esse conjunto de mecanismos expressa a forma particular da participação política em Cuba.

*A pluralidade das organizações de massa em Cuba*

Durante o processo revolucionário, os trabalhadores se organizam politicamente, participam e decidem sobre seus processos de trabalho e de produção. Isso ocorre mediante inúmeras transformações na forma política que se herda da sociedade anterior, um processo que conserva certos mecanismos e organismos, bem como transforma radicalmente outros. Em relação às organizações de massa, há mudanças importantes quanto a finalidade, inserção na sociedade e articulação com o Estado (em transformação).

A partir da tomada do poder, há a conservação e a reconfiguração de algumas organizações de massa que já existiam em Cuba, bem como foram constituídas outras com a intenção principal de fortalecer o processo revolucionário. A Central dos Trabalhadores de Cuba (CTC) foi criada em 1939 e tinha longa tradição na organização das lutas dos trabalhadores cubanos, mantendo após a tomada do poder o papel de aglutinar todos os sindicatos do país. É importante destacar que historicamente o movimento sindical de Cuba foi muito atuante nas lutas em favor dos trabalhadores urbanos e era "influenciado pelas ideias marxista-leninistas" (Martínez, 1989, p. 40, tradução nossa).

Diante disso, a CTC participou do movimento revolucionário e passou a contribuir com o projeto de sociedade em curso. Assim, os sindicatos cubanos estabeleceram uma relação entre os trabalhadores das diversas fábricas e a direção das empresas, atuando no âmbito da elaboração do plano e da qualificação profissional, por exemplo. Em 1985, a CTC contava com mais de 99,5% de filiados (Rodríguez; Carriazo, 1987).

Uma organização de massa que resultou das mudanças revolucionárias foram os Comitês de Defesa da Revolução

(CDRs). Estes foram criados em 28 de setembro de 1960 com o objetivo de mobilizar toda a população para contribuir com o projeto societário em curso após a Revolução. No ano de 1987, os CDRs contavam com mais de 6,5 milhões de membros. Essa organização de massa atuou ativamente na área da saúde, contribuindo com campanhas de vacinação e exames médicos; vigilância sanitária e detecção de problemas de saúde a nível local; controle epidemiológico; higiene ambiental; promoção de campanhas de limpeza; estabelecimento de moradias. Também atuou em outras frentes, como a educação e as questões em torno do trabalho.

Outra forma de participação se deu por meio da organização das Milícias Nacionais Revolucionárias (MNR) em Cuba, configurando o que Marx e Engels (2010) sinalizaram como processo de armamento do povo em geral para defender o governo representativo dos trabalhadores. Essa é uma expressão significativa de apoio popular à Revolução e de democracia sob nova forma, visto que a população se armou em defesa do governo revolucionário e contra as demais forças internas e externas que ousassem ameaçá-lo (Bel; López; Caram, 2013).

O governo revolucionário cubano é representativo da nova forma democrática, diferente da democracia burguesa. Pela primeira vez na história de Cuba, depois das transformações em suas relações de propriedade e nas contradições existentes antes do movimento revolucionário, tem-se um novo Estado em formação, mas já representativo dos trabalhadores em geral, ou seja, das maiorias.

Outra iniciativa fundamental foi a criação da Federação de Mulheres Cubanas (FMC) em 23 de agosto de 1960. Exatamente por compreenderem as relações patriarcais e de gênero que atravessam a sociedade capitalista e que reproduzem desigualdades variadas entre homens e mulheres, essa organização de massa foi criada para fazer avançar a representação dos interesses das mulheres em todas as esferas da sociedade, incorporando as mulheres "à vida econômica, política e social do país" (Rodríguez, Carriazo, 1987, p. 61, tradução nossa). Nesse sentido, os elementos que compõem os vários estudos feministas e que explicitam o processo de apropriação do tempo da mulher e a sobrecarga das mulheres em relação às tarefas domésticas e de cuidado, bem como as formas variadas de objetificação do corpo das mulheres, todos estes elementos passam a ser enfrentados no interior da Revolução Cubana. Em 1965 tem-se, por exemplo, a legalização do aborto, o que expressa importante avanço em relação aos direitos reprodutivos das mulheres.

Na área da saúde, a partir da incorporação da população nas comunidades, foram criadas brigadas sanitárias que apoiavam os trabalhos de saneamento ambiental, vacinação e educação sanitária. O trabalho na área da saúde ganha contornos de uma perspectiva preventiva, não reduzida a uma visão curativa (Borrego; Pandolfi; Carraro, 2022). Além disso, todo o processo de educação sanitária e saneamento ambiental contou com a ampla atuação dos CDRs, importante mecanismo de participação política.

Em 17 de maio de 1961 foi fundada a Associação Nacional de Pequenos Agricultores (Anap), que tinha por objetivo agrupar os novos produtores rurais a partir da Reforma Agrária. A associação objetivava reunir os interesses desse grupo e organizar sua relação com o Estado.

Já no âmbito da educação, havia a Organização de Pioneiros José Martí; a Federação Estudantil do Ensino Médio (Feem); e a Federação Estudantil Universitária (FEU) (Bel;

López; Caram, 2013; Rodríguez, Carriazo, 1987). A campanha de alfabetização foi uma das maiores ações no campo da educação no início da Revolução; expressou, ainda, uma grande mobilização popular em torno de um objetivo comum: eliminar o analfabetismo de Cuba. O número de professores primários foi ampliado em 40,8% em 1961. Ocorreu a reforma universitária, que ampliou as pesquisas científicas, o número de especialidades, a possibilidade de bolsas de estudo, entre outras ações que fortaleceram a política de educação do país e a participação da população (Rodríguez, Carriazo, 1987).

As diversas organizações de massa conformam uma diversidade de grupos e sujeitos que contribuem do ponto de vista tático e estratégico enquanto trabalhadores do país nas várias frentes prioritárias. Por exemplo, a CTC contribuiu de forma significativa para a realização da campanha de alfabetização de 1961; da campanha para obtenção do 6º grau por todos os trabalhadores cubanos, a partir da qual se graduaram 900 mil pessoas entre 1974 e 1981; e da campanha de obtenção do 9º grau, sendo que até 1985 haviam se graduado aproximadamente 700 mil trabalhadores (Rodríguez, Carriazo, 1987).

*Origem e particularidades do Partido Comunista Cubano (PCC)*

No ano em que a Revolução triunfa em Cuba, existiam três importantes organizações revolucionárias: o Movimento 26 de Julho, o Diretório Revolucionário 13 de Março e o Partido Socialista Popular; esses grupos dispunham de milhares de militantes. Após a tomada do poder, iniciam-se os esforços na perspectiva de criar uma forma política partidária dirigida de maneira única. Criam-se as Organizações Revolucionárias Integradas (ORI). Essa organização seguiu até 1962, quando foi realizada uma análise sobre seu funcionamento interno por Fidel Castro, identificando e criticando o alto índice de sectarismo. A administração pública nesse período acabou sendo caracterizada pelo centralismo.

No mesmo ano, é fundado o Partido Unido da Revolução Socialista (Purs), que veio a substituir as ORI e a partir do qual se iniciou a forma de participação política por meio da eleição de representantes de estudantes e trabalhadores que seriam os militantes e membros do partido. Em 3 de outubro de 1965 o Purs é substituído pelo Partido Comunista de Cuba (PCC), fundando e apresentando também seu comitê central (Bel; López; Caram, 2013; Harnecker, 1974). A forma de se integrar ao partido como militante se daria por meio da eleição de trabalhadores exemplares, sendo as massas as responsáveis por decidir quem seriam os operários exemplares indicados a serem membros do partido (Sader, 2004). Nessa linha, a forma de participação política que se organizou por meio do PCC foi a representativa, por meio da escolha pelos próprios trabalhadores de seus representantes no partido. Nesse sentido, são os próprios trabalhadores (que não fazem parte do PCC) que propõem nas assembleias aqueles que devem ingressar no partido. Em seguida, o partido se reúne e novamente informa aos demais trabalhadores sobre os novos membros (Prestes, 2021). A função de direção realizada pelo partido junto às massas e ao aparelho estatal não se concretizaria por meio da força, mas pelo convencimento (Harnecker, 1974).

Além do PCC, há também a União de Jovens Comunistas (UJC). Esta é responsável por promover a participação ativa dos jovens nas tarefas revolucionárias, preparando-os adequadamente para assumirem tarefas de maior responsabilidade em benefício do projeto societário em curso no país.

Na década de 1970, o governo revolucionário começou a repensar a administração centralizada no Conselho de Ministros, assinalando diversos erros cometidos devido à vinculação entre o partido e a administração do Estado. A partir desse período, indica-se a necessidade de se criar mecanismos de participação direta da população, para além dos mecanismos de representação. Aqui é fundamental recordar a importância de articular mecanismos de participação direta com mecanismos de participação indireta (representativa) num processo de transição. Em Cuba, registra-se a presença da forma de participação direta desde o início do processo revolucionário, com a própria luta armada e a organização das milícias. Entretanto, nos espaços de decisão no âmbito do governo e até nas unidades de produção reproduziu-se excessivas centralização e burocratização. Portanto, ao longo dos anos da experiência revolucionária, avaliou-se a necessidade de se constituir espaços de decisão coletiva e participação direta também nessas esferas. Em 1972, se inicia uma reestruturação do Comitê Central do Partido, integrando e delimitando as relações entre o partido e o aparelho administrativo do Estado, separando as atribuições correspondentes aos membros do partido daquelas relativas aos representantes do Estado, mesmo que em muitos casos se tratasse das mesmas pessoas. No ano de 1973, todo o aparato do PCC foi reestruturado.

O PCC segue sendo o único partido, representando "a força dirigente superior da sociedade e do Estado", devendo expressar a unidade dos trabalhadores em prol da Revolução Cubana (Cuba, 2016, p. 6, tradução nossa). O modelo monopartidário pretende manter a unidade da ação política na defesa do projeto societário de transição ao socialismo em Cuba, representando, na prática, a unidade entre a direção do Estado, do governo e do partido (Prieto, 2020). O PCC também é responsável por impulsionar e controlar o processo de atualização do modelo. Há de se manter uma unidade no processo de transição ao socialismo, especialmente no caso cubano, que enfrenta desafios particulares, como o bloqueio econômico conduzido pelos Estados Unidos há mais de 50 anos. A Revolução Cubana passou por vários momentos conjunturais que desafiaram a continuidade da Revolução. Um dos momentos mais difíceis foi no Período Especial.[4]

O partido não possui uma relação arbitrária nem com a Assembleia Nacional do Poder Popular, nem com as funções administrativas do governo e do Estado. Desde a década de 1970, sobretudo, há toda uma reestruturação organizativa no sentido de separar a função política do partido das funções administrativas do governo, ainda que ambos atuem na mesma perspectiva, qual seja, garantir a continuidade e o aprofundamento do processo revolucionário. Assim, conforme afirma Prestes (2021), após consultar o povo, o PCC faz sugestões

[4] Este se inicia em fins da década de 1980 e início de 1990 e foi fundamentalmente provocado pela queda do bloco soviético. A partir de então, passou por insuficiências significativas na produção econômica e no acesso a diversos produtos. O país enfrentou uma contração nas importações da ordem de aproximadamente 75% em princípios da década de 1990 e, como consequência, teve de ampliar e acelerar o estabelecimento de relações com outros países, sendo estes integrantes da economia capitalista mundial (Ferriol, 1998). O termo mais conhecido é Período Especial, mas o termo completo seria Período Especial em Tempos de Paz, derivado do termo Período Especial em Tempo de Guerra. Isso porque o plano que passou a ser aplicado na década de 1990 foi previamente elaborado pelo governo cubano durante a Guerra Fria, com a intenção de enfrentar as dificuldades advindas de uma possível guerra entre os Estados Unidos e a URSS, como a escassez de alimentos e combustíveis. Entretanto, as dificuldades vieram do fim do "campo socialista", e não devido a uma situação de guerra.

aos órgãos do Poder Popular e ao governo cubano; entretanto, somente a essas instituições cabe a função deliberativa.

Nesse sentido, para compreender a forma democrática de Cuba e como esta se difere fundamentalmente da lógica de participação e decisão política das sociedades capitalistas é importante destacar como está organizado o Poder Popular do país. Essa forma política de debate, formulação, decisão e controle sobre as mudanças internas expressa que Cuba conseguiu avançar no campo político, constituindo uma forma democrática particular.

*O Poder Popular*

Em 1974, é organizada a primeira experiência de participação direta na gestão do Estado em Cuba, por meio do chamado Poder Popular de Matanzas, o qual posteriormente se disseminou por Cuba num processo de descentralização administrativa.

O Poder Popular é responsável por decidir sobre questões diversas, devendo, ainda, cooperar com o desempenho das unidades de produção e serviços, que continuaram sendo administradas pelos ministérios e organismos centrais. A participação política por meio do Poder Popular pretendia eliminar o centralismo burocrático e vertical, que existia de forma bastante alargada em muitos setores do aparelho estatal, e substituí-lo pela participação política horizontalizada. A relação com os representantes também deveria se alterar, de modo que os eleitores fossem sempre aqueles que detivessem o poder, e não o representante, podendo os representantes serem retirados e substituídos a qualquer momento.

A Assembleia Nacional do Poder Popular (Anpp) se constituiu como órgão supremo, sendo integrada por deputados eleitos por meio do voto popular direto. Ela foi instituída em 1976 e, conforme texto do artigo 3º da Constituição da República de Cuba de 2019, "a soberania reside intransferivelmente no povo, do qual emana todo o poder do Estado. O povo exerce o poder diretamente ou por meio das Assembleias do Poder Popular e demais órgãos do Estado que delas derivam" (Cuba, 2019, tradução nossa). A proporção é de um deputado eleito para cada 20 mil habitantes, com eleições a cada cinco anos, podendo haver reeleição. A Anpp se reúne regularmente duas vezes ao ano, e as reuniões têm duração de dois a três dias, sendo convocadas reuniões extraordinárias conforme a necessidade. Para que as reuniões possam ocorrer, deve estar presente ao menos metade do número total de seus integrantes. As funções legislativas são exclusivas da Anpp, sendo o único órgão que pode aprovar leis e reformar a Constituição (Prieto, 2020). Em julho de 1976, o país realizou uma nova divisão político-administrativa, a qual ampliou o número de províncias.

Outros dois órgãos que também fazem parte do Poder Popular são o Conselho de Ministros e o Conselho de Estado. Este é um órgão colegiado permanente de poder, que representa a Anpp; é integrado por 34 membros que são eleitos pela Anpp, sendo seus integrantes deputados e a duração do mandato a mesma da Anpp. Já o Conselho de Ministros é o máximo órgão administrativo e executivo do governo, sendo sua direção conduzida pelo chefe de Estado (Prieto, 2020).

Atualmente, o processo eleitoral cubano é regido pela Lei n. 72 de 1992, a qual separa as eleições em dois processos. O primeiro se trata das eleições gerais, que elegem os deputados da Assembleia Nacional do Poder Popular, seu presidente, seu vice-presidente e outros cargos, como secretários; nesse momento também são eleitos os membros do Conselho de Estado e os delegados das Assembleias Provinciais e Municipais do Poder Popular. O segundo momento são as eleições parciais, nas quais se elegem os delegados das Assembleias Municipais do Poder Popular, seu presidente e vice. Todos que tenham idade igual ou superior a 16 anos e reúnam os demais requisitos constitucionais podem participar do processo eleitoral do país. Todos que têm idade igual ou superior a 16 anos podem ser eleitos e participar do sufrágio livre e secreto.

Segundo a lei, os delegados das Assembleias Provinciais do Poder Popular são eleitos pelo voto direto dos eleitores do município pelos quais tenham sido nomeados. O número de delegados das Assembleias Provinciais deve ser no mínimo de 75 membros, a depender do número de habitantes.

As organizações de massa, assim como o PCC, organizam e incentivam os cidadãos a participar da vida política do país. A escolha dos candidatos se dá pelos próprios eleitores. A escolha do presidente e do vice-presidente da Assembleia Nacional do Poder Popular ocorre entre os deputados eleitos. As organizações de massa, como representantes da CTC, dos CDRs, da FMC, da Anap, da FEU e da Feem, compõem todas as comissões eleitorais e comissões de candidaturas (Pietro, 2020). Em Cuba, o voto não é obrigatório; é livre e secreto, sendo direito constitucional a ser exercido de maneira voluntária. Os próprios eleitores propõem e requisitam os candidatos, não sendo essa uma tarefa do partido. As Comissões são, ainda, responsáveis por assegurar a divulgação pública das fotografias e das biografias de todos os candidatos. Estes não podem realizar nenhuma atividade em favor de sua candidatura. Os candidatos eleitos como delegados não são remunerados e devem conciliar essa atividade política-militante com sua atividade profissional (Pietro, 2020).

Importantes exemplos de como Cuba organiza seu processo de modificações internas foram a discussão e a aprovação dos Lineamentos da Política Econômica e Social do Partido e da Revolução em 2011. O projeto do documento foi amplamente discutido em todo o território nacional por meio das assembleias provinciais e nacional do Poder Popular. Esses debates resultaram na incorporação de várias propostas de alteração no texto. Além disso, durante o período de discussão e debate o texto passa a ser alvo de análises e comentários nos círculos informais da sociedade, por exemplo, nos bairros, nas fábricas, nas escolas, na universidade etc. Todo esse movimento se soma aos espaços formalmente instituídos de discussão e deliberação pelo Poder Popular.

O VI Congresso do Partido Comunista de Cuba analisou e discutiu o projeto final dos lineamentos que entrou em vigor em 2011, sendo o documento mais importante do processo de atualização do modelo.

Outro exemplo recente de participação da sociedade para realizar mudanças substanciais em documentos que regem a vida em sociedade foi a aprovação da nova Constituição em 2019.

O texto de Noronha (2020) publicado no Brasil faz uma análise jurídica de como se deu o processo de participação e decisão para a aprovação da nova Constituição de Cuba. Registra o texto que ocorreram 133 mil reuniões com a população e que foram recebidas mais de 100 mil sugestões de alteração ao projeto inicial; dessas sugestões, foi feita uma minuta de Constituição, e essa minuta foi submetida novamente à população, que realizou dezenas de milhares de comentários. Das sugestões foram realizadas 760 modificações no texto constitucional. Essa forma de organização e participação para aprovação de uma norma constitucional não tem precedentes no mundo.

Em 2022, o país aprovou o novo Código da Família. Realizou-se um amplo período de consulta popular e debates conduzidos em cada província da ilha do final de 2021 até abril de 2022. A partir disso, os participantes puderam fazer sugestões, adições, modificações e eliminar partes do texto. As recomendações poderiam ser feitas verbalmente ou por escrito. O processo de consulta teve por objetivo angariar as propostas para o texto final.[5]

O texto altera a concepção de núcleo familiar, ampliando direitos à comunidade LGBTQIAPN+, rompendo do ponto de vista legal com o modelo heteronormativo. Foram constituídos mais de 78 mil postos de consulta popular distribuídos em toda a ilha, para os quais foram designados 1.428 fiscais eleitorais e 27.891 colaboradores para garantir a transparência do processo. Aproximadamente sete milhões de cubanos puderam opinar sobre o texto.[6] Em 25 de setembro de 2022 ocorreu o referendo popular que aprovou o novo Código da Família.

A forma como as discussões e deliberações a respeito de todas as mudanças legais importantes que o país faz ocorrem em Cuba expressam uma democracia genuína, aquela relativa ao poder do povo. Todos os documentos aprovados no Congresso do Partido e que são estruturantes das relações econômicas e sociais em vigor em Cuba são oficialmente deba-

---

5 Conforme divulgado no *Granma*, em fevereiro de 2022. Disponível em: https://www.granma.cu/codigo-de-las-familias/2022-02-01/consulta-popular-del-codigo-de-las-familias-fortalecera-el-dialogo-social-01-02-2022-10-02-12. Acesso: 10 jul. 2022.

6 Conforme disponível em: https://www.brasildefato.com.br/2022/02/01/cuba-inicia-consulta-publica-sobre-novo-codigo-de-familia. Acesso: 12 jul. 2022.

tidos, formulados e finalizados a partir de ampla participação e contribuição da população.

Para compreender a relevância do Poder Popular em Cuba, o cargo de chefe de Estado por mandato constitucional não tem o poder de vetar as leis, assim como não pode dissolver a Assembleia Nacional do Poder Popular (Anpp). O chefe de Estado preside os órgãos de direção do país em situações excepcionais, chefia todas as instituições armadas e determina sua organização geral, bem como declara Estado de emergência nos casos previstos na Constituição (Pietro, 2020). No documento que trata da conceitualização do modelo cubano se defende a "democracia socialista", sendo a decisão da população soberana e expressa mediante a participação representativa por meio das assembleias do Poder Popular. No eixo estratégico (que versa sobre o governo) do documento Plano Nacional de Desenvolvimento Econômico e Social até 2030 está previsto como primeiro objetivo "consolidar o Estado socialista e democrático, fortalecendo a participação popular em todas as esferas" (Cuba, 2016, p. 19, tradução nossa). Mantêm-se em Cuba diversos mecanismos de participação, decisão e controle por parte da população sobre as várias modificações que vêm sendo implementadas no país.

## Conclusões

Em Cuba se mantém uma forma de democracia que nega aspectos próprios da democracia burguesa; uma forma de democracia particular de um processo de transição ao socialismo. Além da possibilidade de atuar politicamente no partido, os cubanos podem participar de alguma (ou de mais de uma) organização de massa ou ser indicados pelos demais para exercer a função de delegado nas assembleias do Poder Popular, a qual tem poder de decisão sobre documentos importantes do país.

O sistema eleitoral cubano apresenta uma democracia sob nova forma, visto que os candidatos a delegados são indicados pela própria população, não podem fazer campanhas falaciosas para si mesmos e, ainda, os eleitos não são remunerados e podem ter seus cargos revogados a qualquer momento. Além disso, os órgãos do Estado cubano funcionam a partir das seguintes regras: todos os órgãos representativos passam por eleições periódicas; os trabalhadores em geral controlam as atividades desses órgãos; cada órgão deve motivar a incorporação das organizações de massa em suas atividades; o previsto por órgãos superiores é obrigatório aos demais; e garante-se a liberdade de discussão e o exercício da crítica e da autocrítica (García, 2014). É particular também à forma de democracia em Cuba a organização monopartidária.

Os mecanismos de participação representativa devem, ainda, garantir vínculo estreito entre representantes e os demais trabalhadores. A aprovação dos documentos que destacamos no item anterior expressa o processo democrático presente em Cuba, sendo parte importante do processo de transição ao socialismo em curso nesse país a experiência de uma nova forma de democracia, que nega e supera em vários aspectos a democracia burguesa. A democracia nesse contexto deve ainda buscar realizar-se mais por consenso, sendo possível, dessa forma, manifestar os interesses mais gerais de toda a população, negando a tendência de a representação se realizar a partir de interesses individuais. Nesse sentido, afirma Veiga (2016, p. 28, tradução nossa): "sempre que pertinente, as decisões deveriam ser tomadas por meio de um consenso substancial entre as maiorias e as minorias. Isso, repito, poderia aproximar o disposto ao justo e em todo caso lhe concederia maior legitimidade". Fazer avançar a democracia por consenso significaria avançar também no processo de transição ao socialismo, entendendo que dessa forma os trabalhadores exercem maior domínio sobre as decisões tomadas no âmbito da sociedade em geral. Assim, evita-se que uma minoria de trabalhadores que eventualmente não tenham participado das decisões não as legitimem e assumam posturas contrapostas a elas. Fazer avançar a construção de consensos não significa negar a necessidade pela representatividade em situações variadas, nem as diferentes 181 opiniões, mas, sim, possibilitar que estas sejam expostas e convergi-las por meio do debate, sempre que possível (Veiga, 2016).

Neste texto demonstramos a particularidade da forma política em Cuba, mostrando como estão organizados os mecanismos de participação e decisão pelo conjunto da sociedade. Tratamos inicialmente de apontar as organizações de massa e sua pluralidade quanto a forma, período de fundação e função no processo de transição socialista. Num segundo subitem, tivemos como elemento de análise o Partido Comunista Cubano (PCC), demonstrando seu processo de separação das funções do Estado. Por último, explicamos as características gerais do Poder Popular de Cuba. Sobre este, mostramos como se estruturam e se organizam a participação e a decisão sobre as várias mudanças que o país precisa realizar nos seus 65 anos de um processo revolucionário que visa à construção do socialismo.

Nesse contexto de crise, os desafios para manter essa forma democrática particular são maiores, pois as tensões políticas estão acirradas, tanto nas relações internacionais quanto internamente. Desde o contexto das manifestações de junho de 2021, há um cenário de insatisfação popular devido à piora nas condições materiais de vida. A relação entre direção e povo precisa ser adensada nesse período de dificuldades materiais, e esse também parece ser um desafio na atualidade.

## Referências

BEL, J.; LÓPEZ, D. L.; CARAM, T. *Documentos de la Revolución Cubana* 1965. La Habana: Editorial de Ciencias Sociales, 2013.

BETTELHEIM, C. "Planificación y relaciones de producción". *La Pensée*, Paris, n. 126, p. 57-76, abr. 1966.

BORREGO, A. E.; PANDOLFI, A. F.; CARRARO, G. "Cuba na gestão da covid-19: a vida como prioridade". *Revista História & Luta de Classes*, v. 17, p. 43-50, 2022.

COUTINHO, C. N. *A democracia como valor universal, 1979.* Disponível em: https://jacobin.com.br/2023/06/a-democracia-como-valor-universal/. Acesso: 19 set. 2016.

CUBA, Ley Electoral n. 72, 1992. *La Gaceta Oficial*, La Habana, n. 9, 2 nov. 1992.

CUBA. *Lineamientos de la Política Económica y Social del Partido y la Revolución.* 2011.

CUBA. *Conceptualización del Modelo Económico y Social Cubano de desarrollo socialis*ta: Plan Nacional de Desarrollo Económico y Social hasta 2030: propuesta de visión de la nación, ejes y sectores estratégicos. *In:* CONGRESO DEL PARTIDO COMUNISTA DE CUBA (PCC), VII, 2016. Disponível em: http://www.granma.cu/file/pdf/gaceta/Copia%20para%20el%20Sitio%20Web.pdf. Acesso: 10 abr. 2017.

CUBA. *Constitución de la República de Cuba*. La Habana: Ministerio de Justicia, 2019.

ENGELS, F. *A origem da família, da propriedade privada e do Estado.* São Paulo: Editora Escala, s/d (Coleção Grandes Obras do Pensamento Universal, v. 2).

FERRIOL, A. M. "El empleo em Cuba 1980-1996". *In:* FERRIOL, A. M. *Cuba*: crisis, ajuste y situación social 1990-1996. La Habana: Editorial de Ciencias Sociales, 1998.

GARCÍA, J. B. Los órganos del Poder Popular: forma de organización del Estado socialista cubano. Disponível em https://www.nodo50.org/cubasigloXXI/politica/brigos3_180101.htm. Acesso: 22 jul. 2024.

GUEVARA, E. C. *Textos econômicos para a transformação do socialismo.* São Paulo: Edições Populares, 1982 (Coleção América Latina, v. 8).

HARNECKER, M. *Cuba*: democracia ou ditadura? São Paulo: Global Editorial, 1974.

LENIN. V. I. *O Estado e a Revolução.* 2ª edição. São Paulo: Expressão Popular, 2010.

LÖWY, M. "Prefácio". *In:* MARX, K.; ENGELS, F. *Lutas de classes na Alemanha.* São Paulo: Boitempo, 2010.

LUXEMBURGO, R. "A Revolução Russa (fragmentos)". *In:* PINHEIRO, M.; MARTÍNEZ, F. H. *Rectificación y profundización del socialismo en Cuba.* Buenos Aires: Ediciones Dialetica, 1989.

MARTORANO, L. C. (orgs.) *Teoria e prática dos conselhos operários.* São Paulo: Expressão Popular, 2013. p. 89-102.

MARX, K. *Miséria da filosofia*: resposta à filosofia da miséria, do sr. Proudhon. São Paulo: Expressão Popular, 2009.

MARX, K.; ENGELS, F. *Lutas de classes na Alemanha*. São Paulo: Boitempo, 2010.

MÉSZÁROS, S. *Para além do capital*: rumo a uma teoria da transição. São Paulo: Boitempo, 2011.

NORONHA, D. G. Jr. *Um marco democrático*: a Constituição de Cuba de 2019. São Paulo: Observador Legal, 2020.

PRESTES, A. L. "Cuba: uma ditadura ou uma democracia popular autêntica?". Blog da Boitempo, ago. 2021. Disponível em: https://blogdaboitempo.com.br/2021/08/05/cuba-uma-ditadura-ou-uma-democracia-popular-autentica/. Acesso: 12 jul. 2022.

PRIETO, M. V. La constitución cubana de 2019: nuevos contenidos y necesidades. *Revista Universidad de la Habana UH*. p. 3-23. 25-Abr-2020. Disponível em http://scielo.sld.cu/scielo.php?pid=S0253-92762020000100003&script=sci_abstract. Acesso: 30 ago. 2024.

RODRÍGUEZ, J. L.; CARRIAZO, G. M. *Erradicación de la pobreza em Cuba*. La Habana: Editorial de Ciencias Sociales, 1990.

ROMEUF, J. *A economia planificada*. São Paulo: Difusão Europeia do Livro, 1956.

SADER, E. (org.) *Che Guevara* – política. São Paulo: Expressão Popular, 2004.

TROTSKY, L. *A Revolução permanente*. São Paulo: Expressão Popular, 2007.

VEIGA, R. G. República y poder ciudadano: apuntes para un debate. *Cuba Posible*, un laboratorio de ideas. Publicación 29, 2016. Disponível em: https://cubaposible.com/ Acesso: 5 abr. 2017.

# COOPERATIVAS DE TRABALHO EM CUBA: APORTES SOBRE UMA DÉCADA DE IMPLEMENTAÇÃO DAS COOPERATIVAS NÃO AGROPECUÁRIAS (2012-2022)

André Moulin Dardengo[1]

## Introdução

O processo de transição socialista cubano tem como marca vários ziguezagues no âmbito da construção de uma economia de orientação socialista (Molina, 2021). Trata-se de um processo de longa duração, determinado historicamente e com infindáveis determinações na direção de um novo modo de produção que se expressa, concretamente, em uma forma de organização social distinta da regida pelo capital (Nakatani, 2017). Essa organização econômica, resultante do processo histórico cubano, é uma das formações econômico-sociais de orientação socialista[2] existentes na atualidade (Jabbour; Gabriele, 2021).

1 Economista. Professor do Departamento de Ciências Econômicas da Universidade Federal dos Vales Jequitinhonha e Mucuri (UFVJM). Doutor em Política Social pela Universidade Federal do Espírito Santo (Ufes). E-mail: andre.dardengo@ufvjm.edu.br.

2 "Economias de orientação socialista são aquelas dirigidas por forças políticas que reivindicam oficialmente um processo que visa estabelecer, fortalecer ou desenvolver um sistema socialista. Se são dotadas de um grau suficiente de estabilidade e resiliência, podem ser vistas como formações econômico-sociais de orientação socialista (Fesos). Juntamente com China, Vietnã e República

Destarte, esse modelo socialista cubano, forjado historicamente há mais de 60 anos, possui um sistema de propriedade cujas características que sobressaem ao analista são sua diversidade e sua complexidade, pautadas na propriedade social dos meios de produção fundamentais. Tal sistema passou a ser composto por mais um tipo de forma de propriedade, gestão e organização do trabalho a partir do VI Congresso do Partido Comunista de Cuba (PCC), realizado em 2011, quando foi deliberada a constituição de cooperativas de trabalho[3] urbanas, ou cooperativas não agropecuárias, como são oficialmente denominadas nos documentos.

Iniciada em 2012, a implementação das cooperativas de trabalho completou uma década marcada por vários avanços importantes, mas não sem contradições. Nosso intuito, neste capítulo, é apresentar uma discussão sobre o processo de implementação das cooperativas de trabalho em Cuba e os principais desafios que essa forma de organização do trabalho e da produção tem enfrentado no contexto recente, trazendo uma avaliação dessa primeira década de experiência e apontando como podem seguir contribuindo na construção do socialismo cubano. Para isso, apresentaremos, resumidamente, um histórico do processo de implementação,[4] passando pelas mudanças de rumo na política econômica ao longo dos anos. Abordaremos questões da atualidade levando em conta que a economia cubana passou por muitas dificuldades decorren-

---

Popular Democrática da Coreia (RPDC), Cuba é uma das quatro Fesos atualmente existentes" (Jabbour, Gabriele, 2021, p. 34).

3 Apenas em 2019 elas são denominadas "cooperativas de trabalho", porém optamos por usar o termo desde o início do capítulo como sinônimo de cooperativa não agropecuária, como oficialmente e popularmente são conhecidas em Cuba.

4 Uma análise mais detalhada pode ser encontrada em Dardengo (2021).

tes do agravamento das relações com os Estados Unidos da América durante o governo do republicano Donald Trump e por conta da pandemia de covid-19, que atingiu em cheio os setores econômicos fundamentais para a ilha, impactando, como não poderia deixar de ser, o setor cooperativo.

### O VI Congresso do PCC e a normatização das cooperativas de trabalho

Para entender o momento histórico do VI Congresso do PCC e o aparecimento das cooperativas de trabalho é preciso fazer um breve prelúdio. Após mais de 60 anos de Revolução, Cuba forjou um sistema de propriedade complexo e diverso, resultado, como já mencionamos, de ziguezagues da direção política nacional necessários para responder às necessidades de adaptação a um contexto internacional em profunda mudança e dirimir problemas internos da economia nacional. Além disso, a inexistência de um modelo de transição pronto faz com que tentativas, erros e retificações sejam elementos inerentes ao processo.

Um primeiro momento de correção de rumo, ou, como denomina Salazar (2003), revoluções dentro da Revolução, foi o período chamado *rectificación de errores y tendencias negativas*, no curso dos anos de 1986 até 1990, que coincidiram com o aprofundamento da crise do campo soviético. Com o aprofundamento dos debates no III Congresso do PCC, em 1986, buscou-se enfrentar a excessiva centralização do planejamento socialista e a rigidez, a lentidão e a falta de integralidade dos investimentos. O Sistema de Direção e Planificação da Economia (SDPE) foi criticado por ser praticamente uma cópia do sistema soviético, sem levar em conta as especificidades geográficas, sociais e culturais cubanas.

Durante o decorrer do processo de *rectificación* ocorreu o desmantelamento da União das Repúblicas Socialistas Soviéticas (URSS), forçando Cuba a iniciar um novo período de reformas, de 1991 até 2000, chamado pela direção política de Período Especial em Tempos de Paz, marcado pela descentralização e pela abertura para novas formas de propriedade não estatais. Há a regulamentação do trabalho autônomo (*cuentapropismo*), a abertura para o investimento estrangeiro direto (IED), a participação de companhias comerciais estrangeiras na economia nacional, a criação do Peso Cubano Conversível (CUC), para controlar a circulação do dólar na economia nacional, a criação das Unidades Básicas de Produção Cooperativa (UBPC) no campo, entre outras medidas. Frente à queda no PIB de 34,8%, registrada em 1993 em relação a 1989, e à crise de desabastecimento decorrente do fim das relações comerciais com a URSS e o Comecon[5], as reformas do Período Especial são vistas como um mal necessário para garantir a sustentação emergencial da economia nacional e as políticas sociais públicas e gratuitas conquistadas pela Revolução.

As medidas tomadas ao longo do Período Especial e a nova conjuntura internacional, particularmente marcada pelas relações de Cuba com a Venezuela e a China, conduziram à recuperação econômica já no começo dos anos 2000. De 2000 a 2008, a economia cubana apresentou crescimento médio de 6,10% ao ano a preços constantes de 1997, com forte influência da exportação de serviços profissionais, principalmente médicos, mas também por conta da recuperação

5 Council for Mutual Economic Assistance.

dos setores de construção, transporte, energia elétrica, entre outros (Molina, 2016).

Aproveitando-se dessas novas circunstâncias, Fidel Castro e a direção política nacional iniciaram um grande debate ético em defesa das conquistas da Revolução, da soberania nacional e do internacionalismo. Em termos econômicos, travou-se uma batalha contra a crise internacional provocada pela aplicação das políticas neoliberais que se materializou em um novo momento de inflexão das reformas adotadas até então, buscando reduzir as associações com o capital estrangeiro, estabelecer maior controle sobre os *cuentapropistas*, entre outras medidas, indicando um desejo de retorno a uma economia totalmente planificada. Essa etapa, a Batalha de Ideias, durou de 2001 a 2006; porém, logo se constatou que o caminho de descentralização e expansão das formas de propriedade não estatais era um caminho sem volta.

Assim, a partir de 2007, já na passagem da direção política nacional de Fidel Castro para seu irmão Raul Castro, iniciou-se o processo de *Actualización del modelo económico y social.*[6] Há um retorno mais consistente e sistemático às estratégias de descentralização e as formas de propriedade não estatais são legitimadas como formas necessárias ao processo de construção do socialismo cubano, ou seja, deixam de ser consideradas um mal necessário, como fora no Período Especial.

Ocorreram grandes debates em toda a nação que culminaram na aprovação dos *Lineamientos de la Política Económica*

6 Tem como marco temporal zero o momento em que Fidel Castro passa a liderança do comando político do país para seu irmão Raul Castro, em julho de 2006.

*y Social del Partido y la Revolución*, durante o VI Congresso do PCC, em 2011. Os lineamentos reafirmaram o caráter socialista da Revolução e que a formação econômico-social socialista cubana seria baseada na propriedade social dos meios de produção; contudo, postulam estratégias de descentralização, propondo maior independência das empresas estatais e ampliação do espaço para organizações não estatais na produção de bens e serviços. Houve um reconhecimento formal da importância de outras formas de propriedade não estatais como necessárias à construção do socialismo; entretanto, a propriedade dos meios de produção considerados estratégicos e fundamentais seguiu sendo estatal, e sua gestão seguiu os princípios do planejamento econômico centralizado.

Os Lineamientos significaram um conjunto de transformações fundamentais na política econômica e social cubana direcionado à superação das limitações impostas pelo Período Especial e também para eliminar resquícios do modelo econômico soviético que foram assimilados pela economia cubana nos primeiros 30 anos da Revolução. Incluíram liberalizações, transferências de atividades estatais para gestão não estatal, mudanças na legislação trabalhista e previdenciária, reforma ministerial e administrativa e medidas macroeconômicas. Tais mudanças tinham como objetivo alterar a estrutura da economia cubana, considerando a inserção de Cuba na economia mundial capitalista, para avançar na construção socialista mantendo as conquistas da Revolução, principalmente no que se refere às políticas sociais que atendem à população, como saúde e assistência social, educação, previdência social, esporte e cultura e alimentação.

Foi no bojo das mudanças propostas nos lineamentos que apareceu pela primeira vez na história da Revolução Cubana a proposta de implementação de cooperativas fora do setor agrícola.[7] Ainda sem o uso do termo "cooperativa não agropecuária", o Lineamiento 25 postula que

> serão criadas as cooperativas de primeiro grau como uma forma socialista de propriedade coletiva em diferentes setores, que se constituem como uma organização econômica com personalidade jurídica e patrimônio próprio, integradas por pessoas que se associam aportando bens e trabalho, com a finalidade de produzir e prestar serviços úteis à sociedade e sustentar todos seus gastos com seus próprios rendimentos. (PCC, 2011, p. 12, tradução nossa)

A expansão do setor não estatal, na perspectiva do PCC, apresentada nos Lineamientos, busca alcançar maiores níveis de eficiência e produtividade sem perder de vista a construção de relações sociais de produção socialistas. Destarte, como há a compreensão de que a cooperativa é uma forma de propriedade privada coletiva, ou seja, mais socializada, essas entidades econômicas cumpririam importante papel, e, idealmente, seria mais interessante que atividades antes estatais passassem para a gestão cooperativa em vez de passarem para a forma de trabalho autônomo (*cuentapropismo*) ou para empresa de propriedade privada (regulamentação

[7] As cooperativas agrícolas foram implementadas nos primeiros anos da Revolução, como parte do processo da Reforma Agrária. Primeiramente, em 1960, foram criadas as Cooperativas de Crédito e Serviços (CCS), resultantes da associação de pequenos proprietários rurais que possuem a propriedade privada da terra. Em 1976, foram criadas as Cooperativas de Produção Agropecuárias (CPA), formadas a partir da coletivização de propriedades privadas individuais. Por fim, em 1993, no contexto do Período Especial, foram criadas as Unidades Básicas de Produção Cooperativa (UBPC), resultado da reestruturação de granjas estatais, sendo a propriedade da terra estatal e a posse e gestão coletivas.

que só ocorreu em 2021). Todavia, isso não significa que o PCC tenha preterido as formas de propriedade privada individual ou empresarial, as quais também são reconhecidas dentro do sistema de propriedade socialista, contribuindo com os seus resultados para a sociedade como um todo.

Adicionalmente, segundo Harnecker (2014, p. 293), a formação de cooperativas de trabalho não agropecuárias também atendeu aos seguintes objetivos:

> Permitir às empresas estatais concentrar-se em suas atividades principais, contratando das cooperativas serviços de apoio e outras atividades secundárias; gerar emprego estável e não precário [emprego digno] como alternativa para os trabalhadores em excesso nas empresas estatais, e para a população em geral; satisfazer necessidades dos territórios, oferecendo bens e serviços *deficit*ários com qualidade e a preços acessíveis para a população; aumentar e diversificar a oferta de serviços e bens de consumo de maneira socialmente responsável e autossustentável.

A partir dos Lineamientos foram promulgados, em 2012, o Decreto Lei n. 305 do Conselho de Estado e o Decreto n. 309 do Conselho de Ministros, que estabeleceram em caráter experimental as regras para a constituição, o registro, o funcionamento e a extinção de cooperativas não agropecuárias de primeiro grau. Essas novas cooperativas surgiram na sociedade cubana em um ambiente de certo desconhecimento e incerteza sobre essa forma de gestão coletiva, uma vez que foram mais de quatro décadas com a presença praticamente total da forma de gestão estatal, cabendo às cooperativas a atuação apenas no campo.

Apesar de a literatura socialista clássica (Marx, Engels e Lenin) considerar a forma de propriedade e gestão cooperativa como uma forma de propriedade mais socializada que a privada, em Cuba, dois fatores pesaram contra as cooperativas nos setores não agrícolas: primeiro, a particular visão de Che Guevara (2006), que concluiu, em seus *Apuntes críticos a la economía política* dos manuais da URSS, que o kolkhoz (cooperativa agrícola soviética) era uma característica do modelo da URSS, e não do socialismo, e advertiu que as cooperativas não constituem uma forma socialista de propriedade, uma vez que impõem uma superestrutura com relações de propriedade e incentivos econômicos capitalistas, devendo ser priorizada a forma estatal; segundo, as ideias de Che foram deixadas de lado e, no processo de alinhamento com a URSS, Cuba acabou assimilando características do modelo cooperativo soviético que havia destinado papel a elas somente no agro.

Assim, sobre as cooperativas em geral sempre pesou o estigma das críticas teóricas de Che e, de forma mais incisiva, sobre as cooperativas de trabalho fora do setor agrícola pesaram as determinações da realidade concreta de replicação do modelo soviético que não dava espaço a elas. Essa realidade começou a mudar a partir de 2012.

## Implementação das cooperativas de trabalho, resultados e contradições

O Decreto-Lei n. 305 de 2012 definiu a cooperativa não agropecuária como uma organização com fins econômicos e sociais, gerida coletivamente, formada voluntariamente pelos sócios por meio de aportes de bens, direitos e trabalho, voltada para a produção de bens e serviços destinados a atender o interesse social, dos sócios e de seus familiares. As cooperativas não agropecuárias possuem princípios[8] que regem o seu funcionamento: voluntariedade, cooperação e ajuda mútua, decisão coletiva e igualdade de direitos entre os sócios, autonomia e sustentabilidade econômica, disciplina cooperativista, responsabilidade social, contribuição ao desenvolvimento planificado da economia e com o bem-estar dos seus sócios e familiares, colaboração e cooperação entre cooperativas e com outras entidades.

Essas cooperativas poderiam se originar de forma autônoma pelos próprios trabalhadores ou a partir da transferência de gestão de unidades empresariais estatais, ou parte delas, para formas não estatais, em um processo burocrático que necessita da aprovação de diversas instâncias de representação, a saber: Conselho de Administração Municipal, Conselho de Administração Provincial, Organismo da Administração Central do Estado, Comissão Permanente de Implementação e Desenvolvimento dos Lineamentos e, por fim, Conselho de Ministros. As cooperativas teriam de ter no mínimo três sócios para serem constituídas, e poderiam contratar trabalhadores assalariados por no máximo três meses por ano fiscal, com o intuito de realizar atividades que os sócios não têm condições de executar. Contudo, é vedado que a jornada dos trabalhadores assalariados ultrapasse 10% das jornadas-sócios anuais.

Definidas as regras, o Conselho de Ministros autorizou o funcionamento experimental de 198 cooperativas de trabalho não agropecuárias em 2013. Até 2014, o número de cooperativas autorizadas chegou a 498 (Harnecker, 2014).

---

8 Os princípios das cooperativas não agropecuárias em Cuba seguem as mesmas diretrizes do movimento cooperativista internacional, conforme são definidos pela Aliança Cooperativa Internacional (ACI).

Dessas cooperativas autorizadas, 384 (77%) foram originadas a partir da transmissão de propriedade estatal para gestão cooperativa, enquanto 114 originaram-se da auto-organização dos sócios. Percebe-se a materialização da diretriz dos Lineamientos, qual seja, a transferência de atividades estatais para gestão cooperativa, a fim de reduzir tarefas acessórias e não estratégicas do Estado; no entanto, o grande percentual de cooperativas induzidas pelo Estado é um ponto negativo, uma vez que o cooperativismo defende em seus princípios a associação voluntária. Cabe ressaltar que nesses casos de cooperativas induzidas os sócios têm apenas o usufruto da propriedade, que é gerida coletivamente, porém permanece estatal.

Em 2014, das 498 cooperativas autorizadas apenas 345 foram efetivamente implementadas (Tabela 1). O número de cooperativas implementadas foi aumentando até 2017, quando chegaram a existir 439 cooperativas de produção, trabalho e serviços; porém, até 2020 18 cooperativas foram encerradas, ou por problemas de gestão, ou por problemas de incapacidade de sustentação econômico-financeira. Em alguns casos em que foram identificados desvios de conduta dos sócios-presidentes das cooperativas, o Estado cubano interveio, dissolvendo a entidade.[9]

[9] Algumas limitações e insuficiências identificadas na implementação das cooperativas não agropecuárias foram: atos de indisciplina, apropriação indevida de recursos e receitas, membros que eram sócios de várias cooperativas ao mesmo tempo, deficiências nos registros contábeis, uso indevido dos créditos bancários concedidos, acordo entre as cooperativas e as entidades estatais para cometer ilegalidades (principalmente no caso das cooperativas de construção), elevada diferença na distribuição das sobras entre sócios diretores e sócios comuns (Reinaldo, 2019).

**Tabela 1: Principais entidades por forma de organização – Cuba (2011-2022)***

| Anos | Empresas estatais | Sociedades mercantis | Mipymes | Cooperativas | | | | | Unidades presupuestadas | Total |
|---|---|---|---|---|---|---|---|---|---|---|
| | | | | Total | CNA | UBPC | CPA | CCS | | |
| 2011 | 2.422 | 275 | – | 5.811 | | 2.165 | 1.002 | 2.644 | 2.455 | 10.963 |
| 2012 | 2.250 | 236 | | 5.688 | | 2.038 | 1.006 | 2.644 | 2.382 | 10.556 |
| 2013 | 2.235 | 237 | | 5.420 | 198 | 1.811 | 909 | 2.502 | 2.354 | 10.246 |
| 2014 | 1.992 | 229 | | 5.506 | 345 | 1.754 | 903 | 2.504 | 2.297 | 10.024 |
| 2015 | 1.956 | 224 | | 5.473 | 367 | 1.699 | 897 | 2.510 | 2.361 | 10.014 |
| 2016 | 1.904 | 223 | | 5.348 | 397 | 1.593 | 887 | 2.471 | 2.345 | 9.820 |
| 2017 | 1.801 | 230 | | 5.355 | 439 | 1.563 | 882 | 2.471 | 2.242 | 9.628 |
| 2018 | 1.776 | 236 | | 5.310 | 434 | 1.529 | 879 | 2.468 | 2.241 | 9.563 |
| 2019 | 1.774 | 237 | | 5.290 | 431 | 1.519 | 876 | 2.464 | 2.241 | 9.542 |
| 2020 | 1.795 | 255 | | 5.278 | 421 | 1.513 | 876 | 2.468 | 2.232 | 9.560 |
| 2021 | 1.867 | 258 | 270 | 5.211 | 426 | 1.459 | 863 | 2.463 | 2.404 | 10.010 |
| 2022* | 1.941 | 277 | 2.710 | 5.146 | 463 | 1.406 | 846 | 2.431 | 2.412 | 12.486 |

Fonte: Onei. Elaboração nossa.
*janeiro- junho de 2022

No universo das formas de organização da economia cubana, a expansão das cooperativas de trabalho não agropecuárias pode ser classificada como tímida. Em 2019, elas representavam 4,51% do total de entidades e, nos dados mais recentes, de junho de 2022, representam apenas 3,70% do total de entidades. A expansão lenta responde às determinações do próprio PCC, cujo princípio é a não massificação, como apontava, já em 2015, Raúl Castro Ruz (citado em Harnecker, 2018, p. 90, tradução nossa):

> As cooperativas têm um caráter experimental e ainda se avança em sua implementação, não temos por que acelerar o ritmo, temos de adaptar o ritmo aos acontecimentos [...], consertar erros antes de generalizar o experimento. [O princípio] é não massificar a criação de cooperativas, a prioridade deverá ser consolidar as que existem e ir avançando de forma gradual, pois do contrário estaríamos generalizando os problemas que se apresentam.

Dentre as atividades econômicas em que se formaram essas cooperativas, o destaque é a gastronomia (*comedores*) – cafeterias, bares e restaurantes –, o comércio varejista de produtos agrícolas (*agromercados*), a construção civil e a produção de materiais de construção, o transporte coletivo de passageiros, os serviços pessoais e técnicos em geral. Em menor número, também se formaram cooperativas de reciclagem de sólidos, serviços contábeis, impressões gráficas, reparação de móveis, confecções etc. Os dados de junho de 2022 (Gráfico 1), indicam que a maior parte das cooperativas atualmente em funcionamento estão nas atividades de hotéis e restaurantes (154), comércio e reparos em geral (128), construção civil (73) e indústrias manufatureiras (58). Muitas cooperativas estão ligadas ao setor turístico, como as de hotéis e restaurantes, e se beneficiam ao prestar serviços ao público estrangeiro, que tem possibilidade de pagar em divisas.

**Gráfico 1: Cooperativas de trabalho por atividade econômica – Cuba – junho de 2022**

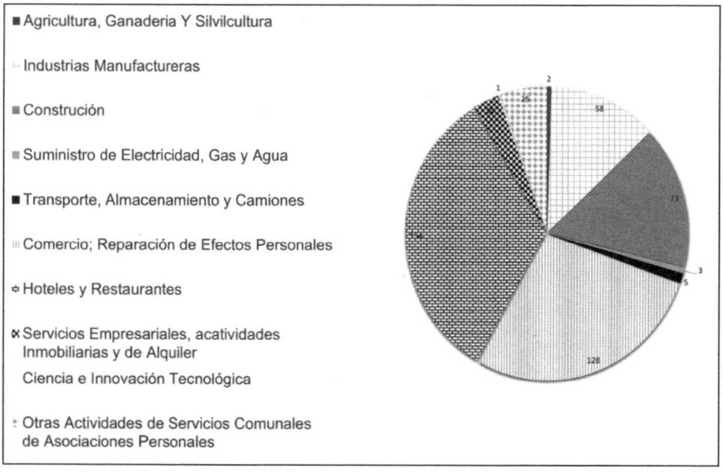


Fonte: Organización Institucional – janeiro-junho de 2022 (Onei, 2022).
Créditos: elaboração nossa.

As cooperativas de trabalho não agropecuárias sempre estiveram concentradas na parte ocidental de Cuba, principalmente em La Habana, cidade mais populosa e capital do país. Até junho de 2022, eram 270 (58,31%) cooperativas na capital, estando as restantes distribuídas nas demais províncias, com destaque para Artemisa, província vizinha à capital, com 73 (15,76%) cooperativas (Onei, 2022).

À medida que o número de cooperativas de trabalho não agropecuárias foi se ampliando ao longo dos anos, o número de trabalhadores associados nas entidades foi crescendo. O ápice se deu no ano de 2017, quando 18,6 mil trabalhadores estavam atuando nesse tipo de organização econômica (Gráfico 2). Contudo, esse número de cooperativistas representava apenas 0,42% do total da população ocupada em Cuba naquele ano. A partir de então, nos anos de 2018 (18,1 mil) e 2019 (16,7 mil), percebe-se uma redução no número de trabalhadores em cooperativas de trabalho não agropecuárias, com pequena recuperação em 2020 (17,2 mil), mas que não se sustenta na sequência, quando 2021 fecha com 14,2 mil trabalhadores cooperados (0,31 % do total de trabalhadores ocupados) (Onei, 2022).

O impacto da pandemia de covid-19 e da crise econômica na ilha, que abordaremos mais adiante, com certeza é um fator explicativo; contudo, uma conclusão definitiva carece de mais pesquisas. A redução que já era observada desde 2018 aumentou bastante em 2021. Mesmo que novas cooperativas de trabalho não agropecuárias tenham sido autorizadas, pode ser que os outros tipos de entidades – micro, pequenas e médias empresas e *cuentapropismo* – que tiveram sua regulação autorizada e flexibilizada em 2021 tenham atraído mais trabalhadores, inclusive absorvendo aqueles que antes estavam nas cooperativas.

**Gráfico 2: Número de trabalhadores nas cooperativas de trabalho – Cuba (2013-2021)**

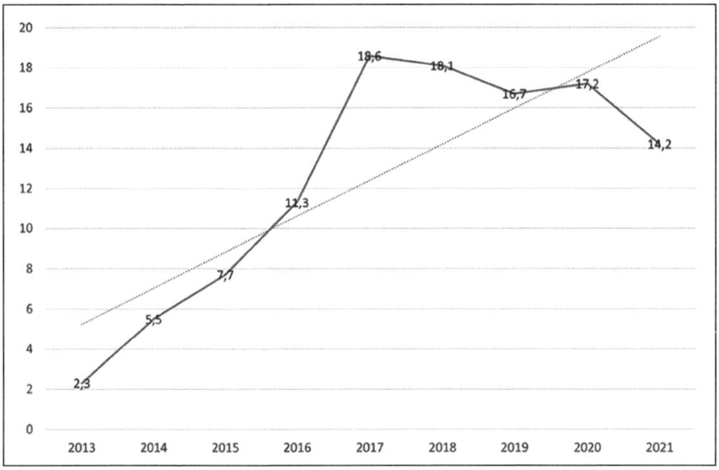


Fonte: Anuario Estadístico de Cuba 2021 – Empleo y salarios (Onei, 2022).
Créditos: Elaboração nossa.

No curso dos dez anos de implementação das cooperativas de trabalho não agropecuárias, análises e relatórios indicam como pontos positivos do processo o aumento dos rendimentos dos trabalhadores associados, principalmente nos setores que recebiam em CUC pela venda de produtos e serviços; melhorias nas condições de trabalho; aumento na motivação dos trabalhadores cooperados; aumento da produtividade, da eficiência e da qualidade dos bens e serviços produzidos; prática da autogestão sobre a propriedade coletiva e contribuição de algumas cooperativas para o desenvolvimento local no âmbito dos municípios e províncias.

Como pontos negativos, elencam-se as deficiências relacionadas ao processo de autorização/criação das cooperativas não agropecuárias muito burocratizado; a insuficiente capacitação dos trabalhadores associados e o insuficiente assessoramento por parte do Estado; a falta de articulação de algumas cooperativas com os governos locais e a limitada capacidade de estas impactarem no desenvolvimento local; as dificuldades no controle interno e na gestão econômico-financeira; os elevados custos e a dificuldade de obter matérias-primas e as dificuldades de acesso às tecnologias de produção.

Em agosto de 2019, um novo pacote normativo foi promulgado, compreendendo o Decreto-Lei n. 366 do Conselho de Estado e o Decreto n. 356 do Conselho de Ministros. Os novos documentos seguiram as premissas do VII Congresso do PPC de 2016 e suas resoluções, a saber, "Acualización de los Lineamientos para el período 2016-2021", "Conceptualización del modelo económico y social cubano de desarrollo socialista" e "Plan nacional de desarrollo económico y social hasta 2030". Os novos decretos a respeito das cooperativas buscavam aperfeiçoar a legislação de 2012 e sanar alguns problemas que ocorreram no processo de implementação durante os anos anteriores, porém foi mantido o caráter experimental das cooperativas não agropecuárias, agora oficialmente denominadas cooperativas de trabalho.

Foram estabelecidos limites para o aumento no número de sócios das cooperativas e regras mais explícitas sobre a distribuição de sobras para evitar grandes diferenças nas retiradas entre sócios-diretores e os demais membros. As cooperativas de construção ficaram impedidas de contratar trabalho assalariado para realizar sua atividade-fim, já que se identificou que muitas cooperativas desse setor funcionavam como "falsas cooperativas", contratando mão de obra como se fossem empresas privadas. Não obstante, antes que os efeitos das novas regras pudessem ser avaliados na prática, a conjuntura mudou dramaticamente em 2020. Passamos, então, a discutir os desafios e potencialidades mais atuais.

**Os desafios atuais e as potencialidades das cooperativas de trabalho em Cuba**

Os problemas estruturais da economia cubana foram aprofundados durante os quatro anos do governo de Donald Trump nos Estados Unidos (2017-2021). O mandatário republicano recrudesceu as medidas do bloqueio econômico[10] sobre a ilha caribenha, atingindo em cheio o setor de turismo e a entrada de divisas no país. O Ministério das Relações Exteriores de Cuba (Minrex) enumera mais de 240 ações hostis do governo estadunidense, entre elas: restrições de viagens e impedimento de retirar vistos; restrição de realização de operações financeiras e comerciais entre os países; suspensão das relações diplomáticas e fechamento da embaixada em La Habana; proibição para barcos e cruzeiros estadunidenses visitarem o litoral cubano; punição às empresas que operam em Cuba ou que mantêm relações com o país (Oxfam, 2021). O Minrex estima que o impacto econômico negativo das medidas durante os quatro anos tenha sido de 20 bilhões de dólares.

No ano de 2020, todo o planeta foi surpreendido pela pandemia da covid-19. Em Cuba, a despeito da bem-sucedida política sanitária no combate à proliferação do vírus e no rápido desenvolvimento de vacinas para a enfermidade, o impacto econômico, de acordo com a Cepal, foi um dos maiores em toda a América Latina e Caribe. As medidas de isolamento e restrições à circulação afetaram sobremaneira o PIB cubano, tão dependente do setor turístico e das remessas do exterior.

[10] O embargo econômico, comercial e financeiro dos Estados Unidos a Cuba iniciou-se em 1962. Após o fim da URSS, os efeitos do bloqueio econômico tornaram-se mais nocivos à economia cubana, exigindo uma série de ajustes e reformas. Atualmente, o bloqueio econômico a Cuba continua a existir, porém é sistematicamente condenado pela comunidade internacional.

A contração econômica observada em 2020 foi de 11%, reflexo do influxo mundial nas relações comerciais somado ao fechamento do setor turístico[11] e às sanções estadunidenses já mencionadas. Estimativas preliminares indicam que em Cuba só ingressaram, em 2020, 55% das divisas previstas pela planificação central (Pérez, 2021).

No final de 2020, reagindo às dificuldades enfrentadas pela economia cubana no contexto de superação da pandemia de covid-19 e das sanções estadunidenses, e considerando a necessidade de retomar o crescimento, o presidente Miguel Díaz-Canel anunciou um conjunto de medidas econômicas, entre elas a *tarea ordenamiento monetario*, prevista desde os lineamentos de 2011, mas que não fora implementada, que incluía a unificação monetária (fim do CUC e manutenção apenas do Peso Cubano Nacional/CUP), unificação cambial (fim das diferentes taxas de câmbio e manutenção da taxa de câmbio única de 24,00 CUP por um dólar), eliminação gradual de subsídios excessivos e reformas dos salários, aposentadorias e benefícios sociais.

As medidas foram implementadas gradativamente, e nos primeiros 180 dias do ano de 2021 os CUC puderam ser convertidos em CUP à taxa de câmbio de 1 para 24. A partir de junho de 2021, os depósitos em dólar em contas bancárias e seus cartões magnéticos associados foram proibidos, porém o valor de referência dos saldos das contas seguiu sendo o dólar,

---

11 Em 2019, de acordo com o Ministério do Turismo (Mintur), Cuba recebeu 4,2 milhões de turistas. Com a pandemia de covid-19, em 2020, o número de turistas caiu para 1,1 milhão, sendo que até março de 2020 entraram na ilha 981.938 turistas – ou seja, após o primeiro caso confirmado e a adoção dos protocolos de enfrentamento à doença, deduz-se que pouco mais de 100 mil turistas visitaram a ilha.

ou *moneda libremente convertible* (MLC), como oficialmente denomina o Ministério de Economia e Planificação (MEP). Dessa forma, depósitos em euros e libras esterlinas, que são permitidos, são convertidos em MLC, que na prática é um "dólar bancário", usado como meio de pagamento para a compra de bens de primeira necessidade nos mercados estatais.

É nesse novo contexto que é preciso pensar os desafios e as potencialidades das cooperativas de trabalho não agropecuárias em Cuba. Antes da unificação monetária, algumas cooperativas que comercializavam bens e serviços em CUC tinham uma vantagem em relação às empresas estatais, pois podiam trocar cada 1 CUC de receita por 24 CUP, enquanto as empresas estatais estavam obrigadas a praticar a taxa oficial (1 CUP = 1 CUC). Assim, algumas cooperativas tinham vantagens que resultavam de uma arbitragem e não tinham a ver com sua eficiência e, portanto, obtinham maiores sobras, as quais eram repartidas entre os sócios por meio das retiradas.

Com o fim da dualidade cambial promovida pela *tarea de ordenamiento monetario*, as sobras de algumas exitosas cooperativas desapareceram, a distorção nos rendimentos deixou de ocorrer. Algumas delas, como várias cooperativas de construção, que já tinham dificuldades de cumprir o limite de contratação de trabalhadores assalariados exigido pela legislação das cooperativas de trabalho não agropecuárias, migraram para o formato de trabalhadores autônomos (*cuentapropismo*). Ou seja, algumas cooperativas não estavam interessadas nas práticas autogestionárias do processo de gestão cooperativo, e sim nos benefícios que a arbitragem cambial garantia.

Seguindo o processo de mudanças, em 19/08/2021 o Conselho de Estado aprovou um conjunto de decretos (do 44 ao 49). As resoluções visavam reordenar o trabalho autônomo, facilitar, definitivamente, a implementação de cooperativas de trabalho não agropecuárias e introduzir a novidade das micro, pequenas e médias empresas (Mipymes) na forma de sociedades de responsabilidade limitada.

O Decreto-Lei n. 47, "De las cooperativas no agropecuárias", revogou o Decreto-Lei n. 366, do Conselho de Estado, e o Decreto n. 356 de 2019, do Conselho de Ministros. Com o novo decreto, o governo cubano dá por encerrado o processo de implementação experimental das cooperativas, reconhece suas potencialidades e seus resultados positivos e admite ampliar de maneira gradual sua criação nos setores em que já foram aprovadas, com exceção do setor de construção. A perspectiva da nova norma é desburocratizar a formação de cooperativas, sendo agora todo o processo de criação incumbência do MEP. Também se eliminaram restrições que existiam nas normas anteriores, como limite máximo na quantidade de sócios e proibição de atuar em mais de uma província.

Nesse novo quadro, as cooperativas de trabalho não agropecuárias concorrem com o *cuentapropismo* (que foi flexibilizado) e com as Mipymes (que foram autorizadas). Todas compõem o setor não estatal, mas, como já foi abordado anteriormente, a forma cooperativa é mais socializada que a forma de propriedade privada individual ou empresarial, e teria, portanto, uma maior capacidade de potencializar o caráter coletivo no âmbito do processo de transição socialista. Em uma perspectiva da totalidade, contudo, todo o leque das distintas formas de propriedade – estatal, mista e não estatal – contribuiu em conjunto para alcançar as metas definidas pelo PCC e pelo planejamento estatal.

Os dados mais recentes indicam como tem se dado a dinâmica das formas de organização econômica. De setembro de 2021 até o mês de abril de 2022, foram autorizadas pelo MEP 3.074 empreendimentos, dos quais 2.974 foram Mipymes privadas, 51 Mipymes estatais e 49 cooperativas, ou seja, apenas 1,59% dos empreendimentos autorizados são cooperativas de trabalho. A maior parte desses empreendimentos (56%) originou-se de negócios já existentes, enquanto o restante (44%) são novos empreendimentos. No conjunto, estima-se que tais negócios gerarão 49.928 postos de trabalho (Cubadebate, 2022).

No que se refere aos empreendimentos efetivamente implementados, basta observar a Tabela 1. Enquanto cinco novas cooperativas passaram a funcionar durante o ano de 2021, foram 270 Mipymes, e até junho de 2022 foram 37 novas cooperativas implementadas (variação de 8,68% em relação a 2021) frente a 2.440 Mipymes (variação de 903,70% em relação a 2021). Os dados indicam, portanto, uma ampla preferência pela forma de Mipymes.

Isso impacta também a movimentação de trabalhadores entre essas diferentes formas de organização. O número de trabalhadores autônomos no ano de 2021, que era de 596 mil, apresentou uma redução de 6,4 mil postos de trabalho em relação ao ano de 2020 (Onei, 2022). Do total de trabalhadores autônomos registrados nas estatísticas em 2021, aproximadamente 120 mil são trabalhadores contratados, assalariados, de forma que não são efetivamente autônomos. A legislação permite que os *cuentapropistas* contratem seus familiares e no máximo mais três trabalhadores. Se o número de contratados exceder esse limite, o *cuentapropista* deve converter-se em Mipymes ou cooperativa de trabalho não agropecuária. Os dados indicam que a opção pelas Mipymes tem sido e será a mais usual.

Diante do exposto, um dos grandes desafios que tem o Estado cubano é como tornar as cooperativas de trabalho uma forma de organização preferível frente às outras formas do setor privado, aproveitando suas potencialidades de impactar o desenvolvimento local e de ser uma forma mais socializada de gestão da propriedade e do trabalho. Diversos intelectuais cubanos têm defendido essas potencialidades, e inclusive reconhecem que a própria economia cubana, definida oficialmente como economia socialista, pode ser dinamizada e entendida a partir dos princípios da economia social e solidária (ESS), e isso não seria conflitante, pois de certa forma os proprietários privados e cooperativistas em Cuba também são proprietários socialistas, "já que recebem os mesmos benefícios sociais (saúde, educação e seguridade social), portanto, têm que cumprir com todos os deveres da Constituição, sejam camponeses, operários, intelectuais, pequenos ou médios proprietários e demais" (Molina, 2021, p. 4, tradução nossa).

Para Betancourt (2015, p. 1, tradução nossa), a economia socialista cubana e seu modelo econômico e social atualizado são, em essência, uma economia social e solidária:

> Em termos econômicos, supõe que desenvolvemos uma (macro) economia que em sua essência é social e solidária, composta de um conjunto de atores econômicos – empresas estatais, cooperativas, trabalhadores privados – que assumem como parte de sua gestão (micro) econômica de produção, distribuição e consumo de bens e serviços, princípios de responsabilidade com a sociedade (com a família, trabalhadores, clientes e outros envolvidos no empreendimento e a comunidade) e com o meio ambiente natural e construído.

Nos marcos da atualização do modelo econômico e social cubano, portanto, todos os atores econômicos do sistema empresarial, com todas as formas de propriedade estipuladas pela legislação, interagem entre si e têm liberdades limitadas pela planificação estatal e pelos objetivos socialistas traçados pelo PCC, preconizando princípios solidários. Trata-se de uma aposta em uma construção híbrida, que permite elementos de socialismo de mercado e elementos de socialismo autogestionário, mas sob o controle do Estado, contudo sem absolutizar a propriedade estatal como fora nos anos 1970 e 1980. Como define a conceitualização do modelo econômico e social de 2016, "o Estado regula a constituição, dissolução, liquidação e reestruturação das pessoas jurídicas de todas as formas de propriedade, define seus âmbitos de atuação e atividades principais" (PCC, 2016, p. 11, tradução nossa). Ou seja, todos os atores econômicos cubanos, mesmo suas formas não estatais, estão submetidos à coordenação estatal, que busca uma adequação ao plano de desenvolvimento socialista para o país.

Para Arencibia (2021), o grande desafio atual é dinamizar a economia cubana a partir da perspectiva da economia social e solidária, o que "requer múltiplas alianças e interconexões desde os planos macro, meso e microssociais" (p. 52, tradução nossa). Considerando o município como o território que possui especificidades culturais, sociais e econômicas próprias, para a autora cabe à direção estatal fomentar as cooperativas de trabalho não agropecuárias para

> aproveitar ao máximo as oportunidades do entorno que podem contribuir para desenvolver as capacidades locais, a geração de empregos sustentáveis e a inclusão de grupos em situação de vulnerabilidade. Isso supõe a aplicação de princípios justos e solidários de distribuição de recursos materiais e conhecimentos, a redefinição de marcos normativos e a produção e a provisão de bens públicos de alta qualidade. (Arencibia, 2021, p. 52, tradução nossa)

Assim, a escala de ação ideal das cooperativas de trabalho não agropecuárias e dos demais atores econômicos integradas à ESS é o município, criando cadeias de produção e valor para promover o desenvolvimento local (Arencibia, 2021). A autora sentencia que é vital que os atores econômicos (cooperativas, *cuentapropistas*, Mipymes) tenham um funcionamento orientado pela lógica da ESS, "a fim de que suas ações, encadeamentos produtivos e alianças entre múltiplos atores formem parte do seu agir cotidiano. Isso teria, em médio a longo prazo, um resultado positivo para os municípios" (Arencibia, 2021, p. 54, tradução nossa).

Se trataria, portanto, de definir setores e tipos de atividades que seriam mais adequadas para a prática da autogestão e formação de cooperativas e integrá-las às estratégias de desenvolvimento local junto aos demais atores econômicos, trabalhadores autônomos e micro, pequenas e médias empresas, levando em conta que as políticas de desenvolvimento local estão submetidas ao plano de desenvolvimento socialista.

## Conclusão

Ao completar dez anos, a implementação das cooperativas de trabalho não agropecuárias em Cuba apresentou pontos positivos e negativos. A despeito dos pontos negativos verificados, o caráter experimental foi concluído em 2021, e agora a possibilidade de expansão dependerá de políticas concretas de fomento por parte do Estado. As potencialidades para gerar emprego digno, garantir a prática da democracia e da autogestão na administração do trabalho e da produção e contribuir com o desenvolvimento local já seriam motivos suficientes para que o Estado encampasse uma política mais efetiva de apoio à expansão, já que as contribuições das cooperativas de trabalho urbanas para a construção do socialismo são sempre reconhecidas nas diversas esferas públicas por parte de representantes estatais.

No caso cubano, a implementação de cooperativas de trabalho não seguiu a lógica de vários países que adotaram o receituário neoliberal e, portanto, não se materializou como um caso de avanço e reprodução de relações precárias de trabalho, mas, sim, como uma atualização do modelo econômico e social da ilha que precisa lidar com o bloqueio econômico imposto pelos Estados Unidos e teve de lidar com a pandemia de covid-19 em 2020 e 2021 – tudo isso sem abrir mão das conquistas sociais da Revolução, sobretudo as políticas sociais que garantem saúde, educação, previdência e assistência social, alimentação, cultura e esporte.

As cooperativas de trabalho, num novo cenário, a partir de 2021 com a presença das Mipymes e dos já antigos *cuentapropistas*, precisam interagir na perspectiva de praticar os princípios da economia social e solidária, buscando arranjos não pautados pela competição, e sim pela colaboração, em que o trabalho, como pontua Arencibia (2021), adquira uma dimensão social capaz de pôr as capacidades das pessoas a serviço da comunidade e da população em geral. Dessa maneira, as cooperativas de trabalho poderão contribuir mais efetivamente para o desenvolvimento local dentro dos marcos do Plano Nacional de Desenvolvimento Econômico e Social até 2030 e, consequentemente, com o processo de transição socialista cubano.

## Referências

ARENCIBIA, J. G. "Economía social y solidaria en el desarrollo local de Cuba". *Temas*, n. 104-105, p. 51-58, out. 2020-mar. 2021. Disponível em: https://temas.cult.cu/media/imagenes/Revista_Temas/articulos/Econom%C3%ADa%20social%20y%20solidaria%C2%A0en%20el%20desarrollo%20local%20de%20Cuba_primeras5paginas.pdf. Acesso: 10 mar. 2022.

BAÑOS, J. L. "¿Pymes o cooperativas?". *Inter Press Service en Cuba*, La Habana, ago. 2021. Disponível em: https://www.ipscuba.net/espacios/pymes-o-cooperativas/. Acesso: 10 mar. 2022.

BETANCOURT, R. "La economía social y solidaria y la actualización del modelo económico cubano". *Catalejo, el blog de Temas*, fev. 2015. Disponível em: https://eleenson.files.wordpress.com/2016/06/la-ess-y-la-actualizacic3b3n-del-modelo-econc3b3mico-cubano.pdf. Acesso: 20 mar. 2022.

BETANCOURT, R.; ARENCIBIA, J. G. (orgs.). *La economía social y solidaria en Cuba*: fundamentos y prácticas para el desarrollo socialista. La Habana: Acuario, 2021. Disponível em: https://ripesslac.org/wp-content/uploads/2022/05/La-Economia-Social-y-Solidaria-en-Cuba-INTERACTIVO.pdf. Acesso: 20 mar. 2022.

CUBADEBATE. *Ministerio de Economía y Planificación aprueba 89 nuevas Mipymes y cooperativas no agropecuarias*. Abr. 2022. Disponível em: http://www.cubadebate.cu/noticias/2022/04/20/ministerio-de-economia-y-planificacion-aprueba-89-nuevas-mipymes-y-cooperativas-no-agropecuarias/. Acesso: 20 abr. 2022.

DARDENGO, A. M. *Cooperativas e transição socialista*: a experiência das cooperativas não agropecuárias em Cuba. Marília: Lutas Anticapital, 2021.

FIGUEREDO REINALDO, O. Nuevas normas jurídicas para las cooperativas no agropecuarias en Cuba. *Cubadebate*, 2019. Disponivel em: http://www.cubadebate.cu/noticias/2019/08/30/nuevas-normas-juridicas-para-las-cooperativas-no-agropecuarias-en-cuba/#.XXCSXuNKjIV. Acesso: 5 setembro 2019.

GUEVARA, E. C. *Apuntes críticos a la economía política*. La Habana: Ocean Press, 2006.

HARNECKER, C. P. "Cooperativas no agropecuarias en La Habana – diagnóstico preliminar". *In:* COLECTIVO DE AUTORES. Economía cubana: transformaciones y desafíos. La Habana: Editorial de Ciencias Sociales, 2014.

HARNECKER, C. P. *Desempeño socioeconómico de las cooperativas no agropecuarias*: contribución de sus principales determinantes. Estudio de casos. Tese (Doutorado em Ciências Econômicas) – Centro de Estudios de la Economía Cubana, Universidad de La Habana, La Habana, 2018.

JABBOUR, E.; GABRIELE, A. *China*: o socialismo do século XXI. São Paulo: Boitempo, 2021.

MOLINA, E. M. *Devenir del modelo económico socialista*. La Habana: Editorial de Ciencias Sociales, 2016.

MOLINA, E. M. "El programa económico pos-pandemia, la economía política y la prospectiva". *Econ. y Desarrollo*, La Habana, v. 165, supl. 1, 2021. Disponível em: http://scielo.sld.cu/scielo.php?script=sci_arttext&pid=S0252-85842021000200010&lng=es&nrm=iso. Acesso: 2 dez. 2021.

NAKATANI, P. "China e Cuba na transição ao socialismo". *Jornal dos economistas*, Rio de Janeiro, n. 338, out. 2017. Disponível em: https://www.

corecon-rj.org.br/anexos/9BEA92D85FEC68E66841FEFE438EBDD7.pdf. Acesso: 10. jan. 2022.

ONEI. *Anuario Estadístico de Cuba 2021*: empleo y salarios. La Habana: Onei, 2022. Disponível em: http://www.onei.gob.cu/sites/default/files/07_empleo_y_salario_2021._.pdf. Acesso: 18 jun. 2022.

OXFAM. *Derecho a vivir sin bloqueo*: impactos de las sanciones de Estados Unidos en la población cubana y la vida de las mujeres. Oxfam Internacional, mai. 2021. Disponível em: https://www.clacso.org/wp-content/uploads/2021/05/Informe-Derecho-a-vivir-sin-bloqueo-mayo-2021-reducido.pdf. Acesso: 15 mai. 2022.

PCC – PARTIDO COMUNISTA DE CUBA. Lineamientos de la política económica y social del partido y la revolución. *In:* CONGRESO DEL PARTIDO COMUNISTA DE CUBA, VI, 2011. La Habana. Disponível em: http://www.cuba.cu/gobierno/documentos/2011/esp/l160711i.pdf. Acesso: 13 mai. 2014.

PCC – PARTIDO COMUNISTA DE CUBA. Proyecto de conceptualización del modelo económico y social cubano de desarrollo socialista. Proyecto plan nacional de desarrollo económico y social hasta 2030: propuesta de visión de la nación, ejes y sectores estratégicos. *In:* CONGRESO DEL PARTIDO COMUNISTA DE CUBA, VII, 2016. La Habana. Disponível em: http://www.cubadebate.cu/especiales/2017/07/13/lea-los-textos-definitivos-de-la-conceptualizacion-del-modelo-cubano-y-la-actualizacion-de-los-lineamientos/#.Wt5gzC7wbIU. Acesso: 27 nov. 2017.

PÉREZ, R. T. Cuba: apuntes sobre comercio exterior y covid-19. In.: ROSALES, H. B.; CRUZ, B. A. *Apuntes sobre economía cubana y covid-19.* La Habana: Centro de Estudios de Economía Cubana (CEEC)/Fundación Friedrich Ebert (FES), 2021. Disponível em: https://library.fes.de/pdf-files/bueros/fescaribe/17594-20210428.pdf. Acesso: 21 jul. 2024.

ROSALES, H. B.; CRUZ, B. A. (orgs.). *Apuntes sobre economía cubana y covid-19.* La Habana: Centro de Estudios de la Economía Cubana (CEEC)/Fundación Friedrich Ebert (FES), 2021. Disponível em: https://library.fes.de/pdf-files/bueros/fescaribe/17594-20210428.pdf. Acesso: 21 jul. 2024.

SALAZAR, L. S. *El siglo XXI:* posibilidades y desafios para la Revolución Cubana. La Habana: Editorial de Ciencias Sociales, 2003.

# O *CUENTAPROPISMO* CUBANO: UMA EXPERIÊNCIA EM DESENVOLVIMENTO

Vinicius Querzone[1]

## Introdução

Este capítulo é resultado de uma pesquisa elaborada, e já concluída, no âmbito do mestrado em Política Social. Tal investigação analisou o *cuentapropismo* (trabalho autônomo em Cuba) e seus desdobramentos na recente história do processo de construção do socialismo em Cuba.

Mesmo após o triunfo da Revolução, manteve-se a presença de pequenos e médios negócios privados convivendo com as mudanças pelas quais o país estava passando naquele momento. A presença desses proprietários individuais, por mais inexpressiva que fosse, marcava a heterogeneidade da propriedade em Cuba.

Além da heterogeneidade da propriedade em Cuba, desenvolveu-se, no interior do setor privado, a heterogeneidade como característica-chave do trabalho autônomo, ou *cuentapropismo*.

---

[1] Policial militar, fundador do movimento Policiais Antifascismo no Espírito Santo. Coordenador da Frente de Evangélicos pelo Estado de Direito – Seção ES. Graduado em Educação Física pela Universidade Federal do Espírito Santo (Ufes). Mestre em Política Social pela mesma instituição.

Quando nos referimos à heterogeneidade do *cuentapropismo*, não estamos falando somente das diferentes atividades que se desenvolviam e que se pode desenvolver no interior desse segmento; estamos nos referindo a uma heterogeneidade de outra ordem. Trata-se da diferente posição que esses indivíduos ocupam no interior desse setor: uns são donos dos meios de produção e outros vendem sua força de trabalho.

Devido à singularidade da realidade cubana, o *cuentapropismo* se desenvolveu de maneira muito peculiar. Assim, pode-se verificar dentro do segmento *cuentapropista* a coexistência de pelo menos três frações do *cuentapropismo*: os que possuem os meios de produção, mas não contratam força de trabalho externa; os que possuem os meios de produção e contratam força de trabalho externa; e aqueles que estão submetidos a uma relação de assalariamento – os chamados trabalhadores contratados (Hernández, 2016).

## O Período Especial e o cuentapropismo enquanto "mal necessário"

O Período Especial traz um conjunto de especificidades na dinâmica da vida em Cuba. Os anos 1990 são conhecidos como um tempo de escassez e dificuldades. É justamente nesse período que o trabalho autônomo tem seu primeiro crescimento agudo; nesse contexto, alguns economistas classificam o *cuentapropismo* como um "mal necessário".

O Período Especial foi adotado em 1990 e referendado em 1991 pelo IV Congresso do Partido Comunista Cubano. O objetivo principal era resolver as dificuldades mais patentes sem debilitar em momento algum os benefícios sociais que serviam de amparo para a população cubana (Vengoa; Trujillo, 1996).

Portanto, é a partir da realização do IV Congresso do Partido Comunista Cubano – celebrado em outubro de 1991 – que se começa a introduzir as primeiras reformas, com intuito de enfrentar o período de crise que se iniciava naquele momento. Essas reformas tiveram como elementos centrais as mudanças na forma de propriedade e uma significativa ampliação no trabalho autônomo. Essas mudanças ganharam conformação jurídica e se expressaram juridicamente por meio da Reforma Constitucional de 12 de julho de 1992 (Fernández, 2019).

A Reforma de 1992 representou uma atualização do modelo cubano; mudanças importantes foram realizadas em setores estratégicos da economia, como: usufruto da terra estatal por cooperativas e agricultores, com o objetivo de incrementar a produção agrícola e alimentar; enxugamento da máquina estatal e, concomitantemente, ampliação de atividades econômicas não estatais, estimulando segmentos como o *cuentapropismo*; atração de investimentos estrangeiros (empresas mistas e de capital privado) em diversos setores, principalmente no turismo; abertura para a possibilidade de envio de recursos financeiros por imigrantes etc. Essa atualização econômica visava responder às crescentes pressões internas e internacionais que levaram Cuba a buscar novas formas de custear seus serviços públicos sociais e de assegurar sua autonomia econômica e a soberania nacional (Bello; Barbosa, 2019).

É importante demarcar que a crise desse período tem origem em causas externas, como o colapso da União Soviética[2] e a extinção de todo o campo socialista europeu. O contexto

[2] "A dissolução da URSS em dezembro de 1991 fechou de maneira definitiva, completa e total esse capítulo de colaboração com Cuba e privou a ilha de recursos essenciais para o funcionamento de sua economia" (Vengoa; Trujillo, 1996, p. 110, tradução nossa).

internacional estava sendo modificado de forma repentina naquele momento, fundando o domínio político militar dos Estados Unidos, bem como demarcando um novo cenário da geopolítica, o que, por sua vez, teve implicações diretas na relação com Cuba. Houve interrupção abrupta do desenvolvimento cubano; o comércio exterior, por exemplo, sofreu uma queda de aproximadamente 85% (transações que eram realizadas com a URSS); as fontes de financiamento e os benefícios em preços e subsídios fornecidos pelo bloco soviético encerraram-se bruscamente. Nesse contexto, as condições de existência do povo cubano foram modificadas, exigindo grande esforço e resistência por parte da população na recuperação desse quadro (Paz, 2005; Silva, 2006).

As mudanças ocorridas no sistema internacional trouxeram diversas implicações para Cuba, a saber, a perda do intercâmbio econômico com os países membros do Conselho de Assistência Mútua Econômica (Came), além da perda de 95% da ajuda que o país recebia para o desenvolvimento interno (Paz, 2005).

No interior do Came, Cuba se especializou na exportação de bens primários como açúcar, cítricos e níquel. Essa especialização legou certos benefícios à economia cubana, a exemplo do quantitativo comprado pelo Came entre 1988 e 1989: 63% do açúcar, 73% do níquel e 95% dos cítricos (Molina, 2005). "Em 1989, o comércio com os países membros da Came representava 85% do comércio total" (Molina, 2005, p. 29, tradução nossa). Em um curto período, a Revolução cubana se viu forçada a reorientar sua integração econômica mundial e a enfrentar a globalização neoliberal em curso (Paz, 2005).

Impressiona o fato de a sociedade cubana ter conseguido administrar essa profunda crise econômica, mesmo em meio à hostilidade americana. Buscou-se atender três questões principais: o ajuste do país a uma disponibilidade decrescente de recursos, a modificação de sua inserção econômica internacional e o avanço das mudanças fundamentais na organização da economia interna (Lim Chang; Feria, 2005).

A economia cubana deu seus primeiros passos rumo à recuperação no período demarcado entre 1994 e 2001. Foram traçadas estratégias de saída da crise que integraram tanto as políticas de ajuste e a liberalização da economia como as mudanças de cunho estrutural. Em relação a estas, houve modificação em vários aspectos, como: a diversificação das formas e da estrutura de propriedade dos meios de produção; a implantação de um sistema monetário dolarizado; a alteração na estrutura setorial da economia, alçando o setor do turismo como locomotiva desse processo; e a reorganização da produção de modo geral. Do ponto de vista institucional ocorreram várias mudanças que contribuíram para a recuperação, a exemplo da reforma bancária, criação de uma esfera empresarial operante em divisas e a descentralização administrativa (Paz, 2005).

Desde o início do Período Especial, buscou-se atender a um duplo propósito: a questão da sobrevivência e a estratégia de desenvolvimento. Vale salientar que o ajuste estrutural que teve de ser adotado nessa época não resultou em desdobramento a centralização e concentração de capital transnacional – mecanismo comum nas economias latino-americanas. Ao contrário: no caso cubano, a crise foi enfrentada tendo como princípio a solidariedade e a equidade social (Lara *et al.*, 2017).

A liberalização das atividades *cuentapropistas* foi um dos elementos centrais no enfrentamento da crise. Realizada em setembro de 1993, essa medida legalizou muitas atividades que os cubanos já exerciam no âmbito da clandestinidade como parte de suas estratégias de sobrevivência familiar e pessoal (Ritter, 2000). O *cuentapropismo* foi uma das vias utilizadas pelo Estado para aliviar o problema do desemprego conjuntural e estrutural, e serviu também como complementação ao Estado, nas situações em que este era insuficiente, além de propiciar a captação de moeda livremente conversível (Vengoa; Trujillo, 1996). A ampliação do trabalho autônomo veio como estratégia de fortalecimento econômico e se apresentou, portanto, como uma alternativa de emprego num contexto de crescimento do desemprego e sobrecarga do Estado nas funções econômicas (Sánchez; Cumbrera; Báez, 2015).

Portanto, a situação econômica difícil dos anos 1990 levou o país caribenho a tomar medidas para enfrentar a grave crise, e a expansão das atividades autônomas contabilizou-se como uma das mais significativas delas (Hernández, 2016).

## A primeira década dos anos 2000 e a redução do *cuentapropismo*

Em 2000, se iniciou o programa social denominado Batalha das Ideias; trata-se de uma ofensiva política com intuito de aprofundar a participação de trabalhadores e jovens na Revolução Cubana. O programa tem como aspecto central a ampliação das oportunidades educacionais e o aumento do acesso à cultura como forma de fazer frente ao ideário imperialista norte-americano. A materialização do programa se dá, especificamente, em seis batalhas: o emprego socialmente útil; a seguridade social e a assistência social; a educação; a cultura; a saúde; e o esporte (Mendes; Marques, 2007).

A multidisciplinariedade do programa Batalha das Ideias possibilitou a recuperação significativa dos danos sofridos pela crise do Período Especial. Medidas como o emprego socialmente útil tiveram como objetivo promover o mais alto nível de justiça e igualdade de oportunidade para o povo cubano, pois, como se sabe, não existe igualdade de oportunidade sem igualdade de condições; por meio desse mecanismo, aumentou-se o número de empregos, beneficiando, assim, a maioria da população, sobretudo os mais jovens (Mendes; Marques, 2007).

Os resultados da Batalha de Ideias, seguindo os seis pontos citados, foram aumento da expectativa de vida ao nascer, redução da mortalidade infantil, diminuição da taxa de desemprego, melhora na média do número de habitantes por médico e na taxa de escolarização por idade de 6 a 14 anos. Esses números representam, também, o reflexo de uma economia que iniciava o novo século com mais dinamismo e significativa melhora. Nesse período, segundo a Oficina Nacional de Estadística de Cuba, a taxa de crescimento médio anual do PIB foi de 6,4% (Mendes; Marques, 2007).

Segundo Mendes e Marques (2007), apesar de a economia cubana apresentar um importante crescimento no início dos anos 2000, sobretudo a partir de 2003, os desequilíbrios em decorrência da recessão dos anos 1990 ainda se faziam presentes nesse começo de século – a agricultura é um dos exemplos de setor que não avançou muito nesses anos.

No que tange ao trabalho autônomo, este vinha diminuindo desde o final da década de 1990. De 1997 até 2003, houve uma redução drástica no número de licenças outorgadas, passando de 53% a 23%. A razão para esse decréscimo foi justamente a melhora econômica, pois, com o crescimento da economia, o *cuentapropismo* deixou de ser estimulado durante esse período (Fernández, 2020).

Após essa queda no número de *cuentapropistas* – consequência das medidas adotadas no início da primeira década dos anos

2000 –, as mudanças ocorridas entre o fechamento de 2010 e o início de 2011 nos oferecem dados surpreendentes em relação ao crescimento do número de trabalhadores autônomos. O Decreto-Lei n. 274, bem como a Resolução n. 32/2010[3] do Ministério do Trabalho e Seguridade Social e a Resolução n. 286 de 07/10/2010 do Ministério de Finanças e Preços trataram de ampliar o *cuentapropismo* (Harnecker, 2011).

## Os Lineamentos de 2011 e a consolidação do *cuentapropismo*

A expansão do trabalho autônomo, em decorrência das reformas estruturais realizadas em 2011, teve como antecedentes os debates impulsionados por Raúl Castro desde 2007; na ocasião, o líder cubano defendeu que houvesse diversas formas de propriedade no interior da experiência socialista em Cuba (Mesa-Lago, 2013).

Em 08 de novembro de 2010, durante a cerimônia que comemorava o décimo aniversário do acordo de cooperação entre Cuba e Venezuela, Raúl Castro anunciou que no dia seguinte seria publicada a proposta de atualização do modelo econômico e social da transição socialista cubana com o título Lineamentos da Política Econômica e Social do Partido e da Revolução. O documento seria exaustivamente discutido pela população (Ruz, 2010).

No que tange aos problemas internos, a análise realizada pelo projeto Lineamentos da Política Econômica e Social do Partido Comunista de Cuba abarcou fatores como baixa efi-

[3] "Um ano depois, foi substituída pela Resolução n. 33/2011, do Ministério do Trabalho e Seguridade Social, 'Regulamentos sobre o exercício do trabalho autônomo. O objetivo de todas essas reformas foi ampliar e flexibilizar as atividades autônomas" (Fernández, 2019, p. 332, tradução nossa).

ciência, descapitalização da base produtiva e infraestrutura, envelhecimento e estagnação no crescimento populacional (PCC, 2010). Nos Lineamentos se referendou o sistema de planificação socialista da economia; contudo, levou-se em conta a influência do mercado na economia nacional cubana. O Lineamento número 2 ressalta a importância estratégica dos trabalhadores autônomos e afirma que essa modalidade, junto com outras, deve contribuir para a elevação da eficiência. A ampliação do *cuentapropismo* é uma das preocupações firmadas nos Lineamentos e é uma proposta que aparece como alternativa de emprego diante da complexa realidade cubana (PCC, 2011).

Em síntese, os Lineamentos de 2011 apontaram para a atualização do modelo econômico e social cubano, objetivando dar continuidade ao projeto de construção do socialismo com ampliação do espaço concedido às formas não estatais da propriedade sobre os meios de produção no interior da economia cubana. Para isso, delineou-se a ressignificação do papel da empresa estatal na estrutura do Estado e adotou-se uma nova metodologia na dinâmica da planificação econômica. Além de trazer mais objetividade para a economia, a atualização pretendeu abarcar o conjunto das diferentes formas de propriedade, respeitando a autonomia das empresas sobre as decisões de produção e comercialização (PCC, 2011).

A flexibilização do *cuentapropismo* foi promovendo diversos desdobramentos na realidade cubana – por exemplo, se na década de 1990 esse segmento era tido como um mal necessário, e muitos o enxergavam com certo receio, ao longo dos anos, e mais precisamente após as reformas de 2011, houve uma metamorfose na relação com esse setor. O trabalho autônomos, portanto, passa a ser visto como plenamente compatível com a esfera pública, e sua consolidação não é vista como contraditória em relação à transição socialista (Fernández, 2019).

## A nova Constituição e o plano de atualização do modelo cubano

Desde o Período Especial, Cuba vem lidando de forma desafiadora com diferentes atores econômicos que surgem como solução para os problemas da ilha e, ao mesmo tempo, complexificam a malha social. Trata-se de investidores capitalistas estrangeiros, trabalhadores cubanos que são funcionários de empresas mistas, trabalhadores autônomos, campesinos individuais, cooperados e usufrutuários de terras. A relação entre esses agentes econômicos se desenvolveu, por vezes, com expectativas diferentes e até mesmo incompatíveis com aquilo que estava firmado na Constituição socialista de 1976. Dessa forma, o surgimento desses novos atores na paisagem cubana resultou em um conjunto de mudanças que emergiu com intuito de enfrentar inúmeros desafios; essas alterações tiveram como expressão jurídica máxima a revogação do texto constitucional de 1976 e a proclamação da Constituição de 2019 (Bello; Barbosa, 2019).

A Constituição de 2019 traz em si, do início ao fim,[4] a reafirmação do caráter socialista do sistema econômico cubano. O texto referenda os princípios essenciais da propriedade socialista ao mesmo tempo que legitima e reconhece a propriedade privada, o papel do mercado e a regulação estatal sobre os investimentos estrangeiros em Cuba (Bello; Barbosa, 2019).

---

4 A expressão "socialista" aparece 22 vezes na Constituição cubana de 2019. O termo está presente desde o preâmbulo até o último artigo (Cuba, 2019).

Uma das metas da Constituição cubana de 2019 era dar respaldo jurídico e fortalecer, enquanto diretriz máxima, as previsões de promoção do desenvolvimento econômico nos termos da *Conceptualización del Modelo Económico y Social Cubano de Desarrollo Socialista* e do *Plan Nacional de Desarrollo Social Hasta 2030*: Propuesta de Visión de la Nación, Ejes y Sectores Estratégicos (Bello; Barbosa, 2019). O documento denominado *Conceptualización Del Modelo Económico y Social Cubano de Desarrollo Socialista* é, em última instância, um plano de atualização do modelo cubano que foi apresentado no VII Congresso do PCC em abril de 2016 e aprovado pelo Comitê Central do Partido Comunista Cubano e pela Assembleia Nacional do Poder Popular em 2017; trata-se de um documento norteador para seguir avançando na materialização plena da nação que se deve construir. Isto é, uma nação independente, soberana, socialista, democrática, próspera e sustentável. Os avanços nessa direção se darão mediante ao *Plan Nacional de Desarrollo Social Hasta 2030*: Propuesta de Visión de la Nación, Ejes y Sectores Estratégicos. Nesse documento encontram-se, também, as principais definições sobre os propósitos, objetivos e estratégias gerais para se promover as políticas de desenvolvimento nacional em Cuba. Ambos os documentos foram analisados e aprovados no VII Congresso do PCC (PCC, 2017).

O modelo de atualização deixa explícito que as leis do mercado não exercem protagonismo na vida econômica e social de Cuba; portanto, o mercado é regulado e tributado, e sua atuação deve atender as necessidades econômicas e sociais do país. Dito de outra forma, nessa dinâmica o mercado possui autonomia relativa, e sua atuação fica circunscrita às diretrizes da planificação e do que foi planejado para se alcançar em curto, médio e longo prazos (PCC, 2017).

No que concerne aos valores em que devem estar embasadas as formas de gestão não estatal, é tarefa do Partido Comunista Cubano, da União da Juventude Comunista e da Central de Trabalhadores de Cuba fortalecer, fomentar e buscar consolidar as perspectivas político-ideológicas e os valores éticos e morais próprios do socialismo em direção aos trabalhadores das diferentes formas de gestão não estatal (PCC, 2016).

Além disso, cabe ao PCC fazer o enfrentamento – de diversas formas e em todos os âmbitos – às tentativas de subversão político-ideológica e à difusão de plataformas políticas neoliberais e de restauração do capitalismo. Portanto, existe a preocupação de identificar os setores e segmentos mais vulneráveis à ação inimiga e combater as perspectivas que são contrárias à essência da Revolução (PCC, 2016b).

Outro elemento a se considerar na conjuntura recente de Cuba é seu ordenamento monetário. A existência de duas moedas, CUC (peso conversível fixado com o dólar) e CUP (*moneda nacional*), cumpriu seu papel histórico durante a década de 1990, pois com a queda do campo socialista houve uma perda brusca de mais de 30% do PIB, e, com isso, o peso cubano não teve respaldo na economia real e foi perdendo suas funções; como a moeda-base deixou de exercer suas funções (meio de pagamento, unidade de conta e reserva de valor), foi criada, nesse contexto, outra moeda. A existência dessas duas moedas entre 1994 e 2020 teve função contraditória, contando com desdobramentos positivos e negativos para a economia cubana (Falcón *et al.*, 2020; Herrera; Nakatani, 2003).

Em outubro de 2020, eliminou-se o peso conversível (CUC) do cenário econômico cubano, um marco para economia do país. Uma das questões que se buscou solucionar foi a desvantagem das empresas estatais socialistas em relação ao setor não estatal. A vantagem do setor não estatal se dava por trabalhar no circuito monetário em que a taxa de câmbio era de 1 para 25 (1x25), ao mesmo tempo que era regida pela paridade de CUC com o peso cubano. A unificação monetária e cambiária procurou, portanto, sanar essa importante distorção (Falcón *et al.*, 2020; PCC, 2016a).

Em meio a todas essas modificações, o *cuentapropismo* continua sendo uma importante opção de emprego em Cuba. Em 2021, representou 13% da ocupação do país. No final de 2020, havia 602.415 trabalhadores autônomos em Cuba; em março de 2021, o quantitativo era de 607.429 pessoas; desse total, 212.536 eram mulheres, ou seja, 35% (Cepal, 2021).

Segundo Fernández (2021), cerca de 65% dos *cuentapropistas* estão concentrados em seis províncias: Havana, Santiago de Cuba, Matanzas, Villa Clara, Camagüey e Holguín. Vale ressaltar que essa configuração tem se mantido estável nos últimos anos. As licenças outorgadas estão concentradas, em sua maioria, nas seguintes atividades: trabalhador contratado (25%), alimentação (9%), transporte (8%), locação (5%) e agente de telecomunicações (5%).

Ao longo dos anos, percebeu-se que o *cuentapropismo* teve momentos de expansão, estabilização e leves retrações. Sua primeira grande expansão se deu no início da década de 1990; na primeira década do século XXI, tem-se uma estabilização seguida de uma leve contração, e após os Lineamentos aprovados em 2011 nota-se um novo crescimento.

## O *cuentapropismo* no contexto pandêmico e as mudanças mais recentes

A economia cubana já vinha passando por um processo de contração desde o segundo semestre de 2019; a chegada da pandemia de covid-19, assim como o recrudescimento do bloqueio econômico e comercial somado à agudização dos desequilíbrios internos, fez com que o ano de 2020 apresentasse uma queda econômica de 10,9%, a pior das duas últimas décadas (Cepal, 2021).

Em relação ao recrudescimento do bloqueio, vale ressaltar que,

> durante o Governo do presidente Trump nos Estados Unidos, se ativaram mais de 240 medidas coercitivas no marco do bloqueio que esse país mantém sobre Cuba, que se mantém em vigor até agora. Para Cuba, essas restrições aprofundam os múltiplos desafios impostos pela pandemia de covid-19 e multiplicam seus efeitos adversos nos âmbitos socioeconômico, sanitário e financeiro. Essas medidas têm sido um obstáculo, em repetidas ocasiões, à chegada de ajuda humanitária no país. De acordo com o relatório mais recente do governo cubano, entre abril e dezembro de 2020 o bloqueio causou perdas da ordem de 3,587 milhões de dólares, um valor que mais do que dobra o valor de exportações de mercadorias feitas por Cuba em 2020. (Cepal, 2021, p. 4, tradução nossa)

Cuba iniciou o ano de 2021 com sérios problemas nas finanças públicas, apesar de uma incipiente melhora econômica. Em 2020 a receita total do governo havia caído 20,1% em termos reais, e tanto as receitas tributárias quanto as não tributárias diminuíram 20,6% e 18,6%, respectivamente. Apesar desse contexto, os gastos registraram aumentos nas áreas de assistência social, educação, saúde, ciência e inovação tecnológica, entre outras. Inclusive, muitos gastos desse período estão relacionados com a pandemia, a exemplo do investimento no desenvolvimento de cinco vacinas já nos primeiros meses de 2021; como medida de emergência, duas dessas vacinas (Abdala e Soberana 02, já com a terceira fase dos ensaios concluída) foram aplicadas em maio de 2021 (Cepal, 2021).

Em 2021, os trabalhadores autônomos tiveram suas atividades suspensas por seis meses, em decorrência dos efeitos da pandemia. Além disso, no fechamento do ano anterior, o turismo internacional obteve uma queda de 74,6%, afetando o setor de serviços e, por conseguinte, atingindo os *cuentapropistas*. Uma das medidas compensatórias adotadas pelo governo foi a interrupção do pagamento anual de imposto sobre os ganhos pessoais dos *cuentapropistas* (Cepal, 2021).

Hernández (2020) considerou insuficiente apenas suspender o pagamento de impostos aos *cuentapropistas* durante o período de restrições em consequência da pandemia. Para o autor, as medidas adotadas para os trabalhadores autônomos deveriam ser semelhantes àquelas para os trabalhadores estatais: recebimento de 100% do salário no primeiro mês, em caso de paralisação total, e 60% enquanto durar a excepcionalidade.

Uma consequência possível do período pandêmico pode ser a reconfiguração da atuação dos *cuentapropistas*; os governos territoriais pretendem incentivar os trabalhadores autônomos a participarem dos projetos de desenvolvimento local e territorial e, além disso, buscarão esses trabalhadores para auxiliar na solução de problemas locais e comunitários. Portanto, como alternativa de solução dos diversos problemas causados pela pandemia, surge a integração dos projetos de desenvolvimento local acoplados aos interesses dos trabalhadores autônomos; entre as atividades no interior desses projetos, temos a produção de alimentos e a política de substituição de importações e exportações. Ademais, o planejamento de ações para implementação das políticas locais pós-pandemia incluirá a participação dos *cuentapropistas* nos programas de desenvolvimento local e territorial (Fernández, 2021).

O segmento dos *cuentapropistas* apresentou muitas fragilidades durante seus anos de consolidação. As principais queixas dos trabalhadores autônomos eram as seguintes: falta de reconhecimento jurídico de seus negócios; margem reduzida de atuação, uma vez que se tinha de operar obedecendo a uma lista de atividades permitidas; impostos altos; ausência de um mercado atacadista, o que acabou por elevar os preços dos serviços e produtos; ausência de um sistema financeiro especializado em pequenos negócios; excesso de burocracia na aquisição das licenças; e rigidez nas inspeções e fiscalizações (Fernández, 2021).

O Decreto-Lei 44/2021 atualiza as disposições gerais para o exercício do trabalho autônomo. Nele se regulam, também, os procedimentos de tramitação para as autorizações que, a partir de então, passaram a ser autorizadas pela *Oficina de Trámites*, criada para esse fim. No segundo artigo dessa lei há a conceituação do *cuentapropismo* nos seguintes termos: "O trabalho autônomo é a atividade ou as atividades que, de forma autônoma, realizam as pessoas físicas, proprietários ou não dos meios e objetos de trabalho que utilizam para prestar serviços e para produção de bens" (GOC, 2021a, p. 2694, tradução nossa).

O Decreto-Lei 44/2021 manteve a nomenclatura para os trabalhadores que são subordinados aos *cuentapropistas* empregadores, ou seja, ambos são *cuentapropistas* ou trabalhadores autônomos, apesar de, nessa relação, se constituir um processo de heterônoma entre contratados e contratantes. Ademais, a lei prevê que os *cuentapropistas* contratados podem ter mais de um vínculo contratual com empregadores diferentes, desde que sejam em horários diferentes. Ressalta-se que a autorização para o trabalho autônomo, tanto dos empregados quanto dos empregadores, é pessoal e intransferível (GOC, 2021a).

As micro, pequenas e médias empresas (Mipymes) são uma das novidades mais recentes no cenário cubano. Elas chegaram com uma regulamentação específica que, além de cumprir o papel de direcionamento jurídico, serve também como elemento de diferenciação em relação aos trabalhadores autônomos. Esses dois atores econômicos podem até se confundir em termos de tamanho e quantitativo de trabalhadores, já que no estabelecimento do número de membros considerou-se microempresa aquela composta por 1 até 10 pessoas; a pequena empresa comporta entre 11 e 35 pessoas; e, acima disso, já pode-se falar em média empresa, de 36 a 100 pessoas. Até a regulação mais recente dos *cuentapropistas* (Decreto-Lei 44/2021), muitos pequenos negócios possuíam configuração parecida; por isso, a partir das novas disposições, muitos *cuentapropistas* terão de converter o seu negócio em Mipyme; foi estabelecido o prazo de um ano para a modificação – que, diga-se de passagem, se encerrou em agosto de 2022 (Figueredo; Ferrer, 2021).

Segundo Gil Fernández, as Mipymes, e até mesmo as cooperativas não agropecuárias (CNA), podem proporcionar maior autonomia e melhores possibilidades de gestão do que o modelo do *cuentapropismo* (Falcón *et al.*, 2021).

No bojo dessas alterações, uma antiga reivindicação dos *cuentapropistas* foi alcançada no início de 2021. Até esse momento, os trabalhadores autônomos tinham suas atividades restringidas em listas que, vez por outra, se flexibilizavam, porém a margem de atuação permanecia circunscrita a um número reduzido de pequenos negócios que se podia estabelecer na ilha.

No decurso da alteração, o número de atividades permitidas era de 127; essa lógica foi invertida e, em vez de se ter um conjunto de atividades permitidas, decidiu-se estabelecer uma lista com 112 ocupações proibidas. Com essa importante modificação, os *cuentapropistas* poderão se dedicar a mais de duas mil atividades; em outras palavras, se antes a amplitude de atuação do setor privado era reduzida e estreita, a partir de então as possibilidades se multiplicaram em muito, dentro do conceito de permitir tudo o que não é proibido (Efe, 2021).

A lista de atividades proibidas foi publicada por meio do Decreto 49/2021. As disposições gerais deste submetem às Mipymes e às CNAs as mesmas restrições quanto ao número de atividades vetadas para os *cuentapropistas*. As restrições vão desde o setor educacional e o de saúde, passando pelo setor industrial, de energia, de defesa e pelas telecomunicações, setores esses considerados estratégicos para o Estado cubano (GOC, 2021b).

Após os devidos ajustes e enquadramentos das Mipymes e dos trabalhadores autônomos, a demarcação conceitual do que é o *cuentapropismo* fica mais precisa; antes dessas alterações seu sentido era distorcido, uma vez que, em decorrência do tamanho das atividades e da dinâmica e da operacionalidade dos negócios autônomos, muitos poderiam ser classificados como empresas (Reinaldo; Ferrer, 2021).

Com as mudanças recentes, as formas de propriedade em Cuba ficam configuradas da seguinte maneira: empresa estatal socialista; cooperativas não agropecuárias; Mipymes; e trabalhadores autônomos (Falcón *et al.*, 2021). Numa entrevista concedida em junho de 2021, Alejandro Gil Fernández, vice-primeiro-ministro e chefe do Ministério de Planejamento Econômico, afirmou que, até aquele momento, existiam mais de 600 mil trabalhadores autônomos em Cuba, e, desse total, mais de 120 mil eram trabalhadores contratados (Falcón *et al.*, 2021).

Um dos maiores desafios de Cuba para os próximos anos é fazer com que a gestão da propriedade não estatal cumpra com o objetivo para o qual foi concebida: contribuir para a eficiência econômica e o desenvolvimento econômico e social do país. Em outras palavras: contribuir para o bem comum.

## Conclusões

Antes de realizar quaisquer apontamentos com base no que foi exposto até qui, é preciso demarcar que Cuba é uma sociedade socialista em processo de formação. O que isso significa? Trata-se de uma sociedade que está orientada a superar o sistema capitalista em todas as suas dimensões: econômica, política, social e cultural. Contudo, ainda há elementos do modo de produção capitalista presentes em Cuba, uma vez que a transição para o socialismo não foi completada. Além disso, é preciso considerar que o modo de produção capitalista e seu processo de desumanização ainda predominam em escala planetária, ou seja, a divisão internacional do trabalho e a dependência têm consequências diretas na ilha.

Além disso, não é possível fazer qualquer análise séria e rigorosa da realidade cubana sem levar em consideração os efeitos do criminoso bloqueio econômico realizado por parte do imperialismo ianque desde 1961, e que, portanto, suas consequências se fazem presentes até os dias de hoje. Claro, não devemos absolutizar nenhum elemento e nenhuma determinante que, por meio de seus desdobramentos, promovam efeitos sobre a realidade cubana. Por outro lado, desconsiderar os resultados de um elemento que inegavelmente constitui e atravessa a vida do povo cubano é escamotear a realidade. Portanto, nossa análise levou em consideração não só as determinantes internas, mas também questões externas que estão acima da competência do governo e da gestão do Estado cubano.

O contexto externo internacional influenciou diretamente a realidade da ilha, a saber: a queda do campo soviético, a ascensão do neoliberalismo e o novo desenho da geopolítica mundial, uma vez que, daquele momento em diante, não se podia mais contar com o apoio do Came; isto é, o país teve de reorientar sua integração econômica total e completamente. Internamente se realizou um conjunto de mudanças e se inaugurou o Período Especial, e com ele veio uma sequência de modificações importantes.

Não podemos afirmar que o *cuentapropismo* foi o principal responsável pela superação da crise instalada no Período Especial; contudo a ampliação do *cuentapropismo* foi um dos elementos fundamentais no bojo da estratégia de saída da crise. Dito de outra forma, a ampliação do *cuentapropismo* compôs o pacote de medidas elaborado como estratégia de superação do Período Especial. Além disso, o alargamento do *cuentapropismo* nesse momento se deu pela insuficiência do setor estatal em atender a determinadas demandas por serviços e produtos.

Para além das medidas econômicas adotadas durante o Período Especial, os valores éticos e morais cultivados durante o processo revolucionário também contribuíram significativamente para lidar com essa fase; eles estavam cimentados e se expressavam em objetivos como o de "superar a crise com o menor custo social possível" (García, 2000, p. 5, tradução nossa). O país adotou esse objetivo como máxima justamente porque teve como princípios norteadores da Revolução a solidariedade e a equidade social.

A atualização proposta nos Lineamentos de 2011 surgiu para dar respostas a problemas internos, como baixa eficiência, descapitalização da base produtiva e infraestrutura, envelhecimento e estagnação no crescimento populacional. Todos esses problemas de ordem interna foram analisados levando em consideração as consequências do contexto externo na economia cubana: a crise econômica, energética, alimentar e ambiental que afetou – sobretudo – os países dependentes.

Em 2016, na ocasião do VII Congresso do Partido Comunista de Cuba, o curso das atualizações ganhou novos contornos. Desse congresso irrompeu o mais recente processo de atualização no qual Cuba está inserido. Essa atualização contou com um planejamento de curto, médio e longo prazos. A atualização inaugurada no VII Congresso se expressou por meio de um conjunto de documentos aprovados nessa ocasião; vale citar, a título de exemplo, a "Conceitualização do Modelo Econômico e Social Cubano de Desenvolvimento Socialista".

Constatamos que o país caribenho, apesar de todas as suas limitações e contradições, enfrentou a pandemia dcom muita eficiência e engenhosidade. Os *cuentapropistas* foram incluídos no planejamento de ações para implementação das políticas locais pós-pandemia, e se espera que os trabalhadores autônomos contribuam, dentro dos seus limites, para a solução dos diversos problemas causados pela pandemia.

Averiguamos que no ano de 2021 o segmento *cuentapropista* passou por mais um conjunto de alterações. Essas modificações foram normatizadas por meio de leis, como o Decreto-Lei 44/2021 e o Decreto 49/202. Dessas leis, cabe um destaque especial para o Decreto 49/2021. Foi por meio deste que se formalizou a maior ampliação no número de atividades *cuentapropistas* permitidas até o presente momento. Isto é, o Decreto 49/2021 extinguiu a lista de atividades permitidas – que naquele momento contava com 127 atividades – e se estabelece uma lista com 112 atividades proibidas; assim, os *cuentapropistas* podem se dedicar a mais de duas mil atividades, e sua margem de atuação, portanto, se expandiu consideravelmente.

Esse é o quadro atual das atividades autônomos em Cuba. Em nossa investigação, analisamos, portanto, os diferentes cenários em que esse segmento esteve inserido, a maneira com que essa forma de propriedade foi se metamorfoseando ao longo dos anos e as últimas alterações e mudanças abrangendo o segmento dos trabalhadores autônomos.

Tratando-se de um objeto que está em constante movimento – em que diferentes elementos emergiram de seu processo de consolidação nos últimos anos e que, além disso, está inserido num projeto de sociedade que está em construção –, não se deve oferecer conclusões definitivas e verdades acabadas, o que nos aponta para a pertinência de continuar o processo de investigação levantando dados e informações que enriqueçam o debate e iluminem cada vez mais o objeto em questão.

A experiência cubana nos mostra que o processo de construção do socialismo é prolongado, heterogêneo, complexo e contraditório. As profundas transformações na estrutura política, econômica e social da ilha se fazem, no dizer de Raúl Castro, "sem pressa, mas sem pausa".

## Referências

BELLO, E.; BARBOSA, M. L. "A Constituição da República de Cuba de 2019: ampliação democrática e regulação econômica como desafios do tempo presente ao socialismo real". *Revista de Estudos e Pesquisas sobre as Américas*, v. 13, n. 3, p. 175-206, 2019. Disponível em: https://periodicos.unb.br/index.php/repam/article/view/27416. Acesso: 6 jun. 2024.

CEPAL. *Estudio económico de América Latina y el Caribe – 2021*. Disponível em: https://repositorio.cepal.org/bitstream/handle/11362/47192/67/EE2021_Cuba_es.pdf. Acesso: 15 jun. 2022.

CUBA. *Constitución de la República de Cuba*. La Habana: Ministerio de Justicia, 2019. Disponível em: https://siteal.iiep.unesco.org/sites/default/files/sit_accion_files/11168.pdf. Acesso: 21 jul. 2024.

EFE. "Cuba publica la lista de actividades prohibidas para el sector privado". *On Cuba News*, fev. 2021. Disponível em: https://oncubanews.com/cuba/cuba-publica-la-lista-de-actividades-prohibidas-para-el-sector-privado/. Acesso: 14 ago. 2022.

FALCÓN, R. A. *et al.* Ordenamiento monetario, clave en la nueva estrategia socioeconómica de Cuba. *Cubadebate*. Disponível em: http://www.cubadebate.cu/noticias/2020/10/13/ordenamiento-monetario-clave-en-la-nueva--estrategia-socioeconomica-de-cuba/. Acesso: 3 set. 2022.

FALCÓN, R. A. *et al.* Mipymes: Poner a los actores de la economía en el lugar que les corresponde. *Cubadebate*. La Habana. 18 jun. 2021. Disponível em:http://www.cubadebate.cu/noticias/2021/06/18/mipymes-poner-a-los--actores-de-la-economia-en-el-lugar-que-les-corresponde-video/Acesso: 12 de ago de 2022.

FERNÁNDEZ, A. N. "Régimen de propiedad y trabajo por cuentapropia en Cuba: de 1959 a la nueva Constitución de 2019". *Estudios de Deusto*, v. 67, n. 1, p. 315-350, jul. 2019. Disponível em: http://dx.doi.org/10.18543/ed-67(1)-2019pp315-350. Acesso: 21 fev. 2022.

FERNÁNDEZ, I. D. "Emprendimiento en Cuba ¿enfocado al desarrollo económico?". *Economía y Desarrollo*, La Habana, v. 164, n. 2, jul.-dez. 2020. Disponível em: https://www.redalyc.org/articulo.oa?id=425565064009. Acesso: 21 jul. 2024.

FERNÁNDEZ, I. D. "Trabajo por Cuenta Propia: pre y pos covid-19". *In:* ROSALES, H. B.; CRUZ, B. A. (orgs.) *Apuntes sobre economía cubana y covid-19*. La Habana: Universidad de La Habana, Centro de Estudios de la Economía Cubana (CEEC); Fundación Friedrich Ebert (FES), 2021. FIGUEREDO, O. R.; FERRER, L. I. "Mipymes, cooperativas no agropecuarias y trabajo por cuenta propia: ¿Qué dicen las nuevas normas?". *Cubadebate*, La Habana, ago. 2021. Economía. Disponível em: http://www.cubadebate.cu/noticias/2021/08/20/mipymes-cooperativas-no--agropecuarias-y-trabajo-por-cuenta-propia-que-dicen-las-nuevas-normas/. Acesso: 12 ago. 2021.

GARCÍA, J. L. R. *La experiencia exitosa de la planificación en Cuba*. La Habana: ILPES MEP – Seminario Funciones básicas de la Planificación, 2000.

GOC – GACETA OFICIAL DE LA REPÚBLICA DE CUBA. "Decreto-Ley 44/2021 Sobre el ejercicio del Trabajo por Cuenta Propia (GOC-2021-

775-O94)". *Gaceta Oficial*, La Habana, n. 94, Ed. Ordinaria, p. 2694-2703, ago. 2021a. Disponível em: https://www.gacetaoficial.gob.cu/sites/default/files/goc-2021-o94.pdf. Acesso: 20 jul. 2022.

GOC – GACETA OFICIAL DE LA REPÚBLICA DE CUBA. "Decreto 49/2021: de las actividades a realizar por las micro, pequeñas y medianas empresas privadas, cooperativas no agropecuarias y trabajadores por cuenta propia". *Gaceta Oficial*, La Habana, n. 94, Ed. Ordinaria, p. 2755-2757, ago. 2021b. Disponível em: https://www.gacetaoficial.gob.cu/sites/default/files/goc-2021-o94.pdf. Acesso: 14 ago. 2022.

HARNECKER, C. P. "Empresas no estatales en la economía cubana: potencialidades, requerimientos y riesgos". Universidad de La Habana, Centro de Estudios de Economía Cubana, Universidad de La Habana, La Habana, n. 272, 2011.

HERRERA, R.; NAKATANI, P. "A dolarização cubana: elementos de reflexão para uma desdolarização". *Revista Venezolana de Análisis de Coyuntura*, Caracas, v. IX, n. 2, p. 277-296, jul.-dez. 2003. Disponível em: https://www.redalyc.org/articulo.oa?id=36490214. Acesso: 28 maio 2022.

HERNÁNDEZ, H. C. Trabajo por cuenta propia en tiempos de la covid-19. *Rebelión*, 22 abr. 2020. Disponível em: https://rebelion.org/trabajo-por-cuenta-propia-en-tiempos-de-la-covid-19/. Acesso: 25/08/2022.

HERNÁNDEZ, H. C. Criterios para la clasificación del denominado sector por cuenta propia (TCP) en Cuba: MPYMES en La Habana. Disponível em: https://www.researchgate.net/publication/323918183. Acesso: 05/11/2020.

PCC – PARTIDO COMUNISTA CUBANO. Informe central al VII Congreso del Partido Comunista de Cuba. La Habana, 2016a. Disponível em: http://congresopcc.cip.cu/wp-content/uploads/2021/04/Informe-central-VII-congreso.pdf. Acesso: 28 mai. 2022.

LARA, J. B. *et al. Cuba*: Período Especial. La Habana: Editorial UH, 2017.

LIM CHANG, U. N.; FERIA, U. P. *La economía informal en Cuba*. Santiago: Facultad de Ciencias Económicas y Empresariales, Universidad de Oriente, 2005.

MENDES, Á. N.; MARQUES, R. M. *Cuba e a Batalha das Ideias*: um salto para frente. *In:* XII Encontro Nacional de Economia Política, 2007, São Paulo. CD Rom do XII Encontro Nacional de Economia Política. São Paulo: SEP, 2007.

MESA-LAGO, C. "Los cambios en la propiedad en las reformas económicas estructurales de Cuba". Revista Espacio Laical, n. 223, fev. 2013.

MOLINA, J. M. G. *La economía cubana desde el siglo XVI al XX*: del colonialismo al socialismo con mercado. CEPAL - Serie Estudios y Perspectivas – Sede Subregional de la CEPAL en México n. 28. México, D. F., fev. 2005.

PAZ, J. V. "Cuba en el 'Periodo Especial': de la igualdad a la equidad". *In:* TULCHIN, J. S. *et al.* (eds.). *Cambios en la sociedad cubana desde los noventa*. Pensilvania; Washington: Woodrow Wilson International Center for Scholars, 2005.

PCC – PARTIDO COMUNISTA CUBANO. "Proyecto delineamientos de la política económica y social del PCC". *Cubadebate*, La Habana, nov. 2010. Disponível em: http://www.cubadebate.cu/noticias/2010/11/09/descargue--en-cubadebate-el-proyecto-de-lineamientos-de-la-politica-economica-y--social-del-pcc/. Acesso: 6 nov. 2021.

PCC – PARTIDO COMUNISTA CUBANO. Información sobre el resultado del Debate de los lineamientos de la Política Económica y Social del Partido y la Revolución. Disponível em: http://lapupilainsomne.jovenclub.cu/wp-content/uploads/2011/05/tabloide_debate_ lineamientos.pdf. Acesso: 6 nov. 2021.

PCC – PARTIDO COMUNISTA CUBANO. Conceptualización del Modelo Económico y Social Cubano de Desarrollo Socialista. Habana: [s.n.], 2017. Disponível em: https://www.granma.cu/file/pdf/gaceta/Conceptualizaci%C3%B3n%20del%20modelo%20economico%20social%20Version%20Final.pdf. Acesso: 21 mai. 2022.

PCC – PARTIDO COMUNISTA CUBANO. Resolución del 7mo. Congreso del Partido acerca del cumplimiento de los Objetivos de Trabajo aprobados por la Primera Conferencia Nacional y las Directrices del Primer Secretario. 2016b. Disponível em: https://www.pcc.cu/sites/default/files/tesis-resoluciones/2020-07/resolucion_sobre_el_cumplimiento_de_los_objetivos_de_trabajo.pdf. Acesso: 1 jun. 2022.

RITTER, A. "El régimen impositivo para la microempresa en cuba". *Revista de la Cepal*, v. 71, p. 145-162, ago. 2000. Disponível em: https://biblioteca.hegoa.ehu.eus/downloads/9423/%2Fsystem%2Fpdf%2F364%2FRegimen_impositivo_para_la_microempresa_en_Cuba.pdf. Acesso: 6 jun. 2024.

RUZ, R. C. "Discurso pronunciado por el compañero Raúl Castro Ruz, Presidente de los Consejos de Estado y de Ministros. Acto Conmemorativo del Décimo Aniversario del Convenio Integral de Cooperación Cuba-Venezuela, 2010". *Política y gobierno*: Discursos Discursos del Presidente Raúl Castro Ruz, La Habana: Portal Cuba. Disponível em: http://www.cuba.cu/gobierno/rauldiscursos/2010/esp/r081110e.html. Acesso: 02 dez. 2021.

SÁNCHEZ, A. F. A.; CUMBRERA, J. M. M.; BÁEZ, J. L. O. "El trabajo por Cuenta Propia, incidencias en el nuevo relanzamiento en la aplicación del modelo económico de Cuba en el siglo XXI". *Prisma Jur.*, São Paulo, v. 14, n. 1, p. 59-91, jan.-jun. 2015. Disponível em: https://periodicos.uninove.br/prisma/article/view/3890/3079. Acesso: 6 jun. 2024.

SILVA, M. A. *Cuba e a eterna guerra fria*: isolamento ou reinserção? Tese (Doutorado Programa de Pós-Graduação em Integração da América Latina) – Universidade de São Paulo (USP), São Paulo, 2006.

VENGOA, H. F.; TRUJILLO, R. A. *El ajuste en Cuba*: ¿medidas de sobrevivencia o nuevo modelo de desarrollo? Bogotá: Universidad Nacional de Colombia y la Universidad de los Andes, 1996.

# POLÍTICA DE EMPLEO EN LA REVOLUCIÓN CUBANA: PRINCIPALES AVANCES CONQUISTADOS POR LAS CUBANAS

Arelys Esquenazi Borrego[1]

## Introducción

En Cuba a partir del triunfo de la Revolución en el año 1959 se avanza hacia una paulatina transformación del rol de las mujeres en la sociedad. El proceso revolucionario y la principal organización social y de masas creada para agrupar a la mayoría de las mujeres en el país, la Federación de Mujeres Cubanas (FMC), instarían sobre la necesidad de las mujeres liderar su propia lucha (Castro, 1974; FMC, 1987). En consonancia, el ambicioso y complejo proceso de transformación de la realidad, para y por las mujeres, no se asumiría como algo independiente o posterior al período de transición socialista en Cuba. Por el contrario, ello fue asumido como condición y resultado del proceso de transición socialista en curso.

Dicha agenda de cambios se traduciría en un conjunto de políticas, programas y acciones direccionadas específicamente

[1] Economista. Doutora em Política Social pela Universidade Federal do Espírito Santo (Ufes). Professora do Departamento de Economia da Ufes. Email: arelyseb@gmail.com

hacia las mujeres. Paralelamente, se intenta articular transformaciones desde diversos ámbitos: marco legal e institucional, política social, participación política, subjetividad social, entre otros (Álvarez, 2016). Específicamente, la política social ha sido un área en la que se han implementado relevantes cambios orientados al logro de la igualdad de género. Cambios en esferas como educación, salud, empleo, asistencia y seguridad social, etc. han impactado directa o indirectamente en la reconfiguración de la situación de vida y el rol social de las cubanas (César, 2005). Por su parte, los cambios en la política social han servido como base, y han sido consustanciales, a la transformación impulsada en la esfera laboral.

El presente capítulo tiene por objetivo analizar la transformación de la política de empleo a partir de los cambios potenciados por la Revolución, y las propias cubanas, en la esfera laboral. En términos de estructura, en el primer ítem del capítulo se aborda la situación de las cubanas en la esfera laboral antes de 1959. En un segundo apartado, se sistematiza algunas de las principales legislaciones, programas y acciones que se han implementado desde el triunfo de la Revolución direccionadas a las mujeres, con foco en la política de empleo. En las reflexiones finales se realiza una síntesis de los principales elementos que caracterizan la transformación potenciada por y para las mujeres cubanas en la esfera del empleo. La metodología utilizada es la revisión bibliográfica.

## Situación de las mujeres cubanas en el empleo antes del año 1959

La situación de las mujeres en el empleo no puede analizarse desligada de las características generales de la esfera laboral antes del triunfo de la Revolución. Esta estaba caracterizada por un panorama de desempleo estacional y estructural, subempleo, informalidad, desigualdades salariales, etc. También se identificaban en el país otras problemáticas como: el bajo nivel de desarrollo del derecho laboral; la ausencia de programas nacionales de empleo; la precariedad de las condiciones de trabajo; las profundas desigualdades sociales en términos de participación laboral, derechos y garantías laborales. Situación todavía más compleja si se analiza la inserción laboral de las mujeres en estos años; así como, la segregación a que eran objeto en el ámbito del trabajo no remunerado.

Según el Censo de Población del año 1953, las cubanas representaban el 13% de la Población Económicamente Activa (PEA) (Onei, 2010), uno de los índices más bajos de Latinoamérica (Lebrón, 2005). Ello significa que el 86,4% de las mujeres fueron declaradas por dicho censo como "no activas económicamente", en su mayor parte debido a su condición de "amas de casa" (Larguía; Dumoulin, 1983). A su vez, las mujeres representaban aproximadamente el 17% del total de la fuerza de trabajo de 14 años y más (Pavón, 1977) y menos del 15% de los ocupados (Núñez Sarmiento, 2016). A lo anterior se añade que la desigualdad salarial era tan severa cuanto la ocupacional. Ello "se infería no sólo del predominio de las mujeres en ocupaciones peor remuneradas, sino también de que aquellas mujeres que tenían iguales empleos que los hombres no recibían iguales salarios" (Fleitas Ruiz, 2013, p. 134).

En términos sectoriales, aunque Cuba era una economía fundamentalmente agroindustrial en esta etapa, las mujeres estaban poco representadas en ambos sectores: 13% en la industria y apenas el 2% ocupadas formalmente en la agricultura (Onei, 2010). En contraste, el sector de los servicios era el que mayor presencia de mujeres exhibía (27,3%). No obstante, estaban agrupadas mayoritariamente en ocupaciones por áreas que reproducían la tradicional división sexual del trabajo. Las mujeres estaban sobrerrepresentadas en ocupaciones tales como: profesoras, trabajadoras sociales, bibliotecarias, enfermeras, obstetras prácticas, y fundamentalmente como trabajadoras domésticas (Núñez Sarmiento, 2016). Según los datos del Censo del año 1953 "de todas las mujeres que trabajaban en servicios ese año, las empleadas domésticas en el sector privado representaban el 79,6%" (Fleitas Ruiz, 2013, p. 134).

En términos del nivel educativo y la estructura ocupacional de las mujeres empleadas, "sólo el 16% de las ocupadas se desempeñaba como profesionales y técnicas y el 2% ocupaba cargos de dirección" (Núñez Sarmiento, 2016, p. 5). Mientras que, según datos del Censo de 1953, "las mujeres profesionales, científicas e intelectuales, y técnicos medios, con relación al total de ocupados, sólo alcanzaban el 2,1%" (Onei, 2010, p. 20).

Todo ello refleja un cuadro de elevada desigualdad de género, que se articulaba con otras desigualdades por color de la piel, etarias, territoriales, entre otras. Es por ello que, desde el Programa del Moncada, al pronunciar su alegato "La Historia me Absolverá" (Castro, 2007 [1953]), Fidel destacaría el papel que le debía corresponder a las políticas de empleo – como una de las seis áreas de urgente transformación en Cuba – para potenciar el desarrollo económico y social; así como, la importancia de incorporar a las mujeres al ámbito público y, especialmente, al trabajo formal remunerado.

## Rediseño de la política de empleo en los marcos de la Revolución: principales legislaciones, programas y acciones direccionadas a las mujeres

Las políticas de empleo, y en general los aspectos relacionados al mundo del trabajo, han sido una de las áreas de más fecunda transformación en las seis décadas de Revolución, y más marcadamente a partir de los años noventa. A continuación se sistematiza, a través de un agrupamiento según décadas, la evolución de las principales transformaciones en la esfera laboral en Cuba, con énfasis en las transformaciones que mayor impacto han tenido en las mujeres cubanas.

### *Período de 1959-1969*

Una de las primeras transformaciones en esta etapa estuvo encaminada a la creación y diversificación de las fuentes de empleo. Además de la implementación del principio de distribución socialista "de cada cual según su capacidad a cada cual según su trabajo", también se exigió el cumplimiento del derecho de las mujeres a recibir igual salario por trabajo de igual valor (Esquenazi Borrego, 2021). Todo lo anterior también se conectó con el fortalecimiento de los derechos y garantías de los(as) trabajadores(as).

En el propio año 1959 se produce la institucionalización de un sistema único de seguridad social y en 1963 se promulga la Ley de Seguridad Social No. 1100; la cual estableció la edad de jubilación en 55 años para las mujeres y 60 para los hombres (Colina Hernández, 2016). En esta legislación también se otorgaron nuevas garantías en términos de protección a la maternidad de las mujeres insertadas laboralmente.

También de este período fueron los programas y campañas de alfabetización, formación, recalificación e inserción laboral diseñados específicamente para mujeres. Ejemplo de ello fueron los cursos especiales que se crean con la intención de recalificar y dotar a las mujeres de habilidades técnicas para su posterior (re)inserción laboral (César, 2005). Aunque la mayoría de estos cursos reproducían labores típicamente feminizadas (corte y costura, magisterio, mecanografía, operadoras telefónicas), también se desarrollaron otras formaciones en ocupaciones no tradicionales tales como: chofer de taxi, operadora de maquinaria, técnica agrícola, etc. Estas fueron iniciativas direccionadas a grupos sociales de menores ingresos: antiguas trabajadoras domésticas, personal de servicios, campesinas y ex-prostitutas (Rosario Lebrón, 2005); lo cual tuvo un mérito adicional. Ello constituyó una experiencia muy novedosa en Cuba y en el resto de la región latinoamericana (Romero Almodóvar, 2014).

La apertura de nuevas fuentes de empleo en el sector público estatal y, en paralelo, las acciones realizadas en términos de alfabetización, escolarización, recalificación permitieron en poco tiempo una inserción masiva al trabajo formal remunerado y una disminución drástica del desempleo, tanto para hombres como mujeres.

*Período de 1970-1979*

En este período siguiente se crean organizaciones direccionadas a las mujeres que tienen como objetivo, dar seguimiento a la participación y derechos laborales de las cubanas. Ejemplo de ello fueron la Secretaría de Producción en la FMC y el Frente Femenino en la Central de Trabajadores de Cuba (CTC) (Núñez Sarmiento, 2016).

Desde el punto de vista legal e institucional fue relevante la aprobación de la Carta Magna en el año 1976; en la cual se refrendan los principios fundamentales sobre el trabajo y el empleo en el proceso de construcción socialista en Cuba. En lo relacionado a las mujeres destaca el reconocimiento, con rango constitucional, de: iguales derechos que los hombres en lo económico, político, social y familiar (Artículo 43); el derecho a una maternidad con garantías (Artículo 43); igualdad de ambos sexos para acceder a cargos y empleos del Estado, de la administración pública, de la producción y prestación de servicios; así como, se refrenda el derecho a percibir salario igual por trabajo de igual valor (Artículo 42).

Otra legislación promulgada fue la Ley No. 1263 de 1974, "Ley de la Maternidad de la Mujer Trabajadora", la cual dispuso que la gestante recibiera atención médica y estomatológica periódica durante todo el embarazo; así como, la responsabilidad de la entidad laboral para que esto se cumpliera (Silva González; Pérez Véliz, 2019). Además, reguló la prestación económica y el período de la licencia por maternidad, concediendo licencia retribuida por 18 semanas, así como, el derecho a licencias retribuidas complementarias y no retribuidas. Adicionalmente, autorizaba a la madre a dedicar un día al mes para asistir a la consulta de puericultura con su hijo(a), sin ningún tipo de afectación salarial (Álvarez *et al.*, 2000).

En este período también se producen pasos importantes en función de ampliar las políticas de seguridad y asistencia social en la isla. La Ley No. 24, "Ley de Seguridad Social", se promulgó en el año 1979 y entró en vigor en enero de 1980 (Colina Hernández, 2016). Dicha legislación reguló e integró el Régimen de Asistencia Social al Régimen de Seguridad Social ya existente. Esta transformación benefició a todos los/as trabajadores/as asalariados/as y, específicamente, estableció garantías diferenciadas para las "mujeres trabajadoras" y las madres solteras (Álvarez *et al.*, 2000).

También se continúan implementando programas para diversificar las ofertas de empleo en el sector estatal civil. Específicamente para las mujeres se desarrollaron programas direccionados a estimular su incorporación en sectores tradicionalmente masculinizados, priorizando actividades en la agricultura, avicultura y ganadería. De forma paralela, fueron ofrecidos cursos de formación para mujeres en especialidades no tradicionales, tales como: tractoristas, segadoras, cunicultura, etc. (FMC, 1975). Fueron desarrolladas desde el ámbito del empleo estatal otras acciones direccionadas a las mujeres: i) variantes de jornadas laborales de 4 a 6 horas; ii) planes de superación cultural, política, técnica y profesional, tanto en zonas rurales como urbanas; iii) estrategias de promoción a cargos de mayor calificación y puestos de dirección; etc. (FMC, 1975).

Adicionalmente, se desarrolla por la FMC una campaña a nivel nacional dirigida especialmente a las "amas de casa". Se realiza un proceso de concientización y de movilización popular para potenciar la "inserción en el trabajo socialmente útil" de las "amas de casa" (Romero Almodóvar, 2010). Al mismo tiempo se continúan implementando acciones para estatizar y facilitar el trabajo doméstico y de cuidados a través de diversos bienes, servicios y programas públicos. Acciones que continúan siendo enfocadas como medidas necesarias para "ayudar a la mujer en su doble función de trabajadora y madre" (FMC, 1975, p. 176).

*Período de 1980-1989*

En el año 1981 se crearon las Comisiones Coordinadoras de Empleo Femenino y en 1984 se promulgó el primer Código de Trabajo en Cuba (Ley No. 49/1984); el cual reunificó los principios rectores del Derecho Laboral en el país. Esta legislación "reconoció la importancia de la participación de las mujeres en el empleo y su elevada función social como madres" (Álvarez *et al.*, 2000, p. 167). Para ello, refrendó normas especiales para las mujeres en su Capítulo VIII. Dicho acápite abordó aspectos, tales como: condiciones de trabajo para las mujeres, protección especial a la mujer, y protección a la maternidad. Posteriormente, en el año 1987 se promulga el "Reglamento para la Política del Empleo", el cual también dedicó un ítem específico relacionado al empleo de las mujeres y jóvenes.

Con la aprobación de ambas legislaciones se logró consolidar en la década de los ochenta un marco institucional amplio que daba respuestas a las reivindicaciones históricas de los/as trabajadores/as, y que sentaba bases para potenciar la igualdad formal de derechos entre hombres y mujeres en el ámbito laboral (Silva González; Pérez Véliz, 2017). No obstante, la mayor parte de "estas normativas quedaron reducidas a los trabajadores del sector estatal y mixto, así como, a los trabajadores asalariados de las cooperativas agropecuarias" (Batista Torres, 2018, p. 183). De esta forma, otras realidades del mundo del trabajo, remunerado y no remunerado, continuaron relativamente invisibilizadas y desprotegidas.

En esta década también se implementó un programa dirigido a madres solas jefas de hogar que priorizó el otorgamiento de prestaciones económicas y sociales a mujeres que no podían incorporarse laboralmente. Igualmente fueron priorizados el acceso a capacitación y el adiestramiento en determinados sectores para madres solas (FMC, 1984). También fueron desarrolladas desde el ámbito del empleo estatal otras acciones direccionadas a las mujeres para ampliar la oferta de empleos.

Ejemplo de ello fueron: i) ampliación de modalidades de empleo como la contratación temporal y el trabajo a domicilio; ii) generación ofertas de empleo para mujeres en iniciativas de industrias locales; iv) creación de planes de producción y empleo dirigidos a mujeres rurales; v) incorporación de mujeres tanto en las denominadas Granjas Estatales, como en el sector cooperativo; vi) capacitación de "amas de casa" y mujeres sin vínculo laboral en cursos cortos sobre plomería, albañilería, tapicería, gastronomía etc.; vii) promoción para cargos de dirección a mujeres, jóvenes y negros/as; etc. (FMC, 1984). Adicionalmente, se continuaron impulsando/fortaleciendo una serie de acciones encaminadas a estatizar/facilitar el trabajo doméstico y de cuidados a través de diversos bienes, servicios y programas; dando continuidad a acciones que venían siendo implementadas desde la década de los sesenta y setenta (Núñez Sarmiento, 2016).

*Período de 1990-1999*

Este período está marcado por el impacto de la crisis económica y social de los años noventa. En este contexto, la política y los indicadores de empleo se ven impactados por la reducción de los niveles de actividad en los sectores económicos y sociales, tanto por falta de insumos para la producción, la paralización de las inversiones y la escasez de recursos financieros, etc. (Echevarría León, 2013). También mudó el patrón de especialización de la economía cubana, el cual se orientó hacia el sector terciario – en actividades tales como: turismo y servicios profesionales.

Adicionalmente, se configura una "multiespacialidad económica" que diversifica/segmenta: el acceso a determinados sectores económicos (formal, informal, tradicional, emergente);

las formas de propiedad y gestión (estatal, mixto, cooperativo, privado); matriz de empleo; el acceso a divisas; los ingresos (incluidos los salariales); etc. Es por ello que, a pesar de los esfuerzos del Estado a través de las políticas económicas y sociales implementadas en esta etapa, comienzan progresivamente en estos años a re-emerger o agudizarse una serie de desigualdades socioeconómicas, entre ellas las de género (Rojas Piedrahita, 2019).

Una de las medidas implementadas esta etapa fue el proceso de redimensionamiento del aparato público y de reordenamiento/disponibilidad laboral que implicó una fuerte contracción del empleo estatal – que empleaba a casi la totalidad de los/as trabajadores/as de la economía (Echevarría León e Díaz Fernández, 2014). Pese a que este fue un proceso gradual y en el que se mantuvieron las garantías laborales de los(as) trabajadores(as), ello condujo a la pérdida de protagonismo del Estado como, casi exclusivo, generador de fuentes de empleo e ingresos laborales.

No obstante, "se mantuvo la voluntad política de darle continuidad al proyecto de equidad en el empleo" (Proveyer Cervantes, 2010, p. 31) a través de medidas para preservar/reorientar el empleo. En este sentido, también se implementaron acciones direccionadas a las mujeres, tales como: i) mantener en sus puestos de trabajo a las mujeres jefas de hogar y madres solas; ii) subsidios diferenciados a este grupo de mujeres, además de las mujeres con deficiencia que no tenían ocupación y las gestantes; iii) calificación profesional a distintos grupos de mujeres; iv) estrategias de empleo enfocadas en mujeres jóvenes; etc. (Núñez Sarmiento, 2013; 2016).

Otra de las acciones implementadas fue la revitalización de las Comisiones de Empleo Femenino creadas en la década anterior (Echevarría León; Rojas Piedrahita; Martínez, 2019). Destacar que, como parte de estas acciones direccionadas a las mujeres, en el año 1997 se promulgó el "Plan Nacional de Acción del Gobierno de la República Cuba de seguimiento a la IV Conferencia sobre la Mujer en Beijing" (PAN); el cual además de dar respuesta a nivel nacional a exigencias institucionales desde el punto de vista de la igualdad de género, y específicamente en relación a las reivindicaciones de las mujeres, también buscaba dar respuesta a varios compromisos internacionales y regionales. Este programa identificó al empleo entre las esferas priorizadas y diseñó acciones para fortalecer la participación laboral.

Aunque el impacto de la crisis de los años noventa en el trabajo formal remunerado de las mujeres en el sector estatal fue atenuado por este conjunto de medidas, cabe destacar que los salarios reales se vieron fuertemente afectados; así como, el peso de las remuneraciones provenientes del trabajo dentro del total de ingresos (Galtés Galeano, 2017). Aunque el empleo estatal ofrecía más garantías y derechos laborales para muchas cubanas no era tan "atractivo" en términos de remuneración salarial; es por ello que algunas mujeres comienzan a migrar a otros espacios económicamente más dinámicos y mejor remunerados en el "sector no estatal" (Echevarría León, 2014). Paralelamente, también se produjo una salida de la esfera laboral y una vuelta al hogar como "amas de casa" para muchas mujeres. En la etapa del Período Especial el trabajo doméstico y de cuidados no remunerado al interior de las familias creció exponencialmente, tanto para las activas laboralmente como para las supuestas "inactivas" (Núñez Sarmiento, 2016).

En el marco legal e institucional un cambio positivo fue la ampliación de la Ley de Maternidad. En el año 1991 se estableció la posibilidad de extender la licencia post-parto hasta los seis meses. De esta forma, "la madre trabajadora, que por razón del cuidado de su hijo(a) no le fuera posible incorporarse al trabajo una vez vencido el período de Licencia de Maternidad, pudiera acogerse opcionalmente a recibir una prestación social ascendente al 60% de su salario" (Álvarez *et al.*, 2000, p. 168). Esta normativa también incorporó la posibilidad del disfrute de otros seis meses adicionales de licencia sin sueldo.

En este período se produce un deterioro relativo de los principales indicadores de empleo en el país. La tendencia creciente/decreciente, según lo esperado, que venían presentando algunos indicadores laborales de las cubanas se interrumpe, e incluso tiene un ligero retroceso en esta década (Rosario Lebrón, 2005). A pesar de la diversificación de las formas de propiedad y gestión, el mayor porcentaje de mujeres continuó ocupadas en el sector estatal de la economía. Aquellas que lograron insertarse en las actividades del "sector no estatal" – sobre todo en las cooperativas y en el trabajo por cuenta propia – lo hicieron mayormente en actividades "feminizadas" y siempre en condiciones de subrrepresentación (Echevarría León, 2014).

*Período de 2000-2007*

En este período la economía cubana comienza a dar señales de recuperación, aunque algunos indicadores macroeconómicos todavía no logran retomar sus niveles pre-crisis. En esta nueva coyuntura se buscó consolidar la centralidad del Estado; así como, fortalecer diferentes políticas económicas y sociales que habían sido impactadas en la década anterior (Echevarría León e Díaz Fernández, 2010).

A inicios de los años 2000 se comienza a desarrollar la denominada "Batalla de Ideas", iniciativa que abarcó más de 170 programas económicos y sociales. En este contexto se implementan estrategias vinculadas a la política de empleo, tales como: i) redistribución gradual de los trabajadores(as) disponibles; ii) fomento de programas de empleo fundamentalmente dirigidos a áreas sociales; iii) modalidad de estudio como empleo; iv) ampliación de las ofertas de empleo para personas discapacitadas, jóvenes y mujeres; v) política de promoción de acceso a cargos de dirección para las mujeres; entre otras (Echevarría León e Díaz Fernández, 2014).

Dentro de los cambios en esta primera década de los 2000 destacan la promulgación de varias normativas jurídicas relacionadas con la licencia de maternidad. En el año 2003, el Consejo de Estado promulga el Decreto Ley No. 234 "De la Maternidad de las Trabajadoras". Dicha legislación reconoció los derechos del padre al cuidado de su descendencia en la primera etapa y en otras posteriores (licencias complementarias y licencias no retribuidas); preservando sus derechos como trabajador (Romero Almodóvar, 2017). De esta forma, se transita a una concepción de parentalidad más amplia, a modo de propiciar la responsabilidad compartida de ambos progenitores/padres en el cuidado, atención y educación de los hijos(as).

Paralelamente, este es un período en que se amplía sustancialmente, dentro del presupuesto del Estado, el presupuesto vinculado al sistema de políticas sociales: asistencia y seguridad social, educación, salud, empleo, etc. Ello permitió ampliar la inversión social en dichas políticas, extender la cobertura territorial, aumentar la cantidad de beneficiarios; así como, diversificar y mejorar la calidad de los bienes/servicios ofrecidos. Ejemplo de lo anterior, es que se amplían los gastos del presupuesto del Estado destinado a la Asistencia Social y se producen transformaciones en las prestaciones; así como, en los programas integrados a esta política.

Dentro de estas iniciativas, vale destacar destacar la puesta en práctica del "Programa de trabajo social con madres solas de hijos con discapacidad severa" que tuvo como distintivo, además de las tradicionales prestaciones monetarias, que se implementara la posibilidad de sustituir estos beneficios por el pago del salario íntegro que recibían en sus centros de trabajo, antes de tener que dedicarse al cuidado a tiempo completo de sus hijos(as). Esto permitió que el trabajo de cuidado ganara visibilidad, reconocimiento social y se remunerara en cuanto tal (Romero Almodóvar, 2019).

*Período de 2008-2020*

Aunque el denominado proceso de "actualización del modelo económico y social" en Cuba sólo se oficializaría a inicios de la próxima década (2011), desde finales del año 2007 se comienzan a producir cambios puntuales que sentarían bases en esta dirección. En esta etapa se producen transformaciones tanto el diseño como la implementación de casi todas las políticas económicas y sociales en el país.

Una de las primeras transformaciones de esta etapa fue la aprobación, en diciembre del año 2008, de la Ley No. 105 "Ley de la Seguridad Social"; la cual es, hasta la actualidad, la normativa vigente para todo el Sistema de Seguridad Social encargado de regular las prestaciones de corto y largo plazo. Según Colina Hernández (2020), entre las principales modificaciones destacan elementos como: i) adecuación de las pensiones por edad, elevándose la edad de jubilación – en el caso de las mujeres de 55 a 60 años, y en el caso de los hombres de 60 hasta 65 años; ii) incremento del tiempo de servicios a acreditar; iii) ampliación de la base salarial para el cálculo de las prestaciones; entre otros aspectos. La Ley No. 105 dedica algunos ítems particulares al caso de las mujeres, además de que introduce cambios positivos como la posibilidad de recibir más de una pensión a la que se tenga derecho (Echevarría León e Díaz Fernández, 2010).

Posteriormente, en el año 2010 comienza un proceso de reestructuración del sector estatal civil. Dicho proceso incluyó "la disminución del aparato estatal, la fusión/disolución de diferentes ministerios y otros organismos, así como, la puesta en práctica de un proceso de disponibilidad laboral" (Espina Prieto; Echevarría León, 2018, p. 103). Pocos años después de ser iniciado el proceso de disponibilidad laboral se ralentiza y aparentemente se suspende – por ejemplo, se deja de hacer referencia a este proceso desde el discurso oficial como una meta deseada. No obstante, el total de ocupados/as en el sector estatal, y el peso relativo de estos dentro del total de ocupados/as en la economía, desde el año 2010 han mantenido una tendencia decreciente; lo cual evidencia que se alcanzan los resultados previstos, aun cuando estos pueden no estar exclusivamente ligados al proceso de disponibilidad laboral.

Aunque no se puede garantizar que el reordenamiento y la disponibilidad laboral haya sido la única/principal causa, lo cierto es que a partir del año 2010 se comienza a observar una salida de las mujeres de la población económicamente activa (Echevarría León, 2014). Lo anterior se concretó en: i) disminución del total mujeres ocupadas en el sector estatal civil, tanto empresarial como presupuestado; ii) ligero incremento de la tasa de desocupación de las mujeres; iii) elevación del número de mujeres que no estaban ocupadas, desocupadas, ni estudiaban (posible aumento de la inactividad y/o informalidad) (Echevarría León, Esquenazi Borrego e Rosales Vázquez, 2018). Resaltar que, a diferencia de los años noventa, en el proceso reciente de disponibilidad laboral no se implementan paralelamente políticas activas de empleo/capacitación direccionadas a las mujeres (Echevarría León, 2014).

Adicionalmente, todas las transformaciones relacionadas al proceso de reordenamiento y disponibilidad laboral fueron pensadas e implementadas en paralelo a la ampliación de las formas de propiedad y gestión no estatales. Ello no sólo fue enfocado como una necesidad desde el punto de vista de ampliar las fuentes de empleo para absorber a los/as trabajadores/as disponibles del sector estatal; sino también, en términos de diversificar la oferta de bienes y servicios; así como, para facilitar la concentración de la propiedad/gestión estatal en actividades de mayor relevancia socio-económica y escala (Espina Prieto; Echevarría León, 2018).

De esta forma, potencia la creación o ampliación del trabajo por cuenta propia, el cooperativismo agropecuario y no agropecuario, las empresas de propiedad mixta y las empresas de capital extranjero (Echevarría León, Esquenazi Borrego e Rosales Vázquez, 2018). Al mismo tiempo, se diversifica la gestión agrícola a través del fortalecimiento de las cooperativas y de la ampliación de la entrega de tierras en usufructo (Espina Prieto; Echevarría León, 2018).

De forma general, las transformaciones dirigidas a la ampliación del "sector no estatal" han tenido un impacto positivo en términos de: facilitar (indirectamente) la recomposición en el sector estatal, "descargar" al Estado de actividades económicas no esenciales, incrementar la oferta de bienes y servicios, aumentar los ingresos de los presupuestos municipales para el desarrollo local vía recaudación de tributos, entre otros. Al mismo tiempo, la ampliación del "sector no estatal" ha consolidado la diversificación, heterogenización y segmentación de las formas de propiedad/gestión, fuentes de empleo e ingresos laborales en el país.

Otro cambio relevante en este período es la promulgación de un nuevo Código del Trabajo a través de la Ley No. 116 del año 2013, legislación vigente hasta la actualidad. El Código dedica su Capítulo IV a la "protección de la trabajadora". En este acápite se establecen los derechos laborales y de seguridad social que se confieren a las trabajadoras remuneradas, para proteger su maternidad, facilitar su atención médica, el descanso pre y postnatal; así como, el cuidado de los(as) hijos(as) menores (Silva González, Pérez Véliz e Rodríguez Ferrer, 2019).

Aunque tiene un capítulo específico dedicado a la trabajadora formal remunerada – Capítulo IV "Protección a la trabajadora" – este continúa sesgado sólo hacia mujeres que se encuentran en procesos de maternidad, con lo cual se excluye indirectamente las trabajadoras que no se encuentran gestando, así como, también quedan fuera otros posibles sujetos de estas protecciones (Echevarría León, Díaz Fernández e Romero Almodóvar, 2015). Otra crítica es que se continúa haciendo referencia a la mujer a través de su función social de madre. Ello "refuerza la construcción social en torno a la maternidad vista como encargo social, y no biológico" (Echevarría León; Rojas Piedrahita; Martínez, 2019, p. 156).

Al mismo tiempo, dicha legislación continúa colocando exclusivamente todo el foco de atención del mundo del trabajo en el espacio público, mientras que el trabajo en el espacio doméstico-familiar continúa relativamente desvalorizado (Romero Almódovar, 2017). De ese modo, las denominadas "amas de casa" no son consideradas como trabajadoras y por tanto continúan sin ser protegidas en términos de derechos y garantías laborales (Echevarría León; Rojas Piedrahita; Martínez, 2019).

También en este período se aprueba en el año 2016, a través del Decreto Ley No. 339 "De la Maternidad de la Trabajadora", una nueva ampliación de las garantías de la maternidad/paternidad en el país. Esta normativa abre la posibilidad de que los roles/garantías, antes restrictos a la madre y al padre, también sea posibles delegarse en otros miembros de la familia, tales como: abuelos(as), hermanos(as) u otros parientes (Romero Almodóvar, 2017). También establece que caso el responsable se reincorpore al trabajo antes de que el infante cumpla el año de vida, podrá simultanear la prestación social a que tiene derecho con su salario (Doimeadios Guerrero, 2017).

Otro cambio importante es la promulgación en el año 2019 de una nueva Carta Magna. Desde el punto de vista del enfoque de género la actual Constitución realiza avances importantes porque explícitamente prohíbe cualquier tipo de discriminación por razón de sexo, género, orientación sexual e identidad de género. Al mismo tiempo, establece que la mujer y el hombre tienen iguales derechos y responsabilidades en lo laboral, y que el Estado debe garantizar que se ofrezcan a ambos las mismas oportunidades y posibilidades (Artículo 43). También reafirma el compromiso estatal de garantizar la adecuada protección a la maternidad, la paternidad y a los(as) abuelos(as) u otros familiares del menor de edad, que se encuentren en función de su cuidado y atención (Artículo 68).

Otro conjunto de transformaciones se orientó hacia la política salarial, tales como: i) incrementos salariales que se producen en actividades económicas/sociales específicas; ii) introducción de esquemas salariales especiales, como fue el caso de los/as trabajadores/as de la Zona Especial del Mariel; iii) modificaciones para transitar a sistemas/formas de pago por rendimiento más descentralizados y flexibles en las empresas estatales (Galtés, 2017). Ejemplo de esto último son las Resoluciones N. 9/2008, N.17/2014 y la N.6/2016 del Ministerio de Trabajo y Seguridad Social (MTSS).

Mediante el Acuerdo No. 100/2015 del Ministerio de Finanza y Precios (MFP) se permitió en el sector empresarial la distribución un porciento de las utilidades entre los/as trabajadores/as luego de saldar compromisos con el Estado (Galtés, 2017; Echevarría León *et al.*, 2019). Asimismo, en el año 2019 mediante la Resolución No. 25 del MTSS se aprueba un incremento del salario mínimo hasta 400 pesos en el sector estatal de la economía, casi el doble del salario mínimo establecido desde el año 2005 – cuando ascendía a 225 pesos (Colina Hernández, 2020).

De manera general, el cambio experimentado en términos salariales puede ser calificado de positivo; sobre todo si se analiza de conjunto con las modificaciones apreciadas en la productividad y empleo, pues supone un esfuerzo por volver a articular las adecuadas interrelaciones entre estas tres variables macroeconómicas (Echevarría León; Esquenazi Borrego; Rosales Vázquez, 2019). No obstante, si bien el salario medio mensual nominal ha mantenido una marcada tendencia creciente en los últimos 10 años, diversos trabajos apuntan en paralelo el deterioro que sufre el salario real; dada la disminución de su capacidad adquisitiva y posibilidad de satisfacer necesidades básicas de consumo (Galtés, 2017; Anaya Cruz; García Álvarez, 2019).

Posteriormente, a partir de enero de 2021 se comienza a implementar la denominada "Tarea Ordenamiento"; la cual ha abarcado cuatro ejes esenciales: unificación monetaria, unificación cambiaria, eliminación gradual de "subsidios excesivos", y reforma en los ingresos. Para ello se aprobaría uno de los más amplios paquetes normativos de todo el proceso de actualización del modelo económico y social cubano. Este nuevo marco jurídico tendría impacto en casi todas las esferas de la política social, y especialmente en el mundo del trabajo.

Uno de los elementos que componen la "Tarea Ordenamiento" es la implementación, por primera vez en las tres últimas décadas, de una reforma salarial integral en todo el sistema estatal (civil, militar, empresarial, presupuestado). A través de la Resolución No. 29 del año 2020 del MTSS se establece un nuevo salario mínimo de 2100 pesos mensuales; así como, se aprueban nuevas escalas y tarifas salariales para todos/as los/as trabajadores/as (Alonso *et al.*, 2020). De ese modo, el salario nominal mínimo crece 5,25 veces, tanto en el sistema empresarial como en el presupuestado, si se compara con el piso anterior de 400 pesos en el año 2019. También se realizan ajustes en las prestaciones monetarias por maternidad para los/as trabajadores/as del sector estatal, a través del Decreto Ley No. 20 del 2020 del Consejo de Estado. Paralelamente, se introducen modificaciones en las prestaciones de la Seguridad y Asistencia Social. En el primer caso, a través de los Decretos Ley n.18 y No.19 de 2020 del Consejo de Estado, y en el caso de la Asistencia Social, a través de la Resolución No. 351 del MFP.

Aparentemente los cambios introducidos con la "Tarea Ordenamiento" se han traducido en un mayor "incentivo" en términos de participación laboral, inclusive para las mujeres "inactivas". Lo anterior se ha reflejado en un aumento de la búsqueda de empleo en las Direcciones Municipales de Trabajo (Figueredo Reinaldo, Carmona Tamayo *et al.*, 2021). Sin embargo, más allá de esta mayor procura de empleo por parte de la población, queda por evaluar cómo estos nuevos "incentivos" se traducen en una inserción laboral de calidad que permita continuar conectando los niveles de empleo, salarios y productividad y, al mismo tiempo, generen efectivamente mayores estímulos para la formalización del trabajo y la participación laboral, con garantías de derechos para distintos grupos poblacionales, especialmente las mujeres.

En este sentido, se destaca la necesidad en estudios futuros de darle seguimiento al impacto de dichas transformaciones – reajustes de los salarios, pensiones, prestaciones de la seguridad y asistencia social en paralelo a los cambios en los precios y la oferta/calidad de bienes y servicios en el país – para verificar si estas han generado efectivamente algún incremento en el poder adquisitivo y el bienestar social de la población cubana; sobre todo considerando otros determinantes como la crisis internacional que se profundiza con la pandemia de la covid-19, el proceso de recrudecimiento del bloqueo y la baja capacidad de respuesta de la economía cubana, sobre todo en términos de productividad, a las transformaciones introducidas como parte de la actualización del modelo económico y social cubano. Lo anterior se expresa, entre otros elementos, en la escasez crónica de un conjunto de bienes y servicios de primera necesidad, en la dificultad de ampliar y diversificar producciones y exportaciones; así como, en el incremento paralelo que se ha producido en todo el sistema de precios en la isla en los últimos tres años.[2]

[2] Destacar que, tanto los salarios como las pensiones y prestaciones que se reciben por concepto de la Seguridad y Asistencia Social en Cuba "no están indexados a la evolución de los precios al consumidor (IPC), lo que significa que no se ajustan a la inflación en la economía anualmente" (Colina Hernández, 2020, p. 12). En este sentido, la capacidad adquisitiva real de

En marzo de 2021 fue promulgado el Decreto Presidencial n. 198 "Programa Nacional para el Adelanto de las Mujeres" (PAM). Este es considerado la más actual versión de una agenda y programa de gobierno en Cuba con el objetivo de potenciar el "adelanto de las mujeres". Dicha propuesta identifica como eje transversal la igualdad de género. En pos de esta meta se definen siete áreas claves de atención y un total de 46 medidas. Una de las áreas claves identificadas en este programa es la de "Empoderamiento económico de las mujeres", la cual incluye algunos lineamientos de medidas en relación con temas aquí analizados, y colocados como retos actuales de la Revolución cubana. Finalmente, hay que destacar que la aprobación en septiembre de 2022 a través de un proceso de referéndum popular del nuevo del Código de las Familias puede también generar un impacto positivo, aunque sin duda insuficiente, en varias de las cuestiones destacadas como desafíos de la igualdad de género en las últimas décadas.

## Conclusiones

La Revolución Cubana se ha caracterizado por la permanente y elevada prioridad otorgada a las luchas y demandas de las cubanas dentro del programa impulsado por el Estado y el gobierno en estas más de seis décadas de existencia. Ello se traduciría en un amplio conjunto de políticas, programas y acciones direccionadas específicamente hacia las mujeres; in-

todos estos ingresos debe ser analizada en interrelación al comportamiento del sistema de precios en el país, que en los últimos años ha mostrado una tendencia igualmente creciente. Esta situación se agudizaría durante período de la pandemia de la covid-19 (2020 en adelante), momento a partir del cual los procesos inflacionarios en la economía cubana han tenido efectos cada vez más visibles y negativos para la población.

tentando articular paralelamente transformaciones en diversos ámbitos: marco legal e institucional, política social, participación política, subjetividad social, entre otros (Álvarez, 2016). En ese sentido, los cambios en la Política Social han servido como base, y han sido consustanciales, a la transformación impulsada en la esfera laboral.

Se destaca en el caso de la experiencia cubana el cambio de paradigma que supuso, desde los primeros años de la Revolución, asumir el empleo como una esfera esencial de la política social. En otras palabras, se supera la tradicional visión economicista del empleo simplemente entendido como una variable macroeconómica, para también asumirlo como un aspecto clave desde el punto de vista social (Echevarría León; Esquenazi Borrego; Rosales Vázquez, 2019).

Con énfasis en las políticas de empleo y en acciones dirigidas al trabajo formal remunerado, se inicia un proceso de transformación del mundo del trabajo, que ha buscado potenciar la inserción y permanencia de las cubanas en el ámbito laboral. Dicho aspecto se considera fundamental en el caso de las mujeres, por la determinación a nivel más estructural que estas transformaciones generan en términos de: propiedad, autonomía económica, cantidad y calidad de la participación laboral remunerada, capacitación y desarrollo profesional, acceso a espacios de toma de decisión y cargos directivos, entre otros. Aspectos identificados por las propias cubanas como claves para el logro del "pleno ejercicio de la igualdad" (FMC, 2010).

El recorrido realizado a lo largo de estas seis décadas evidencia la transformación sustancial de la esfera laboral que ha potenciado el proceso revolucionario en Cuba, sobre todo, si se compara con el panorama del país antes del año 1959. De esta forma, transformaciones sostenidas en el tiempo, promovidas dentro del mundo del trabajo y sobre todo en el ámbito del trabajo remunerado formal, han sido un aspecto característico de la transición socialista en Cuba.

Una de las conquistas relevantes a lo largo de todo el proceso revolucionario es la creación de un derecho laboral cubano, y en general de un marco legal e institucional, que ha promovido la igualdad formal de derechos y garantías laborales para trabajadores y trabajadoras. Adicionalmente, la promulgación de legislaciones laborales dirigidas específicamente a las mujeres lo largo del proceso revolucionario, es otro aspecto que ha permitido consolidar y ampliar los avances de las cubanas en el mundo laboral (Orozco Saéz e Echerri Ferrandiz, 2012; Fernández Ríos, 2020). Las diferentes leyes de protección a la maternidad que han sido implementadas en estas seis décadas – incluyendo la actual ley de maternidad/paternidad, la cual constituye una de las más amplias e integrales de toda la región latinoamericana (Silva González; Pérez Véliz, 2019) – es sólo uno de los tanto ejemplos que pudieran citarse al respecto. Al mismo tiempo, el análisis del marco legislativo e institucional vigente también demuestra la existencia de una serie de vacíos legales y tratamientos diferenciados inadecuados, que hoy constituyen desafíos relevantes para promover la igualdad de género en el país.

Otra transformación relevante es que se comienza a articular una política nacional con leyes y programas de marcado carácter social. A partir del año 1959 la noción de trabajo como un derecho ciudadano se establece como uno de los principios rectores de esta política (Echeverría León; Fernández Díaz, 2017). Lo cual se traduciría en la búsqueda de garantizar empleo formal remunerado, vía sector estatal, para todos(as) los(as) cubanos(as); así como, por el establecimiento del principio de igualdad y no discriminación por motivo del color de la piel, sexo, creencia religiosa, etc. (Echevarría León; Díaz Fernández; Romero Almodóvar, 2015).

Adicionalmente, se han desarrollado de forma relativamente sistemática un conjunto de programas, medidas y acciones para potenciar una mayor inserción social, autonomía económica y participación laboral remunerada; así como una elevada capacitación y desarrollo profesional por parte de las cubanas. De esta forma, haber impulsado de forma permanente acciones que benefician la entrada y permanencia de las mujeres en los más diversos ámbitos del trabajo remunerado, así como, la promoción de la igualdad/equidad de género en esta esfera, debe ser analizado como una importante conquista de la revolución cubana (Núñez Sarmiento, 2013).

Mucho antes de que en las conferencias y acuerdos internacionales se hablara de una "agenda de género" o de "acciones afirmativas" para las mujeres en el ámbito del empleo, Cuba ya tenía un acúmulo en el diseño e implementación de políticas direccionadas a las mujeres en dicha esfera. Muchos de estos programas, medidas y acciones en el ámbito del mundo del trabajo implementadas en Cuba, sirvieron posteriormente de marco para trasladar estas experiencias exitosas a otras realidades.

Las transformaciones anteriormente comentadas en términos de legislaciones, programas y acciones se han traducido en una serie de mudanzas para las mujeres en el ámbito laboral. Bajo la figura del Estado como garante de los derechos laborales y como principal y casi exclusivo proveedor de las ofertas de empleo durante las primeras décadas, se configura una esfera laboral fuertemente regulada por el lado de la demanda de fuerza de trabajo – aspecto que ha sufrido transformaciones sustanciales en los últimos años (Echevarría León; Rojas Piedrahita; Martínez, 2019). Como resultado, durante más de seis décadas el empleo estatal ha brindado ocupación a la mayoría de los/as trabajadores/as y ha logrado reducir drásticamente el desempleo – llegando a mantener niveles muy bajos de desocupación (inferiores al 3%) que se catalogarían, según la teoría económica convencional, como niveles de "pleno empleo".

En el caso específico de las cubanas destaca como tendencia la reducción de los elevados niveles de desempleo e inactividad económica y, en paralelo, el incremento consistente de las mujeres dentro de la ocupación. De forma general, cuando se analizan las últimas seis décadas se constata una incorporación masiva de las mujeres al trabajo formal remunerado; así como, una mayor estabilidad en sus puestos de trabajo. Lo anterior se refleja en la composición relativamente equilibrada según sexo de los ocupados en el sector estatal. Asimismo, no sólo se producen cambios cuantitativos sino también cualitativos en la inserción de las cubanas en el trabajo formal remunerado. En este sentido, son visibles los cambios en la estructura de la ocupación y calidad de los empleos de las mujeres; es decir, se modifica sustancialmente el perfil de la fuerza de trabajo de las cubanas

De forma general, hay que destacar que la experiencia cubana evidencia que la transformación de las diversas y complejas realidades del mundo del trabajo y, específicamente, las rupturas esenciales con el rol tradicionalmente impuesto a la fuerza de trabajo de las mujeres a través de la división sexual/binaria/generificada del trabajo y del predominio de relaciones patriarcales de género es un proceso altamente complejo. En este sentido, el esfuerzo de transformación y ruptura impulsado por la revolución cubana se encuentra permeado de conquistas, pero también de disímiles contradicciones (Esquenazi Borrego, 2021). Igualmente, la experiencia cubana demuestra la importancia de realizar transformaciones desde un enfoque de totalidad – donde se articulen diferentes esferas sociales, económicas, institucionales, políticas, legislativas, tecnológicas, etc. – pero otorgándole centralidad a las determinaciones que se generan a partir de las diversas realidades del mundo del trabajo. Este ámbito, como una especie determinante resulta crucial para avanzar paralelamente en las diversas esferas de la política social.

## Referencias

ALONSO, R. F. *et al.* Claves sobre la implementación del ordenamiento monetario. *Cubadebate*, 11 dez. 2020. Disponible en: http://www.cubadebate.cu/noticias/2020/12/11/claves-sobre-la-implementacion-del-ordenamiento--monetario-video/. Acceso: fev. 2021.

ÁLVAREZ SUÁREZ, M. Políticas públicas de cuidado con corresponsabilidad. *Novedades en Población*, La Habana, v. XI, n. 21, p. 130-136, enero-junio 2015.

ÁLVAREZ, M. Los estudios de género en Cuba: ¿dónde estamos y hacia dónde vamos? *Revista Anales de la Academia de Ciencias de Cuba*, La Habana, v. 6, n. 2, 2016.

ÁLVAREZ, M. *et al. Situación de la niñez, la adolescencia, la mujer y la familia en Cuba*. La Habana: Centro de Estudios de la Mujer (CEM), Fondo de las Naciones Unidas para la Infancia (Unicef), 2000.

ANAYA CRUZ, B.; GARCÍA ÁLVAREZ, A. Accesibilidad de los alimentos en Cuba: situación actual y desafíos. *In:* TORRES PÉREZ, R.; ECHEVARRÍA LEÓN, D. *Miradas a la Economía Cubana*. Un plan de desarrollo hasta 2030. La Habana: CECC, Ruth Casa Editorial, 2019. p. 189-197.

BATISTA TORRES, J. El derecho al trabajo: una mirada desde el marco constitucional cubano. *Revista Cubana de Derecho*, La Habana, v. IV, n. 51, p. 160-192, ene.- jun. 2018.

CASTRO, F. Discurso pronunciado por el comandante en jefe Fidel Castro Ruz en la clausura del II Congreso Nacional de la FMC. Fidel soldado de las ideas, 1974. Disponible en: http://www.fidelcastro.cu/es/discursos/discurso-pronunciado--en-el-acto-de-clausura-del-ii-congreso-de-la-federacion-de-mujeres. Acceso: marzo 2020.

CASTRO, F. *La historia me absolverá*. La Habana: Editorial de Ciencias Sociales, 2007 [1953]. Disponible en: http://biblioteca.clacso.edu.ar/clacso/se/20191016101300/la-historia-me-absolvera-fidel-castro.pdf. Acceso: jul. 2020.

CÉSAR, M. A. *Mujer y política social en Cuba el contrapunto socialista al bienestar capitalista*. Ciudad de Panamá: Mercie Ediciones, 2005.

COLINA HERNÁNDEZ, H. *Sistema de pensiones de la seguridad social*: la experiencia internacional y Cuba. Tesis en opción al grado científico de Máster en Ciencias Económicas. La Habana: Facultad de Economía, Universidad de La Habana, 2016.

COLINA HERNÁNDEZ, H. *Sistema de Pensiones de la Seguridad Social en Cuba*: Un debate presente para el futuro. Santo Domingo: Friedrich-Ebert-Stiftung (FES), 2020.

ECHEVARRÍA LEÓN, D. Mujer, empleo y dirección en Cuba algo más que Estadísticas. *Folletos Gerenciales*, v. 8, n. 6, 2004.

ECHEVARRÍA LEÓN, D. Procesos de reajuste en Cuba y su impacto en el empleo femenino: entre dos siglos y repetidas desigualdades. *In:* PÉREZ VILLANUEVA, O. E.; PÉREZ, T.; R. *Miradas a la economía cubana*: entre la eficiencia económica y la equidad. La Habana: Editorial Caminos, 2013. p. 129-146.

ECHEVARRÍA LEÓN, D. Trabajo remunerado femenino en dos momentos de transformación reforma económica. *Revista Temas*, La Habana, n. 80, p. 4-10, oct.-dic. 2014.

ECHEVARRÍA LEÓN, D. Oportunidades y desafíos para las mujeres en el proceso de actualización del modelo económico y social: los primeros doce años del Siglo XXI. *In:* ZABALA ARGUELLES, M. C., *et al. Retos a la equidad social en la actualización del modelo económico y social*. La Habana: Editorial Ciencias Sociales, 2015. p. 115-134.

ECHEVARRÍA LEÓN, D. El acceso al trabajo: nudos y desafíos. *In:* MARTIN ROMERO, J. L.; ROJAS PIEDRAHITA, M. Hablemos del trabajo en Cuba. *El debate necesario y el futuro a construir*. La Habana: Ediciones Acuario, 2019. p. 84-88.

ECHEVARRÍA LEÓN, D. *et al.* Políticas para mejorar la condición y posición de las mujeres rurales. *Minag*. La Habana. 2019.

ECHEVARRÍA LEÓN, D.; DÍAZ FERNÁNDEZ, I. Empleo y dirección en Cuba: una mirada desde la perspectiva de género. *In:* PÉREZ VILLANUEVA, O. E.; VIDAL ALEJANDRO, P. *Miradas a la Economía II*. La Habana: Editorial Caminos, 2010.

ECHEVARRÍA LEÓN, D.; DÍAZ FERNÁNDEZ, I.; ROMERO ALMODÓVAR, M. Política de empleo en Cuba 2008-2014: desafíos a la equidad en Artemisa. *Revista del CESLA*, Polonia, n. 8, p. 271-294, enero-diciembre 2015.

ECHEVARRÍA LEÓN, D.; ESQUENAZI BORREGO, A.; ROSALES VÁZQUEZ, S. Cuba: continuidades, rupturas y desafíos para la política de empleo. Balance de la última década. *Revista Novedades en Población*, La Habana, v. 14, n. 27, p. 1-16, jun. 2018.

ECHEVARRÍA LEÓN, D.; ESQUENAZI BORREGO, A.; ROSALES VÁZQUEZ, S. Trabajo y empleo en Cuba: algunas propuestas desde la equidad. *In:* MARTIN ROMERO, J. L.; ROJAS PIEDRAHITA, M. *Hablemos del trabajo en Cuba*. El debate necesario y el futuro a construir. La Habana: Ediciones Acuario, 2019. p. 69-83.

ECHEVARRÍA LEÓN, D.; ROJAS PIEDRAHITA, M..; MARTÍNEZ, T. Género y trabajo: puntos ciegos de las políticas de empleo en Cuba. *Estudios del Desarrollo Social: Cuba y América Latina*, La Habana, v. 7, n. 3, p. 148-162, sept.-dic. 2019.

ECHEVARRÍA LEÓN, D.; TEJUCA MARTÍNEZ, M. ¿Formación del ser o del hacer? La educación para el trabajo en Cuba (2000-2015): coherencia entre políticas educativas y de empleo. *In:* TORRES, R.; ECHEVARRÍA, D. *Miradas a la economía cubana*: un acercamiento a la "actualización" seis años después. La Habana: Casa Editorial Ruth, 2017. p. 97-106.

ECHEVERRÍA LEÓN, D.; FERNÁNDEZ DÍAZ, I. Política de empleo en Cuba 2007-2015: desafíos para la equidad. *In:* HECHEVARRÍA LEÓN, D.; MARTÍN ROMERO, J. L. *Cuba*: trabajo en el Siglo XXI. Propuestas y desafíos. La Habana: Instituto Cubano Juan Marinello, 2017. p. 47-70.

ESQUENAZI BORREGO, A. *¿Una revolución dentro de la Revolución?* Desafíos para la emancipación de las mujeres en Cuba. Tesis de doctorado en Política Social. Vitória/ES: Programa de Pós-graduação em Política Social-Ufes, 2021.

ESPÍN, V. *La batalla de la igualdad no es solo de las mujeres, es de toda la sociedad*. La Habana: Editorial de la Mujer, 1988.

ESPINA PRIETO, M.; ECHEVARRÍA LEÓN, D. Reforma y equidad social en Cuba: apuntes sobre la política social y el cuadro socio estructural de la "actualización". *In:* ANAYA CRUZ, B.; DÍAZ FERNÁNDEZ, I. *Economía cubana*: entre cambios y desafíos. La Habana: Instituto Cubano de Investigación Cultural Juan Marinello, 2018. p. 89-123.

FERNÁNDEZ RÍOS, O. *La democratización del trabajo en Cuba*: logros, contradicciones y desafíos. Revista Políticas Públicas, Maranhão, v. 24, p. 70-92, 2020.

FIGUEREDO REINALDO, O. *et al.* Tocarle las puertas al trabajo o por qué tantos cubanos salen en busca de empleo. *Cubadebate*, 08 fev. 2021. Disponible em: http://www.cubadebate.cu/especiales/2021/02/08/tocarle-las-puertas-al-trabajo-o-por-que-tantos-cubanos-salen-en-busca-de-empleo/. Acceso: fev. 2021.

FLEITAS RUIZ, R. *Familias pobres y desigualdades de género en salud*: el caso del barrio de San Isidro. Buenos Aires: Clacso, 2013.

FMC. *Informe General presentado ante el II Congreso Nacional de la FMC*. La Habana: Editorial Orbe. Instituto Cubano del Libro, 1975.

FMC. *Informe General presentado ante el II Congreso Nacional de la FMC*. La Habana: Editorial Ciencias Sociales, 1984.

FMC. *Memoria del IV Congreso de la Federación de Mujeres Cubanas*. La Habana: Editora Política, 1987.

FMC. *Las cubanas de Beijing al 2000*. La Habana: Editorial de la Mujer, 2008 [1996].

FMC. *Mujeres y Revolución 1959-2007.* La Habana: Editorial de la Mujer, Federación de Mujeres Cubanas, 2010.

FUNDORA NEVOT, G. ¿Educación para qué y para quienes? Universidad, desarrollo inclusivo y economía solidaria. *Estudios del Desarrollo Social:* Cuba y América Latina, La Habana, v. 8, n. Especial, p. 272-295, 2020.

GALTÉS GALEANO, I. Desigualdad de ingresos en Cuba: ¿qué papel juegan los salarios? *In:* TORRES PÉREZ, R. E. L. D. *Miradas a la economía cubana*: Un acercamiento a la "actualización" seis años después. La Habana: Ruth Casa Editorial, 2017. p. 68-81.

LARGUÍA, I.; DUMOULIN, J. *Hacia una concepción científica de la emancipación de la mujer.* La Habana: Editorial de Ciencias Sociales, 1983.

NARANJO SÁNCHEZ, W. V.; ECHEVARRÍA LEÓN, D. Vulnerabilidad, trabajo y mujeres en clave de protección social: aprendizajes para épocas de pospandemia en Cuba. *Novedades en Población*, La Habana, n. 32, p. 1-22, jul.-dic. 2020.

NÚÑEZ SARMIENTO, M. Cuban Development Strategies and Gender Relations. *Socialism and Democracy*, v. 24, n. 1, p. 127-145, 2010.

NÚÑEZ SARMIENTO, M. *Yo sola me represento*: de cómo el empleo femenino transformó las relaciones de género en Cuba. La Habana: Ruth Casa Editorial, 2013.

NÚÑEZ SARMIENTO, M. La Revolución según las cubanas, 2016. Disponible en: https://www.researchgate.net/profile/Marta_Nunez_Sarmiento. Acesso: set. 2020.

ONEI. Mujeres Cubanas: *Estadísticas y Realidades 1958-2008*. La Habana: Oficina Nacional de Estadísticas (Onei), Federación de Mujeres Cubanas (FMC), Fondo de Naciones Unidas para la Población (UNFPA), 2010.

PAVÓN, R. *El empleo femenino en Cuba*. La Habana: Editorial Ciencias Sociales, 1977.

PÉREZ SOTO, O.; ESQUENAZI BORREGO, A. Protección y Política Social. *In:* COUTO, B., *et al. Análisis dos sistemas de protección social na América Latina:* Brasil, Chile e Cuba. Porto Alegre: EDIPUCRS, 2018.

PROVEYER CERVANTES, C. *50 años después*: Mujeres en Cuba y cambio social. Ciudad de La Habana: OXFAM International, 2010.

ROJAS PIEDRAHITA, M. Mercado de trabajo: del contexto latinoamericano y caribeño al caso cubano actual. *In:* MARTIN ROMERO, J. L.; ROJAS PIEDRAHITA, M. *Hablemos del trabajo en Cuba*. El debate necesario y el futuro a construir. La Habana: Ediciones Acuario, 2019. p. 9-18.

ROMERO ALMODÓVAR, M. ¿Quién dijo que No trabajo? Yo soy ama de casa. Realidades y desafíos de un grupo de trabajadoras domésticas no remuneradas a tiempo completo en el contexto cubano. *In:* ROMERO ALMODÓVAR, M. *Convergencias en género*. Apuntes desde la Sociología. La Habana: Ruth Casa Editorial, 2010. p. 141-170.

ROMERO ALMÓDOVAR, M. *Brechas de género no resueltas*: el nuevo Código de Trabajo y la realidad de las domésticas *cuentapropistas* en Cuba. SemLac-Cuba, 2017.

ROMERO ALMODÓVAR, M. El padre en la legislación cubana: viejos y nuevos debates. *Inter Press Service en Cuba*, 10 abr. 2017. Disponible em: https://www.ipscuba.net/sociedad/el-padre-en-la-legislacion-cubana-viejos-y-nuevos-debates/. Acceso: feb. 2021.

ROMERO ALMODÓVAR, M. El cuidado: una cuerda que tensiona la Política Social. Notas para un debate en el contexto de Cuba. *In:* MARTIN ROMERO, J. L.; ROJAS PIEDRAHITA, M. *Hablemos del trabajo en Cuba*. El debate necesario y el futuro a construir. La Habana: Ediciones Acuario, 2019. p. 129-145.

ROSALES VÁZQUEZ, S.; ESQUENAZI BORREGO, A. Panorama laboral en Cuba. Diagnóstico de brechas. *In:* HECHEVARRÍA LEÓN, D.; MARTÍN ROMERO, J. L. *Cuba*: trabajo en el Siglo XXI. Propuestas y desafíos. La Habana: Instituto Cubano Juan Marinello, 2017. p. 71-110.

ROSARIO LEBRÓN, A. La Revolución dentro de la Revolución: una mirada a la situación de la mujer en la Cuba socialista. *Seminario en Temas de Investigación Jurídica Avanzada*: El sistema jurídico cubano. Puerto Rico: [s.n.]. 2005.

SILVA GONZÁLEZ, J. L.; PÉREZ VÉLIZ, A. Enfoque de género en la evolución del ordenamiento jurídico cubano y su manifestación en el Derecho Penal actual. *Estudios del Desarrollo Social: Cuba y América Latina*, La Habana, v. 5, n. 2, p. 1-11, Mayo-Agosto 2017.

SILVA GONZÁLEZ, J. L.; PÉREZ VÉLIZ, A. El derecho de la mujer al trabajo y a la maternidad en Cuba. *Rev. Ciencias Médicas*, Pinar del Río, v. 23, n. 1, p. 147-158, Enero-febrero 2019.

TORRES SANTANA, A. Decálogo incompleto sobre las mujeres en Cuba. ONCUBA, 8 marzo. 2018. Disponible en: https://oncubanews.com/opinion/columnas/sin-filtro/decalogo-incompleto-la-mujer-cuba/. Acceso: set. 2020.

TORRES SANTANA, A. Contra la violencia de género en Cuba… ¿Y si redoblamos la apuesta?. *ONCUBA*, 8 enero 2020. Disponible en: https://oncubanews.com/opinion/columnas/sin-filtro/contra-la-violencia-de-genero-en-cuba-y-si-redoblamos-la-apuesta/. Acceso: julio 2020.

TORRES SANTANA, A. Cuba Solicitudes (feministas) a la sociedad política y la sociedad civil frente a la Covid-19. *ONCUBA*, 29 abr. 2020. Disponible en: https://oncubanews.com/opinion/columnas/sin-filtro/cuba-solicitudes-feministas-a-la-sociedad-politica-y-la-sociedad-civil-frente-a-la-covid-19/. Acceso: set. 2020.

ZANETTI, O. *Historia mínima de Cuba*. España: Turner, 2013.

# UNIVERSIDADE E EDUCAÇÃO NA ETAPA INICIAL DA REVOLUÇÃO: APORTES DO PENSAMENTO DE FIDEL CASTRO[1]

Mario Mariano Ruiz Cardoso[2]

## Introdução

A Revolução Cubana significou um conjunto de transformações revolucionárias que abarcaram a totalidade social, política, cultural e econômica (expropriações e nacionalizações) que sustentaram a construção socialista na ilha caribenha a partir de 1959 (Brigos; Belamaric; Pineda, 2018; Rodríguez; Suárez, 2009). Criou-se uma situação de aprofundamento da relação do novo governo e as massas trabalhadoras com a criação das condições subjetivas e objetivas para o desenvolvimento da própria Revolução, indo contra a visão "mecanicista" que entendia a necessidade de "um extenso e profundo desenvolvimento capitalista prévio" (Fernandes, 2012, p. 144). Na nossa

1 Uma versão anterior deste texto é parte da tese de doutorado defendida pelo autor na Faculdade de Educação da Universidade Federal de Minas Gerais (UFMG), intitulada *A concepção socialista de universidade na etapa inicial da revolução cubana* (Cardoso, 2022).

2 Doutor em Educação. Biólogo. Professor da Universidade Federal dos Vales Jequitinhonha e Mucuri (UFVJM). E-mail: mariomarianoruizcardoso@gmail.com.

compreensão, como parte dessa situação estavam as medidas no âmbito da educação e da cultura, fortalecendo a nova hegemonia representada pelos interesses da classe trabalhadora em Cuba, no sentido de "elevar intelectualmente camadas populares cada vez mais vastas" (Gramsci, 1999, p. 110).

Concretamente, isso criou um amplo contexto social, político, cultural e econômico que semeou um novo ambiente formativo em toda a dinâmica da sociedade. Nessa primeira década, a partir de 1º de janeiro de 1959, tivemos a Reforma Integral da Educação em Cuba, prometida desde o Programa de Moncada, os estímulos às primeiras iniciativas de ações de alfabetização culminando na Campanha Nacional de Alfabetização, a nacionalização de toda a educação Cubana, no intenso processo de debate e luta política que produziu a Reforma Universitária de 1962 e em diversas outras ações educativas e de impacto cultural. É nesse contexto que compreendemos que ocorreu uma consolidação de uma concepção socialista de universidade, no seio de uma nova concepção revolucionária e socialista de educação.

Como parte fundamental dessa nova sociabilidade educativa da Revolução Cubana, a intervenção política dirigente e as ideias de Fidel Castro são elementos centrais que, ao mesmo tempo que estimularam esses novos processos, foram sendo impactados pela própria dinâmica revolucionária de luta e organização do povo trabalhador de Cuba.

É nesse sentido que este capítulo tem como objetivo a reflexão sobre as contribuições do pensamento de Fidel Castro, principal líder da Revolução Cubana, nos primeiros passos de transformação da educação e, de modo específico, da universidade na ilha socialista. Discutiremos sua crítica à educação em Cuba antes de 1959, passando pela compreensão que Fidel tinha sobre a necessidade de uma educação integral, sobre a relação entre estudo e trabalho e as demandas concretas para efetivar o novo projeto educacional socialista. Veremos que Fidel pensou a universidade como parte articulada das tarefas revolucionárias. Engenheiros, agrônomos, médicos, professores e demais profissionais deveriam estar comprometidos com a industrialização, com a reforma agrária, com o compromisso de educação e com saúde para todos. Todo conhecimento e toda técnica deveriam ser pensados a partir dos desafios do socialismo em Cuba.

## A concepção educativa de Fidel na luta e na construção do socialismo em Cuba

Fidel partiu da crítica à educação existente antes de 1959. Ganhou destaque o chamamento para que os estudantes tivessem uma postura ativa na solução dos problemas encontrados em meio ao contexto de grande corrupção. Segundo Ricardo Alarcon de Quesada, que foi integrante da seção estudantil do M-26 e depois da Revolução se tornou dirigente da Federación Estudantil Universitaria (FEU), a luta pela "depuração de todo elemento corrupto" era um dos pilares do movimento estudantil por toda a América Latina, influenciado pela agenda iniciada pela Reforma de Córdoba em 1918 na Argentina (Quesada, 2013, p. 2, tradução nossa). Esse chamamento estimulou o engajamento do movimento estudantil revolucionário, que organizou um conjunto de processos que resultaram na expulsão de professores que tinham um histórico vínculo com os regimes ditatoriais anteriores. Cabe destacar que essa situação se materializou como uma das dimensões mais importantes da luta de classes nas universidades após 1º de janeiro de 1959. Grupos contrários às medidas do novo governo também se instalaram no âmbito da educação e das universidades. Citamos, por exemplo, a situação gerada por um discurso de Fidel em 11 de maio de 1959, na abertura do ano acadêmico, que revoltou uma parcela dos professores e estudantes "contrarrevolucionários liderados pelos representantes da Agrupación Católica Universitaria (ACU)" (Pérez *et al.*, 2004, tradução nossa). Também como resposta a essa situação, os educadores eram chamados a enfrentar a corrupção no seio da visão de mundo em que estavam inseridos, no sentido de elevar sua consciência revolucionária e sua organização política. Essa foi uma das diretrizes de Fidel em sua fala no encerramento do Terceiro Congresso Nacional de Conselhos Municipais de Educação em 10 de setembro de 1962 (Castro, 1962a).

Outro importante ponto ressaltado por Fidel em seus discursos nesse período era a necessidade de enfrentamento da desigualdade na educação cubana, consolidada por anos sob a lógica do capitalismo que impedia que os filhos e as filhas da classe trabalhadora em Cuba tivessem a oportunidade de estudar. O quadro encontrado era de uma situação em que 50% das crianças estavam fora da escola, 23% do povo era analfabeto e o desemprego entre professores chegava à cifra de 9 mil (Castro, 1975, p. 15). Cabe destaque para o aprofundamento da lógica de miséria educativa produzida pelo capitalismo em Cuba quando observamos a situação das mulheres trabalhadoras, que integravam uma grande porcentagem dos analfabetos e semialfabetizados da ilha e encontravam um ambiente educativo de reprodução de valores patriarcais, e no ensino superior não ultrapassavam 1% do total de matrículas (Esquenazi Borrego, 2021). Diante esse contexto, Fidel sustentava que "qualquer filho de família, por humilde que fosse" deveria ter a garantia da educação "desde as primeiras letras, em uma escola primária, até a última matéria do último curso de uma carreira universitária" (Castro, 1981, p. 61, tradução nossa).

Nesse sentido, Fidel expõe no debate público que o avanço prometido na educação pela Revolução demandaria maior gasto público. Projetando o aumento de jovens que iriam ascender aos diferentes níveis de formação, se refletia sobre a necessidade de aumento concreto do número de escolas e, ao mesmo tempo, "imaginar os custos de semelhante programa educacional" (Castro, 1981, p. 95, tradução nossa). Da mesma forma, já nos primeiros meses após o início do novo governo, se discutiam os custos para a construção de três *campi* universitários ligados à Universidade de Havana, à Universidade de Las Villas e à Universidade do Oriente (Castro, 1959). Além disso, em 3 de abril de 1959, Armando Hart, ministro da Educação, informava em locução da *Rádio Rebelde* a decisão de reorganizar o pessoal ligado ao ministério para criar imediatamente mil salas de aula de alfabetização e cinco mil de educação para camponeses, iniciar um processo de qualificação técnica do quadro administrativo da área de educação e o investimento de recursos para reformar e adequar novas instalações físicas para as atividades educativas (Varona, 2017).

Em diversos momentos de sua reflexão política, Fidel aponta a necessidade de uma educação integral. De modo geral, essa concepção é apresentada como um contraponto de superação à educação que se consolidou em Cuba durante o capitalismo na ilha. A superação da fragmentação, da superficialidade, da tendência livresca e da unilateralidade na educação seria realizada no sentido de uma educação que se conecta à totalidade da vida social que a construção do socialismo estava possibilitando. A concepção que Fidel anuncia entende a educação como uma formação plena, capaz de se realizar como uma práxis que abarque as diversas dimensões dos indivíduos integrantes e produtores de uma nova sociabilidade. Em um discurso de formatura de 3 mil mulheres camponesas em 23/11/1961, ele defende que as escolas sejam "centros de formação física, centros de preparação revolucionária, centros de formação de consciência no espírito criador e do trabalho da revolução" (Castro, 1981, p. 59, tradução nossa).

Vemos que se articulam nessa proposta as dimensões de formação teórica, formação física e formação ética, no sentido de uma ética revolucionária e de formação cultural ampla. Esse tema tem um aporte importante na perspectiva de uma educação marxista. Diversos autores desenvolveram essa reflexão partindo da compreensão marxiana de omnilateralidade. Nesse sentido, entendemos que o conceito de educação integral na concepção socialista de educação que Fidel elabora nessa etapa inicial da Revolução Cubana possui proximidade com a discussão marxista. Marx reivindica a ideia de que o "pleno desenvolvimento humano" está vinculado ao domínio das forças naturais, sejam elas externas ou internas ao próprio ser humano, à "elaboração absoluta de seus talentos criativos", do "desenvolvimento de todas as forças humanas enquanto tais" (Marx, 2011, p. 399). Nos debates da Associação Internacional dos Trabalhadores em 1866, o comunista alemão apresentou sua compreensão de educação como educação mental, educação física e instrução tecnológica (Marx; Engels, 2020). O tema é também desenvolvido por Gramsci (2001), que discute a necessidade de uma escola única que supere a contradição entre formação teórica e técnica. Vemos em Fidel que esse programa educação integral, que se fundamenta numa concepção socialista de educação, se contrapõe às perspectivas não diretivas, ligadas às visões liberais, pois não se deseja dar um sentido qualquer para a formação, mas sim o sentido ético-político da Revolução.

Por certo, ao assumir esse sentido na transição socialista, a educação parte dos limites, possibilidades e desafios concretos que são encontrados no ponto de partida da sociedade que está se transformando. Se somam os próprios desafios do caminho de transição. Entretanto, cabe o pleno esforço para que o máximo dessa perspectiva se realize em seu próprio caminho, e, nesse sentido, a educação pode cumprir um papel desde já para impulsionar os elementos objetivos e subjetivos na construção da emancipação humana. Um bom exemplo dessa discussão é apreciado no documentário *Tarará* (2021), que conta a história do tratamento recebido em Cuba pelas crianças e adolescentes do acidente de Chernobyl (1986). O programa tinha como centralidade uma visão integral de saúde que oferecia as condições de moradia, estudo e lazer e experiências culturais para as crianças em tratamento. Quando assistimos ao documentário, vemos que se fazem presentes aqueles fundamentos que Fidel discutiu na década de 1960, no início da Revolução, e que podemos perceber literalmente no discurso de 30 de janeiro de 1967: "Se pode e se deve organizar os estudos e a vida das crianças e dos jovens de maneira que a combinação do trabalho, do estudo, do esporte, das férias, das atividades recreativas, da educação física, faça as atividades das crianças e dos jovens incomparavelmente mais felizes e empolgantes" (Castro, 1981, p. 83, tradução nossa).

É fundamental chamar a atenção para o fato de que um dos elementos centrais da concepção educativa fidelista é a relação entre trabalho e estudo. Essa relação, em uma reflexão mais ampla, se expressa também como uma "educação comunista", que atende às "necessidades do nosso próprio desenvolvimento educacional, com as necessidades do nosso próprio desenvolvimento econômico". Estamos diante de um princípio pedagógico (estudo-trabalho) que incorpora o desafio de responder a um problema social, político, econômico e cultural, qual seja: avançar no desenvolvimento de um sistema educativo que se conecte com as tarefas do desenvolvimento socialista inaugurado pela Revolução. Assim, "não se pode conceber a educação no comunismo sem esse conceito de combinação de trabalho e estudo" (Castro, 1981, p. 100, tradução nossa). O vínculo entre educação e trabalho é um dos elementos fundamentais das discussões sobre educação na obra de Marx e bebe das influências das lutas proletárias sobre o tema, com as quais o revolucionário alemão esteve em constante articulação (Netto, 2019, p. 41-42).

A relação estudo e trabalho, na visão de Fidel, é o fundamento de uma "pedagogia verdadeiramente revolucionária", que tem como base "o mais profundo do pensamento marxista, que concebe a educação, a formação dos homens, vinculada ao trabalho produtivo, ao trabalho criador".[3] A escola, nessa visão, deve garantir "uma educação geral básica, com a prática, em laboratórios, com os círculos de interesse científico, com algumas atividades de investigação". Nessa proposição, a escola deve garantir o acesso à cultura geral, estimular a inteligência dos alunos, ser realmente uma "escola de caráter integral" (Castro, 1981, p. 91-93, tradução nossa). Podemos dizer que

[3] Fidel também compreendia que o princípio da relação entre estudo e trabalho estava de acordo com o ideário pedagógico de José Martí (ver Castro, 1981, p. 99, 102). Há autores que compreendem que a própria concepção que sustenta a Revolução Cubana é martiana e marxista (Navarro, 2008), assim como está indicado no texto da Constituição do país socialista (Cuba, 2019). Para conhecer o ideário pedagógico de José Martí, ver Almendros (2015) e, em português, Streck (2008). Ver também Leite (2012, 2015, 2019).

o que temos é uma aproximação ao debate marxista da escola do trabalho, que esteve presente na experiência soviética e teve impacto também no contexto latino-americano, como aponta Menezes Neto (2013) ao discutir a concepção de educação socialista de José Carlos Mariátegui. No próprio contexto cubano, a experiência soviética na educação, com a articulação da relação estudo e trabalho, tinha exercido influência sobre o debate dos comunistas na primeira metade do século XX, em especial a partir de figuras como Juan Marinello Vidaurreta (Gómez; Matienzo, 2016).

Outro elemento importante nesse debate foi a ideia de que a aspiração pelos avanços no campo da educação necessitava estar conectada às condições concretas para realização dessa tarefa. Fidel se preocupou em compreender a relação entre trabalho e estudo, no sentido de desenvolver, em cada ambiente educativo, elementos que pudessem significar aportes diretos à dinâmica produtiva do país. Em especial, nas escolas criadas no campo se estimulou a ideia de que ali se poderiam produzir, por exemplo, alimentos que abasteceriam as cozinhas escolares. Assim, uma parte dos recursos que seriam investidos para a nova estrutura do sistema educativo cubano poderia surgir da própria produção das escolas e, nesse sentido, ajudar a resolver, segundo Fidel, "a contradição entre nossa pobreza de hoje e nossa imensa necessidade de desenvolvimento social, de desenvolvimento tecnológico e desenvolvimento econômico". E, ao mesmo tempo, "superar a contradição entre a nossa pobreza e nossa aspiração a universalizar a educação e a educar a todas as crianças e todos os jovens" (Castro, 1981, p. 95, tradução nossa).

A compreensão da necessidade de uma educação comunista para a construção do socialismo também foi pensada tomando como base a relação recíproca entre educação e sociedade, ou seja, a transição socialista não era só uma transformação econômica para a qual a educação deveria dar sua contribuição. O socialismo tinha relação com a totalidade da vida social. Superar o capitalismo era também construir uma sociabilidade em que a formação humana tivesse uma nova centralidade. Nas palavras de Fidel, "os capitalistas e os burgueses diziam que sim, que seu sistema era humano, progressista, civilizado. Mas aquele sistema era de ignorância, do analfabetismo, de crianças sem escolas, sem oportunidades aos jovens" (Castro, 1966, tradução nossa). A construção de uma nova sociedade demandava a superação dessa situação, demandava a educação de um novo ser humano. Assim como nas reflexões de Che Guevara (2011), o comunismo significa novos sujeitos com conhecimentos, ideias, valores e práticas que se dedicassem à construção de uma nova sociabilidade. Segundo Fidel, o socialismo "não é só uma questão de desenvolvimento econômico, não é só uma questão de abundância; é também um grau muito importante e fundamental, uma questão de educação" (Castro, 1966, tradução nossa).

Desde o conceito de *povo* desenvolvido por Fidel em *A história me absolverá*, os educadores são compreendidos como parte dos elementos revolucionários que se articulam no seio das massas trabalhadoras da cidade e do campo. O chamamento que é feito pelos assaltantes do Moncada e depois pelo exército rebelde à mobilização popular inclui os professores e professoras de Cuba que, em sua maioria, viviam ou desempregados, ou em situação laboral precária, muitas vezes sem salários pagos em dia.

Derrotado o regime ditatorial de Batista, e com isso a derrota da hegemonia burguesa, o projeto da classe trabalhadora cubana, expresso no pensamento de Fidel, afirma o professor como "o mais importante em uma revolução" que se propõe a alterar profundamente a vida social do país. Por certo, novos educadores também deveriam ser formados diante das novas demandas da transição socialista. Era necessário superar os preconceitos, os privilégios, o egoísmo, a insensibilidade com o sofrimento social que caracterizou o período neocolonial. Era fundamental formar "professores verdadeiramente revolucionários" (Castro, 1981, p. 64, tradução nossa).

Esta ideia ganhou contornos intensamente concretos no caso dos educadores envolvidos na Campanha de Alfabetização que se desenvolveu entre 1960 e 1961. As brigadas de alfabetizadores espalhadas pelo território cubano foram alvos de grupos contrarrevolucionários. O brigadista Conrado Benítez García, que atuou na região montanhosa de Sancti Spíritus e foi assassinado em 6 de janeiro de 1961 por tais grupos, acabou por nomear uma das brigadas mais conhecidas da Campanha de Alfabetização. Na lembrança de Germán Sánchez Otero, integrante da Brigada Conrado Benítez, "nos entendíamos como parte da ação revolucionária; o coletivo multiplicava nossas potencialidades individuais; pensávamos que éramos importantes; gostávamos que nos levassem em consideração e que ninguém tivesse dúvida de que seríamos capazes de entregar até nossas vidas" (Otero, 2011, p. 42, tradução nossa).

O chamamento para uma postura ativa da juventude nas transformações educativas se alia à responsabilidade e à disciplina revolucionárias para incorporar a tarefa de responder às necessidades do povo trabalhador e desfrutar das possibilidades educativas geradas pelo esforço geral produzido pela nova sociedade. Cabe ressaltar que em muitos discursos que trazemos para essa análise, Fidel está dialogando diretamente com estudantes em diversos momentos de suas intervenções nesse período. Ao reivindicar que a educação não seria só uma responsabilidade dos professores e da família, Fidel ressalta que os estudantes devem assumir a educação como uma responsabilidade que se realiza a partir de uma compreensão que não pode ser superficial nem esquemática. Deve-se ter o "conhecimento cabal do plano, dos programas educacionais, do programa do curso e do programa de toda a escola, das atividades econômicas da escola, do plano agrícola, das atividades produtivas" (Castro, 1981, p. 97, tradução nossa).

Lembremos que a Federação Estudantil Universitária (FEU) foi fundamental para os avanços que culminaram na Reforma Universitária de 1962. Nesse ano, é criada a União de Estudantes Secundários, que depois se tornaria a Federação de Estudantes do Ensino Médio. Tivemos também a experiência das Brigadas Estudantis José Antonio Echeverría. Foi nesse período que se criou a União de Pioneiros de Cuba, que se propunha a organizar as crianças do ponto de vista político-educativo. Essa organização, para Fidel, tinha como uma das tarefas primordiais a superação de preconceitos e desigualdade relativos a homens e mulheres, e também do ponto de vista racial (Castro, 1962b), além do cultivo da cooperação, da solidariedade e da fraternidade em contraposição ao egoísmo e a competição capitalistas: esses seriam pilares de um jovem comunista para Fidel (Castro, 1981).

## Universidade socialista na etapa inicial da Revolução Cubana: aportes do pensamento e ação política de Fidel Castro

Assim como já discutimos ao tratar de sua concepção socialista de educação, um primeiro elemento para a reflexão de Fidel sobre a universidade é a crítica à universidade existente antes de 1959. Como elemento-chave dessa crítica estava o caráter elitista da formação universitária daquele período. Fidel reconheceu em diferentes momentos que ele próprio desfrutou desse privilégio nos anos em que cursou Direito na Universidade de Havana; dizia que "nos educavam, enfim, para desfrutar de privilégios". A própria educação se constituía como um privilégio: "Nos preparavam para estar mais bem armados intelectualmente para explorar os demais" (Castro, 1981, p. 29, tradução nossa).

Essa situação, que já tinha sido caracterizada por Fidel no debate geral da educação, se tornava mais profunda no contexto da universidade. Lembremos que, antes da Revolução, apenas 1% da população tinha acessado o ensino superior. Em algumas carreiras da área de engenharia do Censo de 1943, não há mulheres negras cubanas formadas, e, por exemplo, em engenharia civil, apenas 54 homens negros aparecem no levantamento feito em toda ilha (Giralt, 2021).

Diante de uma Revolução dirigida pelos interesses das massas trabalhadoras, enfrentar essa questão era fundamental. Era necessário superar a situação instalada tanto pelo período colonial quanto pelos anos de capitalismo dependente e neocolonial. Uma situação em que, na visão de Fidel, o "filho do camponês ou o filho do operário, o filho de uma família humilde qualquer, muito dificilmente poderia aspirar a chegar a ser um dia um profissional, um médico, um engenheiro, um arquiteto ou um técnico universitário" (Castro, 1981, p. 26-27, tradução nossa).

Na avaliação de Fernando Martínez Heredia, esse caminho de superação seguia o desafio do lema do M-26 em tempos de fase insurrecional, que dizia que a Revolução era dos humildes, pelos humildes e para os humildes (Heredia, 1999). Para Nevot (2020), esse projeto revolucionário "abre a possibilidade de superar as desigualdades estruturadas tanto pelo modo de produção capitalista, como pelo patriarcado, o sistema escravista etc." (p. 16, tradução nossa). A luta de classes que se manifestava na totalidade social desenvolvia sua trajetória também no ambiente político-cultural e educacional. Antes da Revolução, segundo Fidel, a hegemonia dos interesses capitalistas se reproduzia também a partir de "todos os meios de divulgação das ideias, todos os meios – cinema, rádio, televisão, livros, revistas, centros de ensino, tudo isso, universidades – eram centros dominados pelos interesses econômicos dominantes". Por meio desses instrumentos, as classes dominantes "educavam o povo de acordo com esses interesses", ou seja, imprimiam nas massas populares sua ideologia como dimensão da dominação capitalista e neocolonial do período. Além disso, "preparavam os dirigentes do país, preparavam os intelectuais e preparavam os técnicos de acordo com seus interesses" (Castro, 1981, p. 26, tradução nossa). Estamos diante de uma reflexão muito próxima ao debate gramsciano da estrutura de aparelhos privados de hegemonia, que, segundo Simionatto e Costa (2014, p. 69), incluem

> o sistema escolar em todos os níveis, incluindo as universidades, as formas de organização da cultura (museus, bibliotecas, editoras), os meios de organização da informação em geral (jornais e revistas à época – e hoje ainda a televisão e a internet), os movimentos sociais, a organização sindical, os partidos políticos, bem como as igrejas, instituições herdadas de um modo de produção passado. Esse conjunto de instituições presentes na sociedade civil garante sua direção política e ideológica, podendo ser tomado como critério analítico não somente para países onde a dominação da burguesia dá-se por meio de ditaduras, mas também

> naqueles em que a classe burguesa recorre ao consenso, mediante a república parlamentar.

Diretamente refletindo sobre uma concepção de universidade atrelada aos interesses da classe trabalhadora, Gramsci defende uma concepção que articule essas instituições acadêmicas "com as necessidades de cultura científica das massas nacional-populares, reunindo a teoria e prática, o trabalho intelectual e o trabalho industrial, que poderia encontrar sua raiz na escola única" (Gramsci, 2001, p. 169). Veremos mais adiante que essas mesmas características estão presentes na compreensão de Fidel sobre a universidade no socialismo.

Em 13 de março de 1959, primeiro em frente ao Palácio Presidencial e logo em seguida, no mesmo dia, no Estádio Universitário de Havana, Fidel relembra o segundo aniversário do assalto ao Palácio Presidencial, em que estava Fulgencio Batista por integrantes do Diretório Revolucionário 13 de março, entre eles sua máxima liderança, José Antonio Echeverría, no ano de 1957. Nesse discurso, Fidel aborda os conflitos que estavam se instalando no âmbito universitário diante das diversas medidas do governo revolucionário e os desafios que se projetavam nessa área diante das demandas da revolução. Ele defende uma universidade que se oriente nas necessidades do país, e não em caprichos individuais; uma universidade que investigue de quantos médicos necessitamos, quantos engenheiros, quantos arquitetos, quantos técnicos". Remetendo a crítica à sociedade de classes, diz que a universidade não permitia a entrada do filho do sapateiro, mas somente dos filhos de milionários. Fidel insiste nessa crítica a uma universidade que "quem paga são os operários, quem paga é o povo, e que tem armado de inteligência os inimigos do povo". Defende uma formação acadêmica que desenvolva os talentos do povo, e para isso havia a necessidade de levar a cabo no âmbito da Revolução as históricas demandas do movimento estudantil desde de Mella. Fidel fala sobre a necessidade de uma Reforma Universitária que faça na academia aquilo que está sendo realizado em toda a sociedade e convoca um "fórum em Cuba sobre Reforma Universitária" (Castro, 1959, tradução nossa).

Em 13 de março de 1960, Fidel volta à histórica escadaria da Universidade de Havana reivindicando, novamente, a necessidade da reforma, pois "também existiam enormes latifúndios de inteligência que deveriam ser cultivados [...], faltam instrumentos nas universidades para cultivar as inteligências", fazendo referência à Reforma Agrária. Ampliando a argumentação, ele articula outra demanda da Revolução que é a industrialização: "faltam os centros de investigação, faltam, em muitos casos, a maquinaria para instruir os engenheiros, faltam os recursos, faltam os locais, faltam os professores" (Castro, 1981, p. 35, tradução nossa).

Após a aprovação da Reforma Universitária, em 10 de janeiro de 1962, Fidel dá continuidade à reflexão sobre a universidade socialista que se pretendia construir. Como eixo dessa discussão, segundo Hart Dávalos, Fidel estimulou o debate sobre as transformações projetadas a partir das seguintes questões: O que se vai estudar? Como se vai estudar? Quem vai estudar? As respostas, segundo a orientação da liderança política de Fidel e relembrada por Hart Dávalos, foram:

1) As carreiras universitárias que respondam às necessidades do desenvolvimento econômico e social do país;
2) Terão a mais estreita relação com toda a sociedade;
3) Os filhos do povo que estejam em condições de ascender às universidades, em igualdade de oportunidades. (Hart Dávalos, 2013, p. 10-11, tradução nossa)

A universidade deveria participar ativamente da demanda pela máxima socialização da riqueza material e não material. O significado direto seria uma articulação para o fortalecimento da garantia de saúde, educação, moradia, participação nas demandas da Reforma Agrária, da reforma urbana, da industrialização, da ampla socialização da cultura e da arte e da centralidade da ciência e da técnica na construção do socialismo.

Destaca-se o papel central que o estímulo às áreas técnicas e de engenharia tiveram nessa discussão. A reforma e as ideias de Fidel também chamavam a atenção para a necessidade de que a universidade desenvolvesse plenamente as atividades de investigação. A pesquisa foi elevada a princípio organizador de toda a atividade universitária, assim como o fortalecimento do ensino e as condições concretas para as ações de extensão. A reforma reforçou a ideia da indissociabilidade entre ensino, pesquisa e extensão na formação acadêmica. No caso da pesquisa, em discurso de 2 de novembro de 1964, na inauguração da cidade universitária José Antonio Echeverría, Fidel observa que ela não deveria se limitar ao ambiente interno da universidade, mas que deveria ser feita por toda a ilha, por todas as ruas, ou seja, deveria buscar se conectar aos problemas sociais do povo trabalhador (Castro, 1964). Também, nesse mesmo discurso, Fidel reforça a ideia de que a resposta para a segunda questão, sobre como se vai estudar, busque o desenvolvimento da relação estudo e trabalho como princípio orientador da formação de todos os estudantes, "como um meio de formação". No caso da terceira pergunta, sobre quem vai estudar, o sentido é de possibilitar que as massas populares adentrem a universidade, por isso a importância de buscar as condições concretas para os estudos, e por isso já se fala da disponibilização de bolsas que garantam condições de estudo e moradia.

O sistema de bolsas garantidos pela Lei da Reforma Universitária de 1962 possibilitou o acesso de milhares de jovens oriundos da classe trabalhadora de Cuba aos estudos superiores. Diversos deles já tinham sido beneficiados pela estruturação do sistema nacional de ensino público e gratuito a partir da Lei de 6 de junho de 1961 – Nacionalização Geral e Gratuita da Educação (Lara; García; Léon, 2008). Filhos e filhas da classe trabalhadora cubana foram atingidos nos diferentes níveis da educação nacional e, ao chegarem ao ensino superior, tinham a necessidade de obter as condições básicas para a permanência nos estudos.

Fidel aborda a questão relacionando elementos da reforma urbana que estava em curso com a garantia de locais de moradia para os estudantes. A reforma urbana em Cuba teve início regulando drasticamente os aluguéis e depois passou por medidas que limitavam a posse de casas pelas famílias. Além disso, diversos imóveis que eram de propriedade das classes dominantes foram expropriados pela Revolução ou mesmo abandonados por seus antigos proprietários, que deixaram o país diante do avanço das medidas revolucionárias. Fidel defendeu que para garantir as bolsas de moradia estudantil "ocupou-se uma série de edifícios que estavam sem terminar, terminaram, e atualmente já há mais de mil bolsistas universitários, e já existem, virtualmente, condições para acolher, somente na capital, tirando Las Villas e Oriente, na capital, existe local para acolher três mil e quinhentos bolsistas universitários" (Castro, 1981, p. 56, tradução nossa).

Lembremos que o próprio problema da moradia popular era uma demanda já expressa desde o Programa de Moncada. Mesmo diante dessa urgência, Fidel, compreendendo o papel fundamental que o avanço da formação técnica e universitária tinha para o desenvolvimento do país, não hesitou em defender também como prioridade a garantia de condições de moradia para os milhares de estudantes bolsistas que alcançavam a universidade, afirmando que "não ficará um só jovem humilde sem direito a uma bolsa para estudar na universidade" (Castro, 1981, p. 57, tradução nossa). Tanto as conquistas da Revolução quanto as reflexões de Fidel alcançaram dimensões que eram inimagináveis no contexto social do capitalismo dependente. Garantir as condições de vida e estudo dos jovens que chegavam à universidade era ultrapassar o direito formal burguês, que, apesar de nunca ter sido efetivado na maior ilha do Caribe, era reafirmado em discursos dos democratas reformistas e até mesmo de ditadores como Fulgencio Batista. A educação como dimensão plena dos indivíduos oriundos das camadas populares deu passos sólidos para ser alcançada na construção do socialismo em Cuba na década de 1960. Por isso, nesse sentido, as bolsas não se limitavam à moradia e incluíam "roupas, sapatos, alimentação, casa, livros, matrícula, remédios e, ainda, algum dinheiro para gastos elementares" (Castro, 1981, p. 56, tradução nossa).

Ao comentar o processo que levou brigadistas da Campanha de Alfabetização a darem continuidade a seus estudos após a tarefa de eliminar o analfabetismo na ilha em 1961, Fidel chama à atenção que muitos, em 1966, já estavam alcançando o título universitário, tendo passado por uma formação que se pautou pela inserção nos espaços escolares do novo sistema de ensino pós-revolução, se formando, enfim, como professores e professoras a partir de um novo método e técnica que atendia "à aspiração revolucionária, à aspiração socialista, à aspiração comunista como ideal da educação que combina estudo com o trabalho" (Castro, 1981, p. 67, tradução nossa).

Como já vimos, a inspiração socialista e marxista dessa questão possui forte presença em diversos autores que se dedicaram a pensar a educação a partir da luta da classe trabalhadora por superar a lógica capitalista e na construção de experiências socialistas como ocorreu na URSS. Cabe lembrar que é na década de 1960 que se iniciam diversas articulações e convênios nos âmbitos educacional, universitário e cultural entre o novo governo socialista de Cuba e a URSS (Pedemonte, 2020). A educação na URSS tinha sido desenvolvida logo nos anos iniciais da Revolução Soviética com uma riqueza de experimentações, pesquisas e reflexões em torno da centralidade da relação entre estudo e trabalho, como podemos perceber nas obras de pioneiros da educação socialista soviética como Pistrak (2009; 2011; 2015) e Krupskaya (2017). Esse princípio permaneceu ao longo dos anos como um legado da educação da URSS e foi relatado, por exemplo, por Paschoal Lemme, em visita que o educador brasileiro fez à URSS na década de 1950 (Gonçalves; Barão; Barão, 2018).

Fidel, por sua vez, diz que o trabalho é "o grande pedagogo da juventude" e compreende que a articulação entre trabalho e estudo deve se desenvolver em diferentes dimensões da formação universitária. Os estudantes devem estabelecer contato de forma precoce com os espaços de trabalho, e não esperar o fim da formação acadêmica para se inserir na fábrica, na granja, na escola secundária ou nos hospitais. Isso deveria promover o "contato com a vida real do povo" (Castro, 1981, p. 70, tradução nossa) e "ser realizado como uma necessidade moral" (Castro, 1981, p. 82, tradução nossa). Fidel chega a desenvolver a ideia de que, "no futuro, praticamente cada fábrica, cada zona agrícola, cada hospital, cada escola será uma universidade" (Castro, 1981, p. 132, tradução nossa). Do ponto de vista pedagógico, a ideia é que cada centro de trabalho pode aportar conhecimentos que complementam a teoria, mesmo se o estudante estiver vinculado a uma carreira na área das ciências humanas, como a sociologia e a política, os espaços de produção podem contribuir para compreensão mais ampla sobre como se "desenvolve o trabalho de um conglomerado humano" (Castro, 1981, p. 135, tradução nossa). Assim, os espaços de trabalho, as construções, as experiências laborais na indústria e na agricultura poderiam se tornar salas de aulas para formação dos estudantes. Os quadros docentes das universidades, em especial das áreas técnicas, poderiam ser aproveitados diretamente no processo produtivo, devido à falta, no início do processo revolucionário, de pessoal formado nessas áreas, e também como modo de acelerar o incremento do conhecimento acadêmico às diversas ações no campo da produção que estavam sendo desenvolvidas no país naquele período. Nesse sentido, ele reprova a ideia da existência de um antagonismo entre docência e produção, criticando tanto as tendências praticistas como o que ele chama de tendências "docentistas".

Uma vez que essa relação estudo-trabalho também possibilita que estudantes e professores se aproximem dos problemas vividos pelo povo, Fidel vê como um tipo de pedagogismo a ser criticado as dificuldades que muitos tinham de incorporar a importância dessa relação, lembrando que ao se reafirmar a necessidade de formação de técnicos para as demandas do socialismo cubano o que se quer são técnicos integrais que sejam também "melhores cidadãos", que sejam estudantes "conectados com o povo, homens conscientes, [...] técnicos com consciência" (Castro, 1981, p. 72, tradução nossa). A nosso ver, o problema aqui analisado por Fidel também aparece no pensamento de Che e no debate de Gramsci sobre a relação dos intelectuais com as massas populares. A questão que retomamos, a partir do pensamento de Fidel, é sobre a necessidade de que esses novos técnicos, concebidos como intelectuais da produção, sejam formados articulando os conhecimentos adquiridos aos problemas reais vividos pelo povo trabalhador. O que está em jogo é o papel que a universidade socialista pode desenvolver articulando dentro da revolução social uma revolução educacional que promova também uma revolução técnica. Os conhecimentos científicos e técnicos precisariam ser amplamente socializados, tendo como base a relação trabalho e estudo e os problemas da vida do povo. Isso passava pelo desafio prático de "criarmos uma consciência de revolucionários técnicos" (Castro, 1981, p. 112, tradução nossa). A ideia de Fidel sobre a necessidade de se formar "revolucionários técnicos" explora o potencial da técnica e da ciência na construção do socialismo, ao mesmo tempo que reconhece os aportes que a organização e a lutas dos trabalhadores podem dar para a construção de conhecimentos científicos no sentido da emancipação humana. E isso, conforme apontou Gramsci, não se pode fazer sem aquela "paixão" estabelecida entre intelectuais e as massas populares.

Ao mesmo tempo, para Fidel, o revolucionário técnico formado pela universidade socialista não pode ser pensado como uma "categoria especial" que se nutre dos problemas do povo para se diferenciar ainda mais dele. Fidel explora a crítica de base marxista sobre a divisão promovida pelo capitalismo entre trabalho manual e trabalho intelectual. Em Gramsci, esse debate aparece como a crítica à ideia dos intelectuais como uma "casta ou um sacerdócio" (Gramsci, 1999, p. 221) e se amplia a defesa de uma formação integral baseada na concepção de escola única, que massifique a formação de pessoas que sejam capazes "de pensar, de estudar, de dirigir ou de controlar quem dirige" (Gramsci, 2001, p. 49). A articulação do trabalho e do estudo numa proposta socialista de educação e universidade pode apoiar o desafio de superar essa divisão, apontando para uma formação integral, como afirmava Fidel. Nesse sentido, ele faz a seguinte indagação:

> Como podemos fazer um povo todo de estudantes, todos os trabalhadores, se alguns se imaginam que vão se converter em uma espécie de categoria social, em intelectuais que vão estar sempre trabalhando com a inteligência e nada mais, dando ordens, mandando, desempenhando funções?

Não seríamos revolucionários se não aspirássemos o dia em que todos os cidadãos deste país e, logicamente, os cidadãos futuros deste país, sobretudo com as novas gerações, cheguemos a ter um povo em que todos são capazes de realizar tanto trabalhos intelectuais como trabalhos manuais, materiais. (Castro, 1981, p. 124, tradução nossa)

O contexto de partida para a construção do socialismo, como já salientamos, se caracterizou por uma baixa presença de pessoal com formação superior. A "falta de pessoal técnico", a "necessidade de engenheiros" era identificada por Fidel como um dos principais problemas para o avanço da industrialização socialista, que não estaria exatamente "nos recursos econômicos, mas sim nos recursos humanos" (Castro, 1981, p. 116, tradução nossa). A ideia que está presente é a de que "a revolução técnica é a revolução que complementa a revolução social" (Castro, 1981, p. 116, tradução nossa), uma vez que seria tarefa do novo poder político-social, a partir dos interesses da classe trabalhadora cubana, fazer avançar ao máximo a socialização e o pleno domínio da ciência e da técnica, no sentido de garantir uma vida plena para todos com o desenvolvimento econômico, social e cultural de toda a sociedade.

No sentido da defesa de uma educação politécnica, Lenin também reconhecia a importância de uma formação centrada no domínio científico e tecnológico como caminho para o avanço econômico e social da Rússia soviética (Oyama, 2014). No caso cubano, Fidel faz referência, por exemplo, ao papel das pesquisas ligadas à indústria da cana de açúcar e sua relação com a química para projetar a superação do açúcar como único produto desse ramo e a formação de engenheiro nessa área (Castro, 1981). Uma das ideias presentes na década de 1960, e na reflexão de Fidel, era a formação de engenheiros que "fossem capazes de desenvolver as indústrias nacionalizadas pelo governo revolucionário" e atender às projeções do ambicioso plano de industrialização da Revolução socialista em Cuba (Rabionet *et al.*, 2010, tradução nossa). O desenvolvimento de atividades de ensino, pesquisa e extensão na área de polímeros da engenharia química, a partir do contexto da relação das universidades com as indústrias do ramo, também teve um impulso importante nesse período (González, 2008), além do envio de graduados na área de engenharia agronômica para fora do país (Castro, 1981).

O desafio colocado nessas reflexões de Fidel sobre a importância da formação científica e técnica no projeto socialista se propunha a colocar a universidade na tarefa de superar a "miséria técnica" produzida por anos de capitalismo dependente.

Para Fidel, universalizar o ensino superior era parte da tarefa de construção do socialismo na ilha, partindo da ideia de que "todo o povo um dia chegue ao nível do que chamamos educação universitária". Uma revolução das massas populares deveria apontar que o comunismo não seria alcançado "sem a universalização dos conhecimentos científicos e técnicos", sem o "desenvolvimento de todas as faculdades potenciais, de toda a inteligência potencial deste povo" (Castro, 1981, p. 134, tradução nossa), nem que para isso fosse necessário, como Fidel afirmou e defendeu, enfrentar a lógica do mercado na produção de livros, por exemplo. Na época se tomou a decisão de publicar em Cuba diversas obras de cultural geral e temas específicos nos diversos ramos da formação acadêmica, sem pagar a propriedade para os grandes monopólios editoriais existentes à época (Castro, 1967).

O sentido internacionalista da universidade socialista já era potencializado por Fidel, quando diz que,

> quando nós trabalhamos no campo das investigações, devemos pensar nas centenas de milhões de seres humanos que vivem nas zonas tropicais e subtropicais no mundo chamado subdesenvolvido. Centenas de milhões de seres humanos que têm uma média de 25, 30, 35 anos, comparado com a média de vida de 60 e tantos anos que têm os países industrializados, e que nossas investigações e os resultados de nossa técnica irão beneficiar centenas de milhões de seres humanos. Essa deve ser, também, uma de nossas ambições. (Castro, 1981, p. 114, tradução nossa)

Ao afirmar que a entrada de jovens nas universidades cubanas seria a medida do desenvolvimento do socialista na ilha (Castro, 1981), Fidel ajudou a solidificar a centralidade da educação e da universidade no projeto socialista que o povo trabalhador de Cuba vem construindo até os dias de hoje.

## Conclusões

Por fim, os elementos apresentados neste capítulo pretendem contribuir com a perspectiva de González e Gomez (2018, p. 331), que dizem que "o estudo pormenorizado do pensamento de Fidel e do trabalho enriquecedor do marxismo-leninismo em nossa época é uma tarefa muito promissora que agora se inicia", ao mesmo tempo que concordamos com a assertiva dos mesmos autores sobre Fidel:

> cabe destacar um de seus maiores méritos na condução da vitoriosa da Revolução, o de ter alcançado um alto nível de educação política do povo cubano sobre as bases ideológicas do marxismo-leninismo. Foi capaz de dissolver os preconceitos anticomunistas que a sustentada guerra ideológica do imperialismo tem mantido com o povo cubano e com o resto do mundo progressista. (González; Gomez, 2018, p. 331, tradução nossa)

O reconhecimento dos avanços educacionais em Cuba nos dias de hoje, bem como os reflexos desses processos em áreas como ciência e tecnologia, a exemplo da impactante capacidade na produção de vacinas contra a covid-19 demonstrada pelo sistema socialista da ilha caribenha, nos traz a indagação de como uma ilha tão pequena, sob um bloqueio criminoso, alcançou tais resultados. Estamos convencidos de que a construção do socialismo pelo povo trabalhador cubano dependeu do compromisso ético-político em sustentar um projeto contra a lógica imperante do capital, mesmo que com inúmeras dificuldades e contradições próprias de um longo caminho concreto de resistência, avanços e obstáculos.

Cabe reconhecer desde já que as transformações educacionais vivenciadas logo na primeira década após 1959 foram pilares fundamentais para as vacinas cubanas hoje existentes, produzidas pela ação de trabalhadoras, em sua grande maioria, e trabalhadores do Complexo Socialista Científico e Tecnológico de Cuba. As mulheres tiveram papel central na Campanha de Alfabetização no início da década de 1960 em Cuba, e logo depois essas educadoras, muitas delas jovens, entraram na universidade e se formaram em diversas áreas, dentre elas a área de ciência e tecnologia. Sem os avanços educacionais iniciais, sem a ampliação e a garantia da entrada de mulheres na universidade em Cuba, dificilmente teríamos as vacinas que salvaram vidas na ilha.

É nesse sentido que o pensamento e a ação revolucionários de Fidel se localizam como elemento inseparável das conquistas da classe trabalhadora cubana na construção do socialismo na ilha. Sua crítica à situação educacional na ilha antes de 1959 é a crítica reveladora da lógica do capital via um sistema neocolonial. Já como dirigente revolucionário à frente de medidas concretas para estruturar um novo sistema de ensino, bem como uma nova universidade, Fidel defendeu a ligação da educação com a vida do povo, com as necessidades do povo e com as tarefas do socialismo. Industrializar o país, fazer a Reforma Agrária, garantir educação para todos, construir um sistema de saúde público e gratuito como parte do caminho socialista de Cuba eram ações que demandavam uma concepção de educação e de universidade radicalmente nova. Os aportes do pensamento de Fidel para essa demanda revolucionária, como vimos, fizeram avançar uma concepção de educação e de universidade socialista na Revolução Cubana.

## Referências

ALMENDROS, H. (org.) *Ideario pedagógico*: José Martí. La Habana: Centro de Estudios Martianos, 2015.

BRIGOS, J. P. G. G.; BELAMARIC, R. A.; PINEDA, D. R. "Cuba: Revolución y socialismo". *In:* PINEDA, D. R. *et al. De Petrogrado al socialismo en Cuba*: Cien años después. La Habana: Editorial José Martí, 2018.

CARDOSO, M. M. R. *A concepção socialista de universidade na etapa inicial da revolução cubana*. Tese (Doutorado em Educação) – Faculdade de Educação da Universidade Federal de Minas Gerais, Belo Horizonte, 2022.

CASTRO, Fidel. *Discurso pronunciado por el Comandante en Jefe Fidel Castro Ruz en el Estadio Universitario, el 13 de marzo de 1959*. Disponível em: http://

www.fidelcastro.cu/es/discursos/discurso-pronunciado-en-el-estadio--universitario-el-13-de-marzo-de-1959. Acesso: 22 jul. 2024

CASTRO, F. *Discurso pronunciado por el Comandante Fidel Castro Ruz, Primer Secretario de la dirección nacional de las ORI y Primer Ministro del Gobierno Revolucionario, en la clausura del Tercer Congreso Nacional de Consejos Municipales de Educación, en el Teatro "Chaplin", el 10 de septiembre de 1962a*. Disponível em: http://www.cuba.cu/gobierno/discursos/1962/esp/f100962e.html. Acesso: 3 abr. 2021.

CASTRO, F. *Discurso pronunciado por el Comandante Fidel Castro Ruz, Primer Secretario de la Dirección Nacional de las ORI y Primer Ministro del Gobierno Revolucionario, en el acto de inauguración del Palacio de los Pioneros, el 6 de enero de 1962b*. Disponível em: http://www.cuba.cu/gobierno/discursos/1962/esp/f060162e.html. Acesso: 5 out. 2021.

CASTRO, F. *Discurso pronunciado por el Comandante Fidel Castro Ruz, Primer Secretario del Partido Unido de la Revolución Socialista y Primer Ministro del Gobierno Revolucionario, en la inauguración de la Ciudad Universitaria "Jose Antonio Echeverria", en los terrenos del central "Manuel Martinez Prieto", antiguo "Toledo", el 2 de diciembre de 1964*. Disponível em: http://www.cuba.cu/gobierno/discursos/1964/esp/f021264e.html. Acesso: 18 set. 2021.

CASTRO, F. *Discurso pronunciado por el Comandante Fidel Castro Ruz, Primer Secretario del Comité Central del Partido Comunista de Cuba y Primer Ministro del Gobierno Revolucionario, en el acto celebrado con los estudiantes de Topes de Collantes, el 18 de julio de 1966*. Disponível em: http://www.cuba.cu/gobierno/discursos/1966/esp/f180766e.html. Acesso: 3 abr. 2021.

CASTRO, F. *Discurso pronunciado por el Comandante Fidel Castro Ruz, primer secretario del Comité Central del Partido Comunista de Cuba y Primer Ministro del Gobierno Revolucionario, en la despedida a las becarias que han laborado en diversas tareas del regional guane-mantua y en la inauguración de distintas obras en Guane, Pinar del Rio, en el estadio deportivo, el 29 de abril de 1967*. Disponível em: http://www.cuba.cu/gobierno/discursos/1967/esp/f290467e.html. Acesso: 8 out. 2021.

CASTRO, F. *A educação em Cuba*. Lisboa: Iniciativas Editoriais, 1975.

CASTRO, F. *Educación y Revolución*. 6ª ed. México: Editorial Nuestro Tiempo, 1981.

CUBA. *Constitución de la República de Cuba*. La Habana: Ministerio de Justicia, 2019. Disponível em: http://www.granma.cu/file/pdf/gaceta/Nueva%20Constituci%C3%B3n%20240%20KB-1.pdf. Acesso: 4 jul. 2021.

FERNANDES, F. *Da guerrilha ao socialismo*: a Revolução Cubana. 3ª edição. São Paulo: Expressão Popular, 2012.

GIRALT, M. P. *Cubanas/os negras/os en su laberinto educativo*: un análisis pedagógico-crítico de ausencias/emergencias. Tese (Doutorado em Educação) – Faculdade de Educação, Universidade Federal de Minas Gerais, Belo Horizonte, 2021.

GÓMEZ, N. P; MATIENZO, F. I. "El pensamiento de Juan Marinello y de Carlos Rafael Rodríguez acerca de la formación universitaria, una reflexión necesaria para la universidad cubana del siglo XXI". *Amauta*, v. 14, n. 28, p. 201-212, 2016. https://dialnet.unirioja.es/servlet/articulo?codigo=5732621. Acesso: 22 jul. 2024

GONÇALVES, L. S.; BARÃO, C. A.; BARÃO, G. O. D. "A U.R.S.S., a educação e a cultura: relatos de viagem de intelectuais brasileiros". *Revista HISTEDBR On-line*, Campinas, v. 18, n. 1, p. 123-140, mar. 2018. Disponível em: https://periodicos.sbu.unicamp.br/ojs/index.php/histedbr/article/view/8645886. Acesso: 18 set. 2021.

GONZÁLEZ, O. O. J. *Los polímeros en la Universidad de La Habana*: un ejemplo de relación universidad-ciencia-sociedad. La Habana: Editorial Universitaria (Cuba), 2008.

GONZÁLEZ, P. G.; GOMEZ, M. R. *El pensamiento filosófico en Cuba en el siglo XX*: 1900-1960. La Habana: Editorial Universitaria Félix Varela, 2018.

GUEVARA, C. *El socialismo y el hombre en Cuba*. La Habana: Ocean Sur, 2011.

GRAMSCI, A. *Cadernos do cárcere*: introdução ao estudo da filosofia: a filosofia de Benedetto Croce. Rio de Janeiro: Civilização Brasileira, 1999 (v. 1).

GRAMSCI, A. *Cadernos do cárcere*: os intelectuais: o princípio educativo. Jornalismo. Rio de Janeiro: Civilização Brasileira, 2001 (v. 2).

HEREDIA, F. M. "Universidad, historia, Revolución: un dialogo con Fernando Martínez Heredia". *Prohistoria*, n. 3, p. 291-295, 1999. Disponível em: https://dialnet.unirioja.es/servlet/articulo?codigo=5851808. Acesso: 17 set. 2021.

HART DÁVALOS, A. "Las universidades no pueden vivir al margen de sus tiempos". *In:* COLECTIVO DE AUTORES. *La Reforma Universitária de 1962*: Medio medio siglo de impacto en la Educación Cubana. Monterrey, México: LA&GO Ediciones, 2013.

KRUPSKAYA, N. K. *A construção da pedagogia socialista*. São Paulo: Expressão Popular, 2017.

LARA, J. B.; GARCÍA, D. L. L.; LÉON, T. C. *Documentos de la Revolución Cubana – 1961*. La Habana: Editorial de Ciencias Sociales, 2008.

LEITE, M. C. L. C. "Relações entre o estudo e o trabalho em Cuba: um modelo permeado por manifestações do marxismo-leninismo e do ideário de Martí". *Revista HISTEDBR On-line*, Campinas, v. 11, n. 41e, p. 283-294, abr. 2012. Disponível em: https://periodicos.sbu.unicamp.br/ojs/index.php/histedbr/article/view/8639910. Acesso: 5 jul. 2021.

LEITE, M. C. L. C. Uma análise do legado autóctone na educação cubana. Revista *HISTEDBR On-line, Campinas*, v. 14, n. 59, p. 318-332, out. 2015. Disponível em: https://periodicos.sbu.unicamp.br/ojs/index.php/histedbr/article/view/8640366. Acesso: 5 jul. 2021.

LEITE, M. C. L. C.; CALDAS, C. O. L. "Estado, identidade e educação: cento e cinquenta anos de resistências e lutas em Cuba". *Revista de Estudos e Pesquisas sobre as Américas*, v. 13, n. 3, p. 234-270, 2019. Disponível em:

https://periodicos.unb.br/index.php/repam/article/view/27306. Acesso: 5 jul. 2021.

MARATA, A. M. (org.) *Desarollo y sociedad cubana*: perspectivas interdisciplinares. Havana: Centro Félix Varela; Facultad Latinoamericana de Ciencias Sociales, 2020.

MARX, K. *Grundrisse*: manuscritos de 1857-1858: esboços da crítica da economia política. São Paulo: Boitempo; Rio de Janeiro: UFRJ, 2011.

MARX, K; ENGELS, F. *História, natureza, trabalho e educação*. FRIGOTTO, Gaudêncio; CIAVATTA, Maria; CALDART, Roseli Salete (orgs.). 1ª edição. São Paulo: Expressão Popular, 2020.

MENEZES NETO, A. J. "Mariátegui e a educação socialista". *In:* MENEZES NETO, A. J. (orgs.). *Socialismo e educação*. Belo Horizonte: Fino Traço, 2013.

NAVARRO, J. C. *Una Revolución martiana y marxista*. La Habana: Centro de Estudios Martianos, 2008.

NETTO, J. P. "Breve nota à interlocução entre pensadores da educação e Marx". *In:* CÊA, G.; RUMMERT, S. M.; GONÇALVES, L. (orgs.). *Trabalho e educação*: interlocuções marxistas. Rio Grande: Ed. da FURG, 2019.

NEVOT, G. E. F. "El proyecto político de una sociedad más justa: sus avatares ante desigualdades persistentes y emergentes". *In:* JIMÉNEZ GUETHÓN, Reynaldo Miguel; JIMÉNEZ MARATA, Anette María (orgs.). *Desarollo y sociedad cubana*: perspectivas interdisciplinares. Cuba: Centro Félix Varela; Facultad Latinoamericana de Ciencias Sociales, 2020.

OTERO, G. S. *1961*: el año de todos los sueños. La Habana: Ediciones La Memoria; Centro Cultural Pablo de La Torriente, 2011.

OYAMA, E. R. *Lenin, educação e Revolução*. Jundiaí: Paco Editorial, 2014.

PEDEMONTE, R. *Guerra por las ideas en América Latina, 1959-1973*: presencia soviética en Cuba y Chile. Santiago: Ediciones Universidad Alberto Hurtado, 2020.

PÉREZ, J. T. *et al.* "La reforma universitaria de 1962 en la Facultad de Ciencias Médicas de la Universidad de La Habana". *Cuad. Hist. Salud Pública*, La Habana, n. 95, jan.-jun. 2004. Disponível em: http://scielo.sld.cu/scielo.php?script=sci_arttext&pid=S0045-91782004000100013&lng=es&nrm=iso. Acesso: 20 dez. 2021.

PISTRAK, M. M. *A escola-comuna*. São Paulo: Expressão Popular, 2009.

PISTRAK, M. M. *Fundamentos da escola do trabalho*. São Paulo: Expressão Popular, 2011.

PISTRAK, M. M. *Ensaio sobre a escola politécnica*. São Paulo: Expressão Popular, 2015.

QUESADA, R. A. Entrevista. Testimonio de un protagonista estudantil de la Reforma Universitária. *In:* COLECTIVO DE AUTORES. *La Reforma Universitária de 1962*: medio siglo de impacto en la Educación Cubana. Monterrey, México: LA&GO Ediciones, 2013.

RABIONET, H. P. *et al.* "Historia de la ingeniería industrial: un acercamiento panorámico al tema en el mundo y en Cuba". *Revista Estudiantil Nacional de Ingeniería y Arquitectura*, v. 1, n. 3, p. 18, 2010.

RODRÍGUEZ, L. M. B; SUÁREZ, R. S. *Gobierno Revolucionario Cubano*: primeros pasos. La Habana: Editorial de Ciencias Sociales, 2009.

SIMIONATTO, I.; COSTA, C. R. "Estado e políticas sociais: a hegemonia burguesa e as formas contemporâneas de dominação". *Revista Katálysis*, Florianópolis, v. 17, p. 68-76, jan.-jun. 2014. Disponível em: https://www.scielo.br/j/rk/a/hqrscv7d37Jbgrxr5s7GwBm/?format=pdf&lang=pt. Acesso: 18 set. 2021.

STRECK, D. R. *José Marti & a educação*. Belo Horizonte: Autêntica, 2008.

*TARARÁ*: la historia de Chernobyl en Cuba. Direção de Ernesto Fontán. Carbono Films, INCAA. Argentina: 2021. Online (70 min.), color.

VARONA, E. C. *Pasión por Cuba*. La Habana: Editorial Pueblo y Educación, 2017 (Coleção Cuba, una Cultura de liberación, t. 4, v. I, 1959-1960).

# MÁS ALLÁ DE LA UNESCO: LA HABANA VIEJA COMO BIEN CULTURAL

MAITE HERNÁNDEZ ALFONSO[1]

## Introducción

Las políticas implementadas y las instituciones creadas por el Estado cubano dentro del proyecto socialista iniciado en 1959 contribuyeron a realizar una lectura del centro histórico de la Habana Vieja como Bien Cultural más allá de las instancias de la Unesco. El presente artículo destaca el papel del Estado cubano, a partir de 1959, en la creación de instituciones y leyes para la protección del patrimonio cultural y para dar una mayor accesibilidad de la población a la educación y al arte, favoreciendo una visión particular del patrimonio.

En el contexto del aniversario 50 de la Convención de Patrimonio Mundial de la Unesco en 2022, nuevas reflexiones y aproximaciones a las políticas patrimoniales se revisitan desde todos los continentes, frente a nuevos desafíos impuestos como: el cambio climático, la degradación de áreas protegidas,

[1] Mestre e doutoranda em Desenvolvimento Urbano (PPG-MDU) pela Universidade Federal de Pernambuco (UFPE) no Brasil. Email: maitehernandezalfonso@gmail.com.

la expansión y transformación urbana acelerada, el turismo predatorio y, de forma general, la relación desigual entre las sociedades y la naturaleza. Especialmente en América Latina, tales desafíos han sido ampliamente discutidos en seminarios y encuentros que buscan compartir experiencias y establecer caminos comunes, "acciones y recomendaciones para la protección, conservación y gestión del patrimonio en los próximos 50 años".[2] De forma paralela a estas discusiones, y en estrecha relación, la búsqueda de un futuro sostenible se constituyó como el eje de orientación de la nueva "hoja de ruta" establecida por la Unesco en la Agenda 2030 para el Desarrollo Sostenible, desde 2015. En la misma, "gracias a un firme llamamiento por parte de los actores locales y nacionales" la cultura, el patrimonio cultural y la diversidad de expresiones culturales fueron contemplados por primera vez como agentes activadores del desarrollo en gran parte de los Objetivos del Desarrollo Sostenible (Cultura, 2017).

En el caso específico de América Latina, el "Informe mundial sobre la cultura para el desarrollo urbano sostenible" (2017) reconoce la existencia de desafíos con relación a la pérdida de parte del patrimonio debido al crecimiento urbano, así como la expulsión y marginalización de grupos sociales, gentrificación y desarrollo predatorio del turismo. Tales problemas no son exclusivos de América Latina, pero sin dudas ellos se manifiestan en esta región de forma diferente acarreando también distintas consecuencias. Queda reconocida también la diversidad de las ciudades latinoame-

2 Mesa-redonda da Iniciativa Nosso Patrimônio Mundial. Diálogos Latino-americanos. Novas Abordagens em Patrimônio. Disponível em https://paisagenshibridas.eba.ufrj.br/2021/02/03/dialogoslatinos/. Acesso: 18-06-2021.

ricanas, sus formas y sistemas urbanos, los distintos procesos y dinámicas históricas, así como la diversa situación política de la región; aspectos que han intervenido en el desarrollo de estas ciudades y, por lo tanto, deberán tenerse en cuenta a la hora de trazar estrategias en materia de conservación del patrimonio urbano.[3]

Si bien a partir de este Informe pareciera que las preocupaciones con estos temas son recientes, no es así. Desde hace algunos años, específicamente en América Latina, es notable la dimensión social con la que se han analizado e implementado prácticas de manejo y gestión de ciudades y centros históricos, partiendo del entendimiento de una realidad particular y problemas concretos. No obstante, aun éste continúa siendo un tema pendiente de nuevas reflexiones. La necesidad de evitar procesos de gentrificación, de elaborar planes de gestión sostenibles y de entender los procesos históricos y políticos específicos de cada país han sido motivo y objeto de algunas de las iniciativas de preservación de centros históricos de la región. Quito y La Habana Vieja son algunos de los casos más referenciados. En el caso específico de La Habana Vieja, las principales estrategias trazadas por el nuevo modelo estatal de gestión integral para la rehabilitación, implementado en 1993, permiten identificar la compresión de algunas ideas como las enunciadas, años más tarde, por Meneses[4] *et al.* (2006) en el

[3] Para Ulpiano Meneses (1978), el patrimonio ambiental urbano es un sistema de objetos, socialmente apropiados, percibidos como capaces de alimentar representaciones de un ambiente urbano. Se trata de un proceso de acción continua y no apenas de la inscripción de bienes en una lista acumulativa.

[4] Autor de numerosos trabajos publicados en el área de Patrimonio Cultural. Fundador del Comité Brasileño de Icomos. Director, vicepresidente y presidente interino de Condephaat del Estado de São Paulo. Vicepresidente del Comité Brasileño de Icom. Asesor de Iphan desde 2005 hasta 2021.

texto "A cidade como bem cultural: Áreas envoltórias e outros dilemas, equívocos e alcance na preservação do patrimônio ambiental urbano".

El presente artículo destaca el papel del Estado cubano en la creación de instituciones y leyes para la protección del patrimonio cultural, y otras que dieron una mayor accesibilidad de la población a la educación y al arte, especialmente a partir de 1959, favoreciendo una visión particular hacia el patrimonio cultural que permite realizar una lectura de la Habana Vieja como Bien Cultural; un análisis realizado a partir de las dimensiones propuestas por Meneses *et al.* (2006). Estas son: la ciudad como artefacto, como campo de fuerzas y como representaciones sociales. Especialmente, el análisis de algunas de las principales estrategias trazadas en la década de 1990, que condensan visiones y propósitos heredados de etapas anteriores, pueden ratificar la pertinencia de las ideas de Ulpiano aplicadas al tratamiento de la ciudad y el patrimonio habaneros.

## El Patrimonio Cubano en tres tempos

### *Los inicios de un campo de conocimiento en Cuba apegado a la idea de nación*

La construcción de un campo de conocimiento en materia de patrimonio cultural en Cuba tuvo sus inicios en la segunda década del siglo XX. La reciente independencia del régimen colonial español y el nacimiento de la república, el 20 de mayo de 1902, habían generado una serie de cambios políticos y económicos en el país con el fin de erigir una nueva nación "moderna". La búsqueda de la identidad nacional en la arquitectura por estos años permeó no sólo el lenguaje arquitectónico neocolonial sino también el rescate de los monumentos y edificios históricos.[5] En Cuba, y en otros países de la región,[6] la idea de restaurar edificios públicos partió de la iniciativa estatal en su afán por trascender en medio del contexto nacionalista.

A este fenómeno se sumó el conocimiento que se tuvo de las experiencias españolas y francesas específicamente en lo referente a leyes y a la creación de instituciones patrimoniales. Ello, unido al intercambio de información establecido a través de las revistas de arquitectura y los Congresos Panamericanos de Arquitectos, permitieron conectar a Cuba no solo con las prácticas restaurativas, sino también con los procesos de institucionalización del patrimonio y, de forma general, con el avance de las ideas en materia de patrimonio cultural dentro y fuera del continente.

Dentro de Cuba específicamente, el rescate del patrimonio arquitectónico también se inició en un momento de significativa penetración cultural extranjera. Los numerosos planes de renovación de la ciudad de la Habana a inicios del siglo XX fueron resultado de un afán de embellecimiento y modernización con el que se proponía transformar la imagen de la ciudad. En medio de esto surgió la necesidad de rescatar la imagen colonial de La Habana y aquello que, según el pensamiento de muchos arquitectos de la época, la dotaba de singularidad (Segre; Sambricio, 2000).

---

5 En países como Estados Unidos, donde mayormente la restauración era emprendida por fundaciones y entidades privadas, los primeros trabajos de esta naturaleza partieron también del interés por rescatar la historia y los sitios vinculados con los "Padres Fundadores".

6 Como México y Argentina. En otros países como Brasil, en la década del '30 y en medio del llamado Estado Novo, también se asistió a la creación de un organismo estatal (SPHAN) responsable por la protección del patrimonio cultural con la misma perspectiva de valorización de la identidad nacional.

Sin una formación especializada en materia de restauración, los arquitectos adhirieron preceptos en sintonía con algunas prácticas restaurativas empleadas durante los años veinte en países de la región como Estados Unidos, Argentina o Brasil.[7] La reconstrucción, sustitución y la búsqueda de una unidad de estilo en las restauraciones se asumieron conscientemente; respaldadas tal vez por un contexto de renovación y embellecimiento de la ciudad que abría sus puertas al turismo norteamericano y que buscaba mostrar a Europa monumentos hispanoamericanos singulares y dignos de admiración. En los primeros trabajos de restauración realizados en la Plaza de Armas entre 1926 y 1930 y, en mayor o menor medida, también en las obras restauradoras realizadas hasta entrada la década de 1950, es reconocible la importancia otorgada a la tradición, la historia y la "belleza original" dentro de los valores culturales, históricos y artísticos atribuidos de los monumentos. En resumen, fue la búsqueda de una unidad estilística lo que pautó la práctica restaurativa de los primeros cincuenta años del siglo XX en Cuba.

Pero el saldo de estas primeras obras no fue apenas la definición de un "estilo colonial" para los monumentos. A partir de ese momento también aumentaron las exigencias para la protección de los monumentos y con ello surgieron las primeras entidades encargadas del estudio del patrimonio y la historia de La Habana. Vendrían entonces, con el surgimiento de las primeras instituciones patrimoniales, los cuestionamientos y el debate en torno a los criterios de restauración empleados en Cuba.

[7] En Brasil, durante los primeros años de actuación del SPHAN, los centros históricos del período colonial y su arquitectura barroca, fueron conocidos como la raíz constructiva brasileña, y adoptados como referencias para prácticas restaurativas ancladas en acciones de repristinación y en la búsqueda de una uniformidad estilística.

Una de las primeras organizaciones creadas para el estudio de la historia de las construcciones habaneras fue la Comisión de Historia, Ornato y Urbanismo de 1928 (Memoria, 1929), y de esta entidad salió la propuesta de declarar la Plaza de Armas y la de la Catedral como Monumentos Históricos (declarados como tal en 1934). Con el reconocimiento del carácter patrimonial de estos lugares se le daría un nuevo sentido a la restauración de los edificios en la Plaza de Armas algo que, sin dudas, propició la creación, el 24 de julio de 1928, de la primera ley que autorizaba al presidente de la República para hacer declaratorias de Monumentos Nacionales (Roig de Leuchsenring, 1957).

Junto al precedente sentado por la restauración de las obras de la Plaza de Armas, la creación de la Comisión de Historia, Ornato y Urbanismo y la creación de la primera Ley para la declaratoria de Monumentos, figuras como Evelio Govantes, Luis Bay Sevilla, Joaquin Weiss y Pedro Martínez Inclán, junto a otros, no cesaban en el empeño por rescatar la tradición y la historia de las calles y construcciones cubanas. Entre ellos, dedicado especialmente al proceso de institucionalización del patrimonio estuvo el Historiador de la Ciudad de La Habana Dr. Emilio Roig de Leuchsenring. Fue Roig uno de los intelectuales medulares de este proceso. A partir de su trabajo se creó, en 1937, el primer organismo nacional encargado de la conservación y estudio de los monumentos precolombinos y coloniales: La Comisión Nacional de Arqueología, transformada en Junta Nacional de Arqueología y Etnología en 1942. De su mano también fue creada, a nivel municipal en 1938, la Oficina del Historiador de la Ciudad de La Habana (OHCH) para promover la historia, la cultura habanera y la preservación del patrimonio.

Otro logro importante de esta etapa llegaría en 1940 cuando la nueva Constitución cubana estableciera legalmente la responsabilidad del Estado en la protección del patrimonio histórico de la isla. A todas estas instancias se les sumaría la creación en 1940, a nivel municipal, de la Comisión de Monumentos, Edificios y Lugares Históricos y Artísticos Habaneros (Roig de Leuchsenring, 1957). Así, la Junta Nacional de Arqueología y Etnología, con la asesoría de la Oficina del Historiador de la Ciudad y la Comisión de Monumentos, Edificios y Lugares Históricos y Artísticos Habaneros, constituyó la más completa y madura entidad de su tipo en la isla. Esta junta no sólo se proponía la protección de los monumentos, sino también el registro, clasificación y documentación de las intervenciones realizadas en los mismos.

Paradójicamente, cuando desde el punto de vista institucional la comprensión alcanzada sobre la importancia de los monumentos y de la protección del patrimonio cubano como forma de preservar y conocer profundamente los orígenes de la nación alcanzaba a fraguarse, el debate en torno a la manera de restaurar continuó siendo un tema espinoso y plagado de visiones encontradas, incluso después de pasada la década de 1950. En medio de este escenario triunfó la insurrección revolucionaria de 1959 mudando así el escenario político y la realidad de todos los cubanos. En lo adelante, el devenir que tendría el campo patrimonial en la isla también sería revolucionado.

### *La cultura cubana en la vida del pueblo. El patrimonio cultural apegado al proceso revolucionario*

El triunfo de la revolución cubana constituyó un hecho sin precedentes en la historia de Cuba que causó un viraje importante en la historia republicana de la isla. El peso de la presencia estadounidense y específicamente sus mecanismos de control económico neocolonial con Cuba, unido a los estragos en términos sociales del régimen dictatorial de Fulgencio Batista, suscitaron una "genuina guerra popular de liberación" (Guerra; Maldonado, 2006). A partir de entonces, comenzaron a llevarse a cabo en Cuba reformas de distinta naturaleza: social, agraria, educativa, política, económica etc.

Durante los primeros años se buscó democratizar el acceso a la educación, el arte y la cultura en general. En materia de cultura, en el propio año de 1959 se constituyó la Dirección de Cultura, adscrita al Ministerio de Educación. Seguidamente en marzo y abril del mismo año se crean, respectivamente, el Instituto Cubano de Arte e Industria Cinematográfica (Icaic) y la Casa de las Américas; instituciones inauguradas con el objetivo de estimular la producción y promoción de la cultura cubana y latinoamericana. Fueron creadas las Escuelas Nacionales de Instructores de Arte (1961) y las Escuelas Nacionales de Arte (1962) – posteriormente como Instituto Superior de Arte, el ISA (1976). Luego de la campaña de alfabetización realizada en 1961 comenzó también una amplia promoción de la lectura en todos los sectores de la población. En ese mismo año se creó el Consejo Nacional de Cultura (CNC), primera institución gubernamental para el desarrollo de la política cultural en el país. A partir de 1962, luego de la Declaración del Carácter Socialista de la revolución, fueron creadas otras instancias culturales con la finalidad de que la cultura reflejase la vida, realidad del pueblo. Instituciones de danza como el Conjunto Folclórico Nacional de Cuba (1962) llevaron expresiones de la danza y la música popular a iguales espacios de apreciación de la llamada "cultura elitista" (Betancourt, 2008).

**ARTÍCULO 70.** El Ministerio de Cultura es el organismo encargado de dirigir, ejecutar y controlar la aplicación de la política cultural, artística y literaria del Estado y del Gobierno, y a ese fin tiene, además de las comunes expresadas en el Artículo 52 de esta Ley, las atribuciones y funciones principales siguientes:

a) orientar y dirigir las actividades del Estado y de sus organismos en el terreno de la cultura artística y literaria, así como promover la investigación en este campo;
b) promover el desarrollo de las distintas manifestaciones artísticas y literarias;
c) dirigir la política general relacionada con la formación artística como parte integral de la educación así como la orientación metodológica y técnica de la enseñanza del arte;
ch) orientar y estimular el desarrollo de la cultura masiva que incluya un amplio movimiento de aficionados al arte, así como promover el interés del pueblo por todas las expresiones culturales;
d) atender el desarrollo de la actividad editorial que propenda a la difusión y promoción del libro;
e) dirigir, en lo que le compete, todo lo relacionado con la actividad cinematográfica;
f) velar por la conservación de los bienes que forman parte del Patrimonio Cultural, así como promover la investigación y el estudio del pasado cultural;
g) dirigir el intercambio artístico con el extranjero.

Hacia 1976, fue aprobada la Ley N. 1323, Ley de la Organización de la Administración Central del Estado, en la cual se declara extinto el CNC y se crea el Ministerio de Cultura (Figura 1). Quedaba así configurado un organismo para dirigir, ejecutar y controlar la aplicación de la política, cultural artística y literaria del Estado y del Gobierno, con atribuciones y funciones específicas (Ley, 1979)

En el artículo 70, inciso f, de dicha ley se ratifica el compromiso del Estado con "la conservación de los bienes que forman parte del Patrimonio Cultural, así como con la promoción de la investigación y el estudio del pasado cultural", de ahí toda una serie de nuevas medidas y leyes que en los años siguientes serán aprobadas en este campo. Con una nueva "Constitución Socialista", aprobada en 1976, la Asamblea Nacional del

Poder Popular aprobó en 1977, la Ley N. 1 de protección al patrimonio cultural.

> Para la mejor ejecución de las mencionadas funciones es necesario emprender una acción educativa de ámbito nacional, encaminada a desarrollar en todo el pueblo un sentimiento de respeto al patrimonio cultural, y, al propio tiempo, establecer las medidas de control indispensables y dictar las disposiciones legislativas conducentes a la conservación de los bienes culturales que integran o deban integrar el citado patrimonio. (Ley, 1977a)

En la misma ocasión, fue aprobada la Ley N. 2 de los Monumentos Nacionales y Locales:

> Del [...] pasado cultural forman parte esencial determinadas construcciones, centros urbanos, sitios y objetivos que, por su valor histórico, social, cultural, científico, artístico, etnográfico o sus particularidades geográficas, topográficas o ambientales, deben ser declarados monumentos nacionales o locales, a fin de que sean conservados, y para ello es necesario dictar las disposiciones legislativas que regulen tal declaración. (Ley, 1977b)

Dicha Ley, define lo que a partir de este momento, hasta los días actuales, en Cuba se entendería por Monumento Nacional, Monumento Local, Centro Histórico Urbano; Construcciones, Sitios y Objetos patrimoniales:

> ARTÍCULO 1.- Se entiende por Monumento Nacional todo centro histórico urbano y toda construcción, sitio u objeto que, por su carácter excepcional, merezca ser conservado por su significación cultural, histórica o social para el país y que, como tal sea declarado por la Comisión Nacional de Monumentos. Se entiende por Monumento Local toda construcción, sitio u objeto que, no reuniendo las condiciones necesarias para ser declarado Monumento Nacional, merezca ser conservado por su interés cultural,

> histórico o social para una localidad determinada y que, como tal, sea declarado por la Comisión Nacional de Monumentos. Se entiende por Centro Histórico Urbano el conjunto formado por las construcciones, espacios públicos y privados, calles, plazas y las particularidades geográficas o topográficas que lo conforman y ambientan y que en determinado momento histórico tuvo una clara fisonomía unitaria, expresión de una comunidad social, individualizada y organizada.

Las Construcciones abarcan la obra o el conjunto de obras hechas por la mano del hombre desde la prehistoria hasta la época actual, pudiendo ser de carácter civil, conmemorativo, doméstico, industrial militar o religioso. Los Sitios comprenden todos los espacios, lugares o áreas donde se haya desarrollado un significativo hecho o proceso de carácter histórico, científico, etnográfico o legendario, o que posean características de homogeneidad arquitectónica o una singular morfología del trazado urbano, y también aquellos donde la naturaleza presente aspectos que justifiquen su conservación y protección. Pueden ser de carácter arqueológico, histórico, natural o urbano. Los Objetos son aquellos elementos que, por su excepcional significado histórico, artístico o científico, merezcan ser conservados y protegidos independientemente de que se encuentren en una institución oficial o en poder de una persona particular. (Ley, 1977b)

De forma general, la Ley Nro 2, se enfoca en una definición de conceptos siempre concentrada en la materialidad del patrimonio (Monumento Nacional, Local, Centro Histórico Urbano, etc.) llamando la atención para la atribución y el reconocimiento de valores específicos (significación cultural, histórica y social). Sin embargo, analizando estas dos leyes en conjunto, cabe destacar cierta complementariedad entre ellas.

La definición, en la Ley n. 2, de lo que debería ser considerado o reconocido como monumento, así como sus valores, se hace acompañar de la necesidad de emprender acciones "educativas de ámbito nacional", enunciada claramente en la Ley N. 1. Tal intencionalidad educativa, marca cierta diferencia con relación al periodo pre-revolucionario y responde, podemos decir, al proceso de democratización del acceso a la educación, al arte y la cultura propuesto en la nueva política cultural del estado cubano.

Desde el punto de vista institucional, con la Ley N. 2, quedó constituida una nueva Comisión Nacional de Monumentos (1977) subordinada directamente al Ministerio de Cultura, así como correspondientes comisiones provinciales y delegaciones municipales. Quedaba constituido a finales de la década de 1970, todo un marco legal que procuraba regular la protección, investigación y la restauración del patrimonio cultural nacional bajo nuevos objetivos claros establecidos por un Estado que, con vocación socialista, se denominaba de "obreros y campesinos y demás trabajadores manuales e intelectuales" (Ley, 1979).

Directamente subordinada al Ministerio de Cultura, también fue creada la Dirección de Patrimonio Cultural (DPC), dirigida desde su creación por la artista e investigadora cubana Marta Arjona (1923-2006) quien elaboró las premisas generales para el desarrollo del sitio histórico de La Habana a finales de la década de 1970. Desde 1963 la DPC había creado Oficinas de Monumentos encargadas de desarrollar proyectos e investigaciones sobre La Habana Vieja de conjunto con la Oficina del Historiador (Convención, 1982). Vale destacar que en medio de todas estas reestructuraciones institucionales y legales, luego de 1959 la OHCH permaneció sin alteraciones;

una prueba del reconocimiento que el nuevo gobierno tuvo de la labor cultural y social desarrollada por dicha institución. Tras el fallecimiento de Emilio Roig en 1964, lo sustituyó su discípulo, Eusebio Leal Spengler, que posteriormente fue nombrado formalmente como Historiador de la Ciudad de La Habana en 1967, año en el cual él mismo dirigió, bajo nuevos conceptos, otra restauración del Palacio de los Capitanes Generales (Ochoa Alomá, 2012).

En 1976, el plan para la restauración y la revitalización del Centro Histórico de La Habana estableció la rehabilitación sociocultural del sitio histórico, considerándolo una zona altamente jerarquizada en la ciudad. El trabajo conjunto de la DPC con la Dirección Provincial de Planificación Física posibilitó que la conservación del centro histórico pasara a ser parte importante del Plan Director de la ciudad (Convención, 1982). Rigol (2012) atribuye esta adopción de un enfoque más amplio en materia de preservación a la influencia de la Carta de Venecia. Con un marco legal consolidado, nuevas investigaciones y planes integrados de rehabilitación en la ciudad, con un nuevo enfoque social y cultural, en los años de 1980 se establecen Planes Quinquenales de restauración para La Habana Vieja. "Por primera vez se aprobaba por el gobierno central un presupuesto considerable con este propósito" (Rigol; Rojas, 2012).

En términos culturales durante la década de 1980 se consolidó el mapa institucional a nivel nacional, provincial y municipal, todo ello en función de llevar la cultura y el patrimonio a instancias de la vida de la población. A lo largo de estos años fueron creados museos, casas de cultura, bibliotecas, salas de cine, bandas provinciales y municipales de música, espacios que impulsaron la promoción de expresiones culturales locales y de personas y grupos portadores de tales expresiones (Betancourt, 2008). En materia de restauración y patrimonio en 1981 Cuba firmó la Convención para la Protección del Patrimonio Mundial Cultural y Natural de la Unesco,[8] instancia a la siempre estuvo vinculada. Con ello se abrió espacio para el intercambio y la cooperación internacional.

> Las condiciones eran propicias para obtener apoyo del exterior: una conciencia local y nacional sobre un patrimonio de valor reconocido, instrumentos legales actualizados, innumerables investigaciones sobre los monumentos y centros históricos, un número aceptable de profesionales graduados –sobre todo, jóvenes con amplia disposición–, un sistema de instituciones locales y nacionales a cargo del patrimonio, un presupuesto considerable asignado. (Rigol; Rojas, 2012, p. 115)

En este contexto, Marta Arjona solicita ayuda a la Unesco para "un proyecto de cinco años que apoyara la creación del Centro Nacional de Conservación, Restauración y Museología (Cencrem) (Rigol; Rojas, 2012). La institución quedó formalmente creada en 1982, adscrita al Ministerio de Cultura y apoyada por un proyecto regional del Programa de Naciones Unidas para el Desarrollo PNUD/Unesco. Desde su fundación este centro, a través de cursos de posgrado, formó y entrenó personal técnico especializado en la protección del patrimonio cultural, iniciando en Cuba una amplia actividad investigativa integral de la conservación del patrimonio mueble e inmueble (Estudios, 2012).

Durante toda la década de 1960 las acciones de restauración no se detuvieron. Herederos de una concepción de

[8] Organización de las Naciones Unidas para la Educación, la Ciencia y la Cultura (en inglés, United Nations Educational, Scientific and Cultural Organization).

restauración formada en las décadas anteriores, arquitectos de la época restauraron obras como el Castillo de la Real Fuerza y el Parque Central procurando una unidad estilística, confiriéndoles una "imagen colonial". Desde finales de la década de 1970 y especialmente en los años 1980 irían quedando atrás los antiguos preceptos de restauración estilística, y una nueva generación de arquitectos adoptaría los preceptos de la Carta de Venecia (Ochoa Alomá, 2012).

En 1982 La Habana y su Sistema de Fortificaciones fue declarada Patrimonio de la Humanidad, un reconocimiento que, a decir de Ochoa (2012), se realizaba no sólo por los valores excepcionales de esta ciudad, sino también por los esfuerzos realizados para su salvaguarda. Durante estos años, no solo se comenzaron a promover actividades culturales en las plazas con vistas a desterrar la imagen de "ciudad olvidada". También se triplicó el número de obras restauradas en relación a antes de 1959, brindando especial atención a la creación de instituciones culturales y a la preservación del carácter residencial del centro histórico, controlando aspectos como el uso y la recuperación de viviendas inhabitables, así como la asignación de nuevas viviendas a familias necesitadas, entre otras (Convención, 1982). Con ello, además de ofrecer a la población acceso al arte y a ciertos espacios de expresión cultural, las políticas de preservación patrimonial se hacían sentir en la vida de muchos habitantes del centro histórico.

Todas estas acciones propician el desarrollo de una conciencia popular con relación a los valores culturales atribuidos a la ciudad y su Centro Histórico. De forma sistemática, comienzan a ser publicados artículos sobre estos temas en diarios y revistas. Se inician ciclos de conferencia en el ya constituido

Museo de la Ciudad, otrora Palacio de los Capitanes Generales, y recorridos gratuitos por lugares de interés histórico y artístico. La gran afluencia de público propició que estos encuentros se trasladaran al Anfiteatro de la Avenida del Puerto, para posteriormente ganar espacio en un programa televisivo llamado "Andar La Habana" (Desafío, 2002). Vale señalar que no solo en La Habana, también en otras ciudades históricas del país como Trinidad y Santiago de Cuba, tuvieron lugar acciones parecidas de rehabilitación sociocultural.

Llegados los años 1990 y luego del derrumbe del llamado Campo Socialista[9], formado por países aliados a Cuba especialmente en materia de intercambio comercial, el país se vio inmerso en una profunda crisis económica que amenazaba con interrumpir todos los programas de rehabilitación patrimonial.

### *Una nueva forma de gestión: el modelo de rehabilitación integral del patrimonio cubano*

La crisis económica a inicio de los años 1990 comenzó a sentirse apenas iniciado el tercer Plan Quinquenal de restauración del sitio histórico que aún contaba con un inmenso número de viviendas en mal estado, sin la adecuada infraestructura y con rezagos de casi un siglo de marginalización. Frente a esto el Estado cubano que había subvencionado en mayor medida la rehabilitación del centro histórico recién nombrado Patrimonio de la Humanidad se encontró ante un gran desafío: atender a sectores sensibles de la sociedad (economía, salud pública, educación) o salvar el patrimonio y la cultura (Rodríguez Alomá, 2001).

---

[9] Conjunto de países socialistas en Europa Central y del Este liderado por la Unión Soviética (URSS).

En el V Congreso de la Unión Nacional de Escritores y Artistas de Cuba (Uneac)[10], celebrado en noviembre de 1993 – uno de los peores años de la crisis – el discurso pronunciado por Fidel Castro sería medular para el futuro del patrimonio cubano:

> [...] lo menos que puedo sugerir aquí es que seamos capaces de mantener nuestro apego y nuestro amor por todos esos valores [refiriéndose al apego de los intelectuales a la cultura], en estos tiempos tan difíciles en que tantas cosas nos amenazan, en que tantos riesgos nos amenazan. Y la cultura es lo primero que hay que salvar, y si estamos dispuestos a darlo todo por restaurar La Habana Vieja y salvarla, cómo no hacerlo con la cultura. (Memorias, 1993 apud Ramírez, 2019)

Tales palabras resumen la existencia de una voluntad política por salvaguardar el centro histórico de La Habana al entenderlo como un ente portador de cultura. Todo lo que el Estado se dispuso hacer para salvar La Habana Vieja, habría de hacerse también para salvar la cultura. Tal disposición hacía referencia a la declaración en 1993 del Centro Histórico de La Habana como área de máxima prioridad para los trabajos de conservación y la aprobación, en octubre de ese mismo año, del Decreto Ley-143

A partir de este momento la Oficina del Historiador de la Ciudad se torna una entidad con una nueva autoridad, ya no más subordinada al gobierno provincial –como en su surgimiento- sino al Consejo de Estado, y con la posibilidad de desarrollar una gestión autofinanciada que se revertiría en la rehabilitación patrimonial. Aprovechando la apertura y desarrollo del sector turístico como una de las estrategias

10 Entidad creada en 1961.

estatales para la salida de la crisis, la OHC comenzó a sentar las bases para fomentar la explotación de este sector y se creó la compañía turística Habaguanex. Por otra parte le fue reconocida personalidad jurídica propia para establecer relaciones de diversos tipos con entidades nacionales y extranjeras, así como cobrar impuestos a las empresas productivas actuantes en el centro histórico. Igualmente se permite la apertura de cuentas bancarias en divisas, la importación y exportación de suministros, así como la capacidad de recibir y dar destino a las donaciones y proyectos de colaboración para la rehabilitación de La Habana Vieja. "A la proyección socio-cultural que venía desarrollando la Oficina se suma una visión económica para acelerar un proceso que demanda agilidad por la índole y los problemas acumulados" (Rodríguez Alomá, 2001, p. 224).

Unido al nuevo enfoque económico, esta forma de lidiar con el patrimonio contempló también el reconocimiento explícito de su vocación para el desarrollo social y comunitario.

Los valores de la Habana Vieja no solo están contenidos en los edificios que la conforman; sus habitantes le confieren un carácter singular y sin ellos, el lugar carecería de espíritu. El paisaje urbano está indisolublemente ligado al paisaje humano; involucrar a los residentes en el proceso rehabilitador, hacerlos partícipes y protagonistas de él resulta un hecho indiscutible (Leal, s/a, apud Rodríguez Alomá, 2001)

Las transformaciones sociales ocurridas entre 1959 y 1990, el acceso de la población a la educación, al conocimiento y al disfrute del patrimonio cultural sin dudas contribuyeron a la consolidación de una comprensión de la rehabilitación urbana también como la rehabilitación social y económica de sus habitantes. Todo el proceso de democratización de la cultura emprendido dentro del proyecto social-revolucionario anterior a 1990 contribuyó para entender la salvaguardia patrimonial como un ejercicio de derecho ciudadano y una responsabilidad compartida.

Sólo con esta comprensión se explica el hecho de que, durante los años de crisis económica, en La Habana Vieja continuaron mejorando las condiciones de muchas viviendas, se habilitaron locales y fueron generadas nuevas oportunidades de empleo. Por estos años también se implementaron aulas-museos para vincular la formación académica de los niños a las actividades de los museos, de manera que los estudiantes participaran de las actividades y de la dinámica cultural de estos lugares. Se implementaron proyectos con grupos vulnerables como adultos mayores y mujeres embarazadas, creando hogares maternos y de ancianos para recibir atención de todo tipo. La nueva dinámica y gestión de la OHCH se vinculó a los programas de apoyo y a los sistemas municipales de salud pública, educación, cultura y vivienda (Rodríguez Alomá, 2001).

En materia de participación el nuevo modelo integral también contribuyó a sentar importantes precedentes para la rehabilitación patrimonial vinculada a la planificación urbana. Desde el año 1998, la dirección del Plan Maestro de la OHCH comenzó a elaborar el Plan de Desarrollo Integral (Pedi) que, entre una de sus estrategias incluyó la rehabilitación participativa y sustentable. Potenciación de la participación de la población residente en el planeamiento, participación de representantes informales de la comunidad, cogestión de los procesos, conformación de un banco de ideas o posibles proyectos, son algunos de los lineamientos estratégicos que forman parte del proceso de participación social en el Centro Histórico de La Habana desde entonces (Pérez; Iglesias, 2014).

Sin dudas éste resulta un mecanismo que debe ser actualizado y perfeccionado, ya que la participación aun acontece con cierta verticalidad, a partir fundamentalmente de consultas y principalmente en materia de planeamiento de nuevos proyectos (en infraestructura y hábitat). No obstante, vale la pena destacar que, de forma general, se aprecian saldos positivos al potenciar valores culturales y ambientales que son reconocidos por la comunidad en la ciudad, con resultados importantes en el rescate de oficios, tradiciones o acciones que, en ocasiones, ser revierten en la gestión comunitaria favoreciendo el desarrollo de una economía local.

Así, se cierra un ciclo en el que la valorización del centro histórico como lugar de cultura devino en el reconocimiento de la vocación del patrimonio para el desarrollo económico, social y comunitario. Acceso a la cultura, desarrollo económico y social, rehabilitación urbana y participación popular podrían considerarse las claves esenciales para entender el nuevo modelo de gestión asumido por la Oficina del Historiador a partir de 1993 para orientar la rehabilitación integral del centro histórico de La Habana.

## La Habana Vieja como un bien cultural, más allá de la Unesco

A partir de lo expuesto hasta aquí, no quedan dudas de que el éxito de la experiencia de la OHCH en La Habana Vieja se debe a la combinación de una visión sociocultural con un enfoque de rentabilidad económica. Esta visión sociocultural no salió de la nada pues precisamente es resultado de todo un proceso de transformación social y cultural emprendido en el país a partir de 1959, aplicado también al campo del patrimonio cultural. Así pues, la adopción de un enfoque económico rentable respondió a esa visión, algo que Meneses *et al.* (2006) apuntan en su texto "A cidade como bem cultural: Áreas envoltórias e outros dilemas, equívocos e alcance na preservação do patrimônio ambiental urbano" al explicar por qué no ha de verse oposición entre valor cultural y valor económico aplicado al patrimonio.

> Es preciso llevar en cuenta que la lógica del mercado, que presupone [...] la obtención de lucros, tiende a instrumentalizar la cultura; ésta, por su lado, actúa según una lógica de finalidad, en la que la producción de sentido y comunicación constituyen prioridad, generando conciencia y respuesta crítica, trascendencia y enraizamiento, refuerzo y transformación, placer espiritual necesidad material –siempre bañados en la savia que mantiene la vida. Cálculos de inversión, retorno, costo, beneficio sólo son legítimos, en el campo de la cultura, si estos términos fueran determinados a partir de una jerarquía fundamentada en la lógica cultural. (Meneses *et al.*, 2006, p. 39, traducción nuestra)

El peso que la cultura tiene en el proyecto de rehabilitación integral del centro histórico de la Habana es fundamental, así como el desarrollo social y la rehabilitación física del ambiente urbano, aún con limitantes en materia de recursos disponibles. Como se vio anteriormente en palabras de Eusebio Leal, en La Habana Vieja no sólo se reconocen los valores contenidos en los edificios, sino también en el espíritu de sus habitantes. La cotidianidad y el mundo del trabajo también son parte de la cultura en una ciudad (Meneses *et al.*, 2006). En La Habana, mantener el carácter residencial del centro histórico aseguró la permanencia de un lugar vivo, donde el paisaje urbano se funde con el paisaje humano y se dejan ver correlaciones de fuerzas, conflictos, intereses y prácticas sociales que, a decir de Meneses *et al.* (2006, p. 36) hacen de la ciudad un campo de fuerzas al tiempo que "dan forma y función al espacio y lo instituyen como artefacto".

Tales dimensiones: la ciudad como artefacto y como campo de fuerzas, son focos de análisis propuestos por Meneses *et al.* (2006) para entender posibles atribuciones de valor a la ciudad. En ellas las ciudades se realizan. Según él, la ciudad como artefacto es la física, aquella de piedra y cal, socialmente apropiada, a la que se le impone una función y un sentido. Podría decirse que es la Habana Vieja policéntrica, la del trazado urbano en retícula característico de muchas ciudades hispanoamericanas en el caribe, la de la plaza fundacional a la cual se le intentó devolver la "originalidad colonial" a inicios del siglo XX, la Habana Vieja declarada Patrimonio de la Humanidad. Pero esa Habana Vieja se configuró como artefacto a partir de las relaciones humanas contenidas, de los conflictos, tensiones y energías confrontadas; de ahí esa otra dimensión de la ciudad como campo de fuerzas – políticas, sociales, culturales. Existe además una tercera dimensión: la ciudad como representaciones sociales. Aquella ciudad dotada de sentido, fácilmente inteligible, con una imagen y representación propia de sus habitantes (Meneses *et al.*, 2006). La Habana colonial, la Habana republicana, la Habana marginal, aquella cuya imagen de "ciudad olvidada" trató de transformarse en "otra" Habana Vieja, social y culturalmente más inclusiva, económicamente autosuficiente a partir de 1990.

> Para comprender la ciudad como bien cultural, es preciso enfrentarla simultáneamente en sus tres dimensiones [...]

La ciudad, como bien cultural es aquella marcada diferencialmente por sentidos y valores, instituidos en las prácticas sociales, y necesarios para que éstas se revistan de la marca específica de la condición humana. Así, la ciudad culturalmente cualificada es buena para ser conocida (por el habitante, por el turista, por los que tienen negocios a atender, por el técnico, etc.), buena para ser contemplada, estéticamente disfrutada, analizada, apropiada por la memoria, consumida afectiva e identitariamente. Pero también, y por encima de todo, es buena para ser practicada, en la plenitud de su potencial. En otras palabras, para ser culturalmente calificada como ciudad, ella precisa ser buena como ciudad, precisa de condiciones de viabilidad económica, infraestructura, políticas adecuadas de habitabilidad, transporte, salud y educación, etc.

En ese orden de ideas, el principal objeto de la cultura es el habitante local. (Meneses *et al.*, 2006, p. 39, traducción nuestra)

Aun cuando este texto de Meneses *et al.* (2006) es más reciente que la implementación en La Habana Vieja del modelo de rehabilitación y gestión integral (1993), el análisis a partir de las tres dimensiones propuestas contribuye no apenas a dar mayor legitimidad al trabajo de la Oficina del Historiador, sino también a validar la necesidad de mirar nuestras ciudades con focos que nos permitan transformar la realidad. El éxito del trabajo de OHCH ya era reconocido antes de redactado el texto de Meneses *et al.* Podría decirse que la comprensión de la Habana Vieja como un "bien patrimonial" ya estaba colocada y fue resultado de los cambios políticos y sociales que le antecedieron. ¿Quiere decir esto que el entendimiento de la ciudad como bien cultural sólo es posible si se cuenta con un proyecto político de vocación socialista como base? No necesariamente.

Autores como Rodríguez Alomá (2001) han comentado la posibilidad de que el modelo de rehabilitación cubano sirva de ejemplo para otras ciudades/países de la región, con sistemas políticos distintos al cubano, y adaptado a sus peculiaridades.

Ahora bien, la voluntad política y la comprensión del sentido social de las ciudades y de los centros históricos, instrumentalizada a partir de políticas que garanticen participación, beneficio popular y acceso a la cultura deberán ser condición *sine qua non*. "Convendría [...] sin establecer monopolios, barreras o escalas, iniciar siempre cualquier proyecto de intervención por la base, centrando las preocupaciones en el habitante pues es él quien debe ser el beneficiario principal de "lo bueno" (Meneses *et al.*, 2006, p. 8).

En el caso de La Habana Vieja, aunque con resultados ya reconocidos, podría decirse que éste es un camino que está lejos de detenerse, habrá que seguir madurando estrategias y perfeccionando mecanismos, principalmente aquellos de participación ciudadana. El modelo de gestión y rehabilitación integral del centro histórico de La Habana Vieja es un modelo estatal y, por lo tanto, los desafíos aún son grandes, especialmente tratándose de un país pequeño y subdesarrollado como Cuba. Gran parte del fondo construido del centro histórico aún se encuentra en mal estado de conservación, el azote de fenómenos meteorológicos como huracanes y ciclones tropicales constituyen una amenaza constante al patrimonio construido. Por otra parte, hacen falta nuevas estrategias para estimular aún más el desarrollo de economías locales y creativas, que garanticen la no dependencia apenas del presupuesto estatal o del turismo para la rehabilitación física y social en periodos de crisis económicas o sanitarias – como la reciente crisis por covid-19. Con todo esto se entiende que alcanzar una visión de la ciudad como bien patrimonial no ha de ser apenas un fin sino un proceso integral, constante, multidimensional, en el cual la cultura sea apreciada, indefectiblemente, como una dimensión de lo social (Meneses *et al.*, 2006).

A modo de conclusión, las políticas implementadas y las instituciones creadas por el Estado cubano dentro del proyecto socialista iniciado en 1959 contribuyeron a la comprensión de que la construcción de una sociedad justa no es posible sin una educación de la sociedad sobre la base del derecho a la cultura, al arte, al uso y disfrute de su patrimonio. Sin lugar a dudas, esta noción permitió el rescate de La Habana Vieja y su posterior declaración como Patrimonio de la Humanidad en la década de 1980. Sin embargo, más allá de las instancias de la Unesco, la visión que ya se tenía de la Habana Vieja como una ciudad, en términos de Ulpiano, "marcada diferencialmente por sentidos y valores, instituidos en las prácticas sociales", algo que también fue valorado por el proceso revolucionario, favoreció a la implementación de un nuevo modelo de rehabilitación económica y social durante la década de 1990. Así, este modelo estatal de rehabilitación integral de la Habana Vieja no solo es resultado del entendimiento de la ciudad como un Bien Cultural, sino también muestra de la necesaria permanencia de esta visión en el tiempo.

## Referencias

BETANCOURT, G. Estado del Arte del Patrimonio Cultural Inmaterial en Cuba. Actualización: Equipo del Centro Regional para la Salvaguardia del Patrimonio Cultural Inmaterial de América Latina (Crespial), 2008. Disponible en: http://crespial.org/estados-arte-pci/ Acesso: 16 jul. 2021.

CONVENCIÓN acerca de la protección del Patrimonio Cultural y Natural. Lista del Patrimonio Mundial. La Habana Vieja y su Sistema de Fortificaciones. Información complementaria. 1982. Disponible en http://www.planmaestro.ohc.cu/index.php/documentos/patrimonio-mundial Acceso: 19 ju. 2021.

CULTURA: Futuro Urbano. Informe mundial sobre la cultura para el desarrollo urbano sostenible. Organización de las Naciones Unidas para la Educación, la Ciencia y la Cultura. París, 2017.

DESAFÍO de una utopía. Una estrategia integral para la gestión de salvaguarda de la Habana Vieja. Plan Maestro de rehabilitación integral de La Habana Vieja. Oficina del Historiador de la Ciudad de La Habana, 2002.

ESTUDIOS sobre el patrimonio histórico cultural en contextos sociales. Miguel Gerardo Valdés Pérez (editor jefe). La Habana: Editorial Universitaria. 2012.

GUERRA, S.; MALDONADO, A. *Breve Historia de la Revolución Cubana*. La Habana: Editorial de Ciencias Sociales, 2006.

LEY de Monumentos Nacionales y Locales (1977) b. Disponible en https://www.parlamentocubano.gob.cu/index.php/documento/2857/. Acceso: 16 jul. 2021.

LEY de la Organización de la Administración Central del Estado. Ley N. 1323 de Noviembre de 1976. Ministerio de Justicia. Editorial ORBE. Ciudad de la Habana 1979. Disponible en: https://ufdc.ufl.edu/AA00021902/00001/2x. Acceso: 16 jul. 2021.

LEY de Protección del Patrimonio Cultura (1977) a. Disponible en https://www.parlamentocubano.gob.cu/index.php/documento/ley-1-proteccion-al-patrimonio-cultural/. Acesso: 16 jul. 2021.

MEMORIA de los trabajos realizados por la administración del Alcalde Dr. Miguel M. Gómez y Arias durante el ejercicio de 1928 a 1929. Municipio de La Habana. República de Cuba, 1929.

MEMORIAS del V Congreso de la UNEAC, La Habana, diciembre de 1993, p. 3-7. *In:* RAMÍREZ. E. *Fidel y la UNEAC*. 2019. Disponible en http://www.cubadebate.cu/opinion/2019/06/30/fidel-y-la-uneac/#respond. Acceso: 20 jul. 2021.

MENESES, U. T. B. *et al.* A cidade como bem cultural: áreas envoltórias e outros dilemas, equívocos e alcance da preservação do patrimônio ambiental urbano. [Debate]. *Patrimônio*: atualizando o debate. São Paulo: Iphan, 2006.

MENESES, U. T. B. Patrimônio ambiental urbano: do lugar comum ao lugar de todos. *CJ Arquitetura*, São Paulo, v. 5, 1978, p. 18-20.

MESA-REDONDA da Iniciativa Nosso Patrimônio Mundial. Diálogos Latino-americanos. Novas Abordagens em Patrimônio. Disponible en: https://paisagenshibridas.eba.ufrj.br/2021/02/03/dialogoslatinos/. Acesso: 18 jun. 2021.

OCHOA ALOMÁ, A. Pasión y prejuicio en la construcción del patrimonio de La Habana. *In:* RODRÍGUEZ, P. (org.). *Cuba*: las centralidades urbanas son los lugares de la memoria. Quito: Editorial OLACCHI, 2012.

PÉREZ, M. O.; IGLESIAS, Maidolys. *Patrimonio y ciudadanía*. Experiencias de participación en La Habana Vieja. Plan Maestro para la Revitalización Integral de La Habana Vieja Oficina del Historiador de la Ciudad de La Habana: Ediciones Boloña, 2014.

RIGOL, I.; ROJAS, Á. *Conservación patrimonial*: teoría y crítica. La Habana: Editorial UH, 2012.

ROIG DE LEUCHSENRING, E. *Los Monumentos Nacionales de la República de Cuba*. Volumen I. La Habana: Publicaciones de la Junta Nacional de Arqueología y Etnología, 1957, v. I.

RODRÍGUEZ ALOMÁ, P. *El centro histórico de La Habana*. Un modelo de gestión pública. *In*: CARRIÓN, F. (editor). Centros históricos de América Latina y el Caribe. Quito: Unesco-BID-Min. Cultura Francia – Flacso Ecuador, 2001, p. 217-236. Disponible en: https://biblio.flacsoandes.edu.ec/shared/biblio_view.php?bibid=11257&tab=opac. Acceso: 23 jul. 2021.

SEGRE, R.; SAMBRICIO, C. *Arquitectura en la ciudad de La Habana*. Primera Modernidad. Asturias, Castilla, León Este, Galicia y de León: Sociedad Editorial Electa España S.A., 2000.

# EVOLUCIÓN HISTÓRICA Y RETOS ACTUALES DEL SISTEMA DE PENSIONES DE LA SEGURIDAD SOCIAL EN CUBA

Henry Colina Hernández[1]

## Introducción

Cuba fue uno de los países pioneros de las reformas de la seguridad social en el siglo XX en la región latinoamericana. Sin embargo, la temprana puesta en marcha de mecanismos estatales de protección de las personas trabajadoras no se tradujo en un incremento de la cobertura ni en una suficiencia incrementada de las prestaciones. El triunfo de la Revolución cubana en 1959 implicaría un cambio radical con respecto a la Seguridad Social. Así, se terminó configurando un sistema de reparto solidario universal de total administración estatal sin capitalización de los fondos. Las principales reformas que han sucedido en el modelo contienen la variación de parámetros a lo interno del sistema, limitándose a extensiones de la edad de jubilación, fórmulas para el cálculo de las prestaciones y métodos de contribución.

---

1 Economista. Doutor em Economia pela Universidade da Havana (UH)/ Cuba. Consultor do Programa das Nações Unidas para o Desenvolvimento (PNUD)/ Cuba.

El presente artículo se propone sistematizar, en su primera parte, las distintas transformaciones que se sucedieron en el sistema de Seguridad Social cubano desde su creación hasta la actualidad. Dicha sistematización contribuye a delinear brevemente, sin pretender agotarlos, los principales retos que aún enfrenta el sistema de pensiones de la Seguridad Social en el país para garantizar la máxima cobertura, la sostenibilidad económico-financiera y la suficiencia de las prestaciones que otorga.

## Breves antecedentes del sistema de seguridad social en Cuba

Antes de 1958 existían en Cuba 52 programas de pensiones separados e independientes – llamados "cajas", "retiros" o "seguros" – para distintas ocupaciones, oficios y profesiones (Vigil, 2012). Cada uno de ellos tenía sus propias disposiciones legales, grupo de asegurados, administración, financiamiento, condiciones de acceso y prestaciones. Estos programas se clasificaban en tres grandes sectores: (1) 11 públicos (funcionarios, empleados y obreros asalariados o jornaleros del Estado, las provincias, los municipios y entidades autónomas); (2) 21 privados (empleados y obreros, asalariados y jornaleros de empresas privadas en la agricultura, la industria, la construcción, el transporte, el comercio y diversos servicios) y (3) 20 profesionales – graduados universitarios o de carreras técnicas que trabajaban como independientes o asalariados en los sectores privado y público (Cepal, 1985).

En el año 1913 se establecieron beneficios de jubilación para militares con la primera Ley de Seguro Social, mientras que en 1915 se estableció la protección para empleados de las comunicaciones, los funcionarios del poder judicial fueron cubiertos en 1917 y la administración pública y los maestros en

1919 (Peñate, 2008). Varios autores sitúan las transformaciones iniciales en el sistema cubano como pioneras en el continente, en el grupo iniciador de la Seguridad Social en América Latina (Viamontes, 2017; Mesa-Lago, 2002).

La Constitución de 1940, promulgada antes del Informe Beveridge de 1942, hacía énfasis en el empleo como forma fundamental de acceso a la Seguridad Social. Se codificaban, además, un máximo y mínimo a las pensiones que se podían recibir, aunque sin hacer patente qué sectores se verían regulados por estos límites. Simultáneamente, establecía un marco legal para que el Congreso de la República estipulara, mediante disposiciones, las reglas generales de acumulación y manejo de los retiros sociales, a partir de las variables de beneficios, contribuciones, requisitos mínimos y garantías. Igualmente, se legisla la creación de un Banco de Seguros Sociales, que podría funcionar como un coordinador general por lo que el financiamiento de las pensiones sería tripartito: empleadores, empleados y Estado participarían de conjunto.

Esta Carta Magna posibilitó la expansión de los programas de pensiones en Cuba, pero limitada en principio por las condiciones de estratificación y fragmentación que, si bien también fueron típicos de la región en la época fundacional, pronto rebasaron en cantidad rápidamente al resto de los países latinoamericanos, a pesar del tamaño relativamente menor de la población y los ocupados en la Isla (CETSS, 1983). En Mesa-Lago (2002) y Raggi (1960) se señalan, entre otras deficiencias de este sistema, la ausencia de un ente coordinador; así como la imposibilidad de transferencia de las contribuciones de un empleado que cambia de trabajo entre un esquema y otro, sumado a la escasa cobertura ofrecida, nunca superando el 50% de los trabajadores asalariados.

La financiación recaía fundamentalmente en la cotización de los trabajadores, mientras que el empleador aportaba mucho menos en proporción (Peñate, 2008). De ahí que la mayoría de estos programas complementaron sus flujos, parcial o totalmente, con fondos estatales o a partir de regulaciones impositivas creadas por este. Además, debido a problemas de financiamiento y desfalcos o condiciones onerosas y desiguales – variaciones discrecionales entre beneficiarios para los parámetros como la edad de retiro, las tasas de cotización, entre otros – sostuvieron *deficits* desde su creación.

## Principales transformaciones en el período revolucionario hasta 2008

A partir del triunfo revolucionario de 1959, el nuevo gobierno unificó los 52 programas de pensiones de seguridad social por vejez, invalidez y muerte, estandarizó los requisitos para acceder a los beneficios y centralizó la administración. "La cobertura se extendió de 63 a 91% de la fuerza de trabajo; los trabajadores agrarios independientes, los trabajadores por cuenta propia y los familiares no remunerados pudieron incorporarse voluntariamente" (Mesa-Lago, 2008, p. 21).

Otra prioridad del gobierno revolucionario fue:

> [...] la creación del Banco de Seguros Sociales mediante la aprobación de la Ley 351/1959 y con posterioridad la aparición de la Dirección de Seguros Sociales del Sector Público en el Ministerio de Hacienda. El resultado inmediato de estas dos medidas fue el incremento, en breve plazo, de los beneficiados que pasaron de 700 000 a más de dos millones. (García; Anaya, 2010, p. 292)

Esta institución modificó la tradicional estratificación del sistema de seguridad social cubano (Raggi, 1960), viabilizando la fijación de un mínimo de 40 pesos cubanos para las prestaciones, siendo legislado que estas no podían sobrepasar los 2.400 pesos anuales. Ello hizo posible que las prestaciones se incrementaran para el 58.8% de los beneficiarios.

Estas medidas fueron complementadas por la legislación 677/1960 que:

> [...] creó el seguro social obligatorio para todo trabajador por cuenta ajena a partir del 1ro de enero de 1960. Según esta Ley, los patronos estaban obligados a contribuir al seguro de los trabajadores con el 5% del total de sueldos y salarios pagados por ellos. (Cepal, 1984, p. 68)

El conjunto de estas transformaciones resultó en un incremento del 90% de la partida presupuestal dedicada a la seguridad social.

En 1962 se derogan las leyes que establecen la contribución a la seguridad social por parte de los trabajadores asalariados, pasando a ser la única fuente de ingresos para su financiamiento la contribución de las entidades laborales que cotizan al presupuesto un 12% del valor de la nómina salarial. El 17 de marzo de 1963 se promulgó la Ley 1 100 de la Seguridad Social que se propuso proteger a todos los trabajadores y sus familias; brindando amparo social en las contingencias de enfermedad, maternidad, accidente de trabajo, enfermedad profesional, vejez y muerte.

La legislación anterior fija la edad de jubilación en 55 años para las mujeres y 60 para los hombres (Viamontes, 2017). Según (Peñate, 2008, p. 73): "Por su contenido y alcance, el régimen de seguridad social establecido por la Ley 1 100 de 1963 constituyó la primera reforma estructural de la seguridad social en América Latina"; refiriéndose a la estatización total del sistema que se llevó a cabo en Cuba, a diferencia de la estratificación que continuaba verificándose en América Latina en ese momento histórico. Este proceso posibilitó incrementar el número de beneficiarios del sistema cubano de un total de 154 400 en 1959 a 645 900 en 1979, multiplicando los gastos en cinco veces (Peñate, 2008).

El 28 de agosto de 1979 se promulgó la Ley 24 de Seguridad Social que entró en vigor el 1º de enero de 1980. La modificación conceptual más importante que se introduce en esta nueva legislación se refiere al amplio alcance dado al campo de aplicación de la Seguridad Social, con una mayor cobertura para el trabajador y su familia, así como para aquella parte de la población cuyas necesidades esenciales no estuvieran aseguradas o que por sus condiciones de vida o de salud requiriese protección y no pudieran solucionar sus dificultades sin ayuda de la sociedad. Para ello quedan establecidos los regímenes de seguridad social y el de asistencia social (Viamontes, 2017; Peñate, 2008).

Por otra parte, el Estado fijó el valor de las pensiones mensuales con independencia del monto de ingresos y contribuciones; es decir, se operaba bajo un sistema de prestaciones definidas concebidas por ley como una obligación impostergable del Estado. Los gastos del subsistema de Seguridad Social relativos a las pensiones fueron asumidos en su totalidad por el presupuesto central del Estado, en tanto, los restantes y los de asistencia social son costeados mayoritariamente por los presupuestos locales.

Al respecto, una investigación señala que en el área de la reforma del Estado en Cuba se consideraba aún un tema pendiente el rediseño del sistema de seguridad social para enfrentar los continuos *deficits*, proponiendo:

> A mediano plazo, sin embargo, debería pensarse en rediseñar los sistemas de seguridad social a fin de incentivar el ahorro privado, fomentar fuentes de financiamiento de

> largo plazo y comenzar a desarrollar paulatinamente los mercados financieros y de capital. (Hidalgo; Gancedo, 1998, p. 57)

La crisis de los años noventa del siglo XX agravó la situación anterior porque se redujo, tanto el número de empresas cotizantes, como la masa salarial, por lo cual la recaudación por cotizaciones mermó considerablemente. En este sentido, se ha estimado que la proporción de empresas que cotizaban a la seguridad social bajó de 90% a menos del 70% entre 1991 y 1997. De acuerdo con Mesa-Lago y Vidal (2010), el salario real se contrajo entre 1989 y 1993 en 75% (de 131 pesos a 33 pesos mensuales) y, aunque aumentó en el período 1994 y 1998 (a 73 pesos mensuales), en este último año todavía estaba un 44% por debajo del nivel de 1989, lo cual contribuyó al deterioro de la recaudación real. La contracción del ingreso real de la seguridad social desde estos años, ha impedido un ajuste adecuado de las prestaciones monetarias, especialmente de las pensiones del régimen de Vejez, Invalidez y Muerte (VIM).

La resolución económica del V Congreso del PCC, en 1997, también reconocía un dilema en el peso presupuestal del gasto en Seguridad Social:

> [...] no es posible que este creciente gasto sea enfrentado solamente por el Estado... Además del actual sistema de Seguridad Social y cuentas de ahorro se ofrecerá la opción de suscribir pólizas de seguro de vida a largo plazo y alternativas mixtas en las que se combinen el ahorro y el seguro u otras formas de acumulación. (PCC, 1997)

Esta alternativa de acumulación tuvo su expresión en el Decreto Ley 177 del año 1997, mediante el cual se ordenaba y regulaba el sistema de seguros en Cuba. De esta manera, se creaba de facto un espacio para la aparición del llamado tercer pilar de la Seguridad Social, llamado voluntario, a partir de los seguros de vida.[2] Sin embargo, aunque pudiera pensarse que esta resolución podría haber sido el germen de la aparición de fondos de pensiones y de capitalización, en la práctica no existió otra modificación en la estructura de administración de los fondos de la Seguridad Social en el país, el sistema mantuvo su esquema de reparto solidario total. Los montos de ingresos por pensiones de jubilación y asistencia social, por otra parte, han recibido sucesivos incrementos nominales desde el año 2005.

## Situación del sistema de pensiones de la Seguridad Social en Cuba hasta 2020

El artículo 68 de la Constitución vigente dispone que, mediante el sistema de Seguridad Social, el Estado garantiza la protección adecuada a todo trabajador impedido por su edad, invalidez o enfermedad. Si el trabajador o trabajadora fallece se garantiza similar protección a su familia. De tal grado, la Seguridad Social se encuentra definida por las variables de prestaciones monetarias incluyendo:

> Prestaciones a corto plazo, relacionadas con enfermedad y accidente común o profesional, licencia por maternidad, reintegros de subsidios de la seguridad social al sector privado; y Prestaciones a largo plazo incluyendo pensiones por: edad, invalidez total y parcial, muerte, reforma urbana; invalidez total por participación en Playa Girón, lucha contra bandidos y otros hechos relevantes; por protección social a

---

[2] En el artículo 10 del Decreto Ley se regula los grupos de Seguros: El Grupo I comprenderá los seguros de vida (personales); el Grupo II los seguros de bienes (daños); el Grupo III, los seguros de crédito, caución y responsabilidad civil; el Grupo IV, los seguros de prestación de servicios y el Grupo V, la actividad reaseguradora exclusivamente *Fuente especificada no válida.*

> los internacionalistas lesionados en cumplimiento de misiones militares o civiles; por protección social a combatientes de la Guerra de Liberación; los subsidios a enfermos de tuberculosis; prestaciones a trabajadores seleccionados para cursos de carreras universitarias; sistema de seguridad social al sector artístico; rentas vitalicias concedidas; régimen de seguridad social que protege a los cooperativistas; indemnizados que tienen derecho a recibir pensión con cargo a la Seguridad Social; y el sistema de seguridad social de las Fuerzas Armadas Revolucionarias (FAR) y el Ministerio del Interior (Minint). (Onei, 2014, p. 2)

Como se aprecia, la concepción cubana de Seguridad Social no concuerda con las definiciones ofrecidas por interpretaciones foráneas (Arenas de Mesa, 2019) – que incluyen salud y seguros de desempleo-, sino que se concentra en las prestaciones monetarias. Esto se debe fundamentalmente al carácter gratuito y universal del sistema de salud cubano. Sin embargo, es importante destacar que la separación de los pilares contributivos y no contributivos en las prestaciones que se ofrecen, está en concordancia con el esquema financiero de reparto que caracteriza el enfoque cubano.

La ley 105 del año 2008 es la disposición actual que rige el sistema de seguridad y asistencia social en el país. Las principales innovaciones de esta ley han estado dirigidas a adecuar las pensiones por edad, elevando la edad de jubilación, en el caso de las mujeres, de 55 años a 60; y en el caso de los hombres, de 60 hasta 65 años. De igual grado se eleva el tiempo de servicios a acreditar, se cambia la base de cálculo de las prestaciones y se incrementa la tasa mínima de remplazo de 50 al 60%.

Esta legislación también regula el régimen de asistencia social. El organismo responsable de su cumplimiento es el Ministerio de Trabajo y Seguridad Social (MTSS) y el organismo ejecutor es la Dirección Municipal o Provincial de Trabajo de cada territorio. Su fuente de financiamiento es exclusivamente el presupuesto estatal. Lo que caracteriza a este régimen de asistencia social es una mayor descentralización y flexibilidad en la distribución de los recursos materiales y financieros implicados. Esta descentralización se traduce en una mayor focalización y especialización a nivel territorial.

Por otra parte, la ley regula que los servicios sociales se prestan a través de programas sociales y planes de acción, igualmente se detalla que estos servicios sociales contarán con dos modalidades: comunitarios, más cercanos a las familias necesitadas; e institucionales, que se dirigen a poblaciones específicas con una atención personalizada. Los servicios sociales comunitarios comprenden la asistencia social a domicilio; la protección a madres de hijos con discapacidad severa; la alimentación en centros especializados o a domicilio; y la inclusión en centros de entrenamiento socio-laboral. Los servicios institucionales incluyen consultas médicas especializadas para la prevención, atención y rehabilitación; la incorporación a hogares de ancianos y/o casas de abuelos; el alojamiento en albergues de tránsito; la incorporación a los centros del Sistema Nacional de Educación; y talleres especiales para el empleo de personas con discapacidad (Anpp, 2008).

Para acceder a la pensión, las personas deben presentar la documentación solicitada, justificando sus necesidades financieras o su discapacidad; estos documentos generalmente son declaraciones de ingresos, certificados médicos. Un especialista designado por el MTSS realiza entrevistas en los hogares para corroborar la situación socioeconómica de los solicitantes. Una vez terminado el proceso de selección, se aprueba la solicitud, comprobándose anualmente la continuidad de los criterios de entrada al programa.

Estas pensiones son evaluadas una vez al año para determinar si el núcleo familiar aún es candidato a la asistencia social. Las principales críticas realizadas por diferentes autores a este régimen radican en la reducción de su cobertura (Mora; Colina, 2020), la perpetuación de un asistencialismo que no crea capacidades para salir de ese fenómeno (Fundora, 2019), su poca fortaleza estadística y capacidad para enfrentar situaciones diversas, como la distinción inexplicable en el tratamiento a las Madres de Hijos con Discapacidad Severa antes y después de la Ley 105/08[3] (Díaz, 2019).

Del mismo modo, no se encuentran institucionalizados los servicios de mensajería a los núcleos familiares en situación de vulnerabilidad para la compra de los medicamentos, el sistema de atención a la familia (SAF), los alimentos normados y otros. Lo anterior evidencia que los servicios y prestaciones no cubren todas las situaciones de vulnerabilidad social existentes, especialmente no son sensibles a la superposición de múltiples vulnerabilidades, en una misma persona, familia, grupo o comunidad.

La ley de seguridad social regula también el régimen de trabajo de los jubilados por edad, dando la posibilidad de que, al reincorporarse al trabajo remunerado, puedan devengar, de forma simultánea, la pensión y el salario que les corresponda según el cargo que ocupen, siempre que este sea diferente al

[3] Esta diferencia radica en que con anterioridad a la Ley 105/08 las madres que tuvieran que abandonar su empleo cuidar a su hijo con discapacidad recibía su último sueldo íntegro. Sin embargo, luego de la aprobación de esta ley las nuevas solicitantes pasaron a recibir pensiones de la asistencia social, con menores cuantías.

que desempeñaban al momento de la jubilación; pudiendo ser, no obstante, de su mismo perfil ocupacional. Dicha legislación incorpora seis regímenes especiales: Minfar; Minint; creadores de artes plásticas y aplicadas, musicales, literarios, audiovisuales y trabajadores artísticos; miembros de las cooperativas, usufructuarios de tierra; trabajadores por cuenta propia. La incorporación del régimen especial integrador de la Seguridad Social para los trabajadores por cuenta propia, establece la distinción de que será autofinanciado por las contribuciones personales de estos, según lo establecido por la Ley 105/08.

Con fecha más reciente se han introducido legislaciones que modifican o incorporan a la protección de la Seguridad Social a distintos actores como los Usufructuarios (298/2012), Cooperativas de Producción Agropecuaria (CPA) (297/2012), Artistas (312/2013), UBPC (351/2017), Marinos (382/2019), Atletas Activos y Glorias Deportivas (27/2021), y Trabajadores por Cuenta Propia, Cooperativas no Agropecuarias y Micro, Pequeñas y Medianas Empresas (48/2021).

Algunos autores que han evaluado la extensión de la edad de jubilación que promulgó la ley 105 plantean que: "Se espera que la aplicación de la ley 105 durante los próximos 10 años difiera la entrada de más de 285 mil pensionados, lo que puede significar un ahorro de 4,2 mil millones de pesos al presupuesto de Seguridad Social" (Sandó, 2009, p. 22). Sin embargo, las proyecciones de estos autores no tuvieron en cuenta el incremento del salario medio nominal en la economía cubana. En el período 2009-2019, el salario medio nominal se incrementó en un 200% de 429 CUP a 879 CUP, lo que ha traído aparejado el consiguiente aumento de las pensiones nominales y reflejado en el monto del presupuesto destinada a la Seguridad.

Esta situación se agravó toda vez que en 2016 concluyó la transición del período de jubilación para la cohorte que debió jubilarse en 2009, antes de la ley 105. Los nuevos pensionados que habían sido diferidos por la nueva ley, pueden haber disfrutado de los incrementos salariales en el período, lo que genera presiones extra sobre el sistema de reparto. Las proyecciones actuariales hasta el año 2025 publicadas por (Sandó, 2009) calculan un gasto equivalente a 6 627,1 millones de pesos del sistema de Seguridad Social en el año 2018, bajo el régimen de la Ley 24, mientras que estimaban un ahorro de cerca de 2000 millones de CUP, dado que la ley 105 difería la entrada de nuevos jubilados, estimaba el gasto bajo la nueva ley a 4 755,9 millones de pesos.

Las cifras del gasto en el régimen de Vejez, Invalidez y Muerte en el año 2018 alcanzaban los 5 415,8 millones, 700 millones más que lo estimado, lo que situaría el ahorro por diferir edades de jubilación en el entorno de los mil millones, menos del 50% de lo que se había planteado anteriormente por la autora. Como se aprecia, dadas las condiciones actuales del régimen de Seguridad Social en Cuba, la reforma paramétrica comenzada con la Ley 105 no es suficiente para enfrentar los retos que se evidencian del análisis de las principales variables que lo integran.

En un informe publicado en el año 2002, se enumeran las siguientes deficiencias del sistema de seguridad social cubano:

> [...] condiciones de acceso excesivamente liberales que hacen insostenible el costo del sistema; cotización salarial insuficiente, severo *deficit* financiero y fuerte subsidio fiscal, empeorados por el envejecimiento de la población que harán de Cuba el país más envejecido de la región en el futuro inmediato; caída notable del valor real de las pensiones y de

> la red de protección de los pensionados; disminución de la cobertura de pensiones según se expande el sector laboral no estatal; la variable demográfica y el mercado laboral. (Mesa-Lago, 2002, p. 54)

De los problemas señalados por el autor en el año 2002, seis años antes de la reforma que inició la Ley 105 del año 2008, aún perviven algunos. Se puede afirmar que las condiciones liberales de acceso no constituyen una deficiencia del sistema cubano porque son fruto de su concepción universal. Por otra parte, la ampliación de la cobertura del sector no estatal, particularmente en el empleo autónomo y la informalidad laboral ha encontrado escollos en un modelo contributivo muy poco flexible (Colina, 2021). Asimismo, los problemas económico-financieros y las condiciones demográficas y de la esfera laboral continúan siendo desafíos que deben ser abordados cuidadosamente por las múltiples conexiones que tienen entre sí (Colina, 2020).

Tanto las proyecciones estadísticas que se pueden encontrar en Mesilla (2013) o Castillo, Barros y González (2015); así como las proyecciones actuariales consultadas en Sandó (2009) y González (2012) reflejan el crecimiento acelerado de los gastos de régimen de pensiones en Cuba, motivado por el envejecimiento demográfico y su influencia en el incremento de los pensionados y en los años de permanencia en el sistema. Asimismo, identifican efectos en la estructura de la PEA, tanto a partir del incremento de la edad mediana, como del estancamiento y posterior disminución del indicador de actividad económica (Mesa-Lago; Moreno; Kay, 2022).

Por último, continúa siendo un reto la suficiencia de las prestaciones, más aún cuando las pensiones son la principal fuente de ingresos para la población mayor de 60 años en el país según la última Encuesta Nacional de Envejecimiento[4] (Onei; Cepde, 2017). Cerca del 72,2% de los entrevistados que superan las seis décadas reconoció que la principal fuente de su sustento futuro son las pensiones y jubilaciones. Además, el 68,5% reconoció que su ingreso actual fundamental también proviene de la jubilación o pensión. Esta realidad es particularmente acuciante luego de las transformaciones asociadas a la unificación cambiaria y monetaria en el país y merece un estudio más pleno en futuros trabajos.

## Conclusiones

La gran transformación estructural del sistema de pensiones de la Seguridad Social en Cuba, iniciada luego del triunfo de la Revolución, ha potenciado la universalidad del esquema y una amplia cobertura activa. Sin embargo, ha encontrado limitantes para recuperar el poder adquisitivo de las pensiones luego de la crisis de los años noventa. Asimismo, se enfrenta al reto enorme que puede significar la modificación de las condiciones actuales de un sistema en *deficit* financiero sostenido que a su vez se considera un derecho para todas las personas que estén empleadas en el país, con independencia de la forma de propiedad y gestión en que laboren.

Por otra parte, los grados de cobertura y la universalidad del sistema podrán verse afectados ante el incremento de los pensionados – producto del envejecimiento demográfico en el país – y el correspondiente aumento en las tasas de contribución y/o las transferencias del presupuesto del Estado. A esto se

---

4 La encuesta en principio se diseñó para una muestra 12 mil viviendas en todo el país, concretamente se encuestaron 10 073 viviendas y en cada una se entrevistó un adulto mayor. La categoría adulto mayor, comprende a toda persona de 60 años y más.

suma un sistema de asistencia social que no genera prestaciones suficientes y que aún no contribuye a la identificación precisa de la población vulnerable que puede necesitar de sus servicios.

Debe señalarse que cualquier decisión de política que intente la modificación de la circunstancia actual del sistema de pensiones en Cuba debe hacerlo desde un enfoque de totalidad. Las complejas interrelaciones que sostiene con la esfera laboral, la demografía, las formas de distribución, las variables de *deficit* fiscal, los precios, la productividad del trabajo, convierten al sistema de pensiones de una nación en uno de los componentes más delicados del sistema económico. Es por ello que, las transformaciones estructurales o paramétricas no deben suceder sin procesos amplios de consulta cuyo resultado sea siempre el incremento del bienestar de la población cubana.

## Referencias

ANPP. Ley 105/08, 2008. La Habana: Gaceta Oficial de la República de Cuba.

ARENAS DE MESA, A. *Los sistemas de pensiones en la encrucijada*: Desafíos para la sostenibilidad en América Latina. Santiago de Chile: CEPAL, 2009.

CASTILLO, A., BARROS, O., & GONZÁLEZ, C. *El sistema de pensiones y la actualización del modelo de gestión económica en Cuba*: Situación actual y retos futuros. Tesis de licenciatura La Habana: Facultad de Economía, 2015.

CEPAL. *Estudio acerca de la erradicación de la pobreza en Cuba*. Santiago de Chile: CEPAL, 1984.

CEPAL. *El desarrollo de la Seguridad Social en América Latina*. Santiago de Chile: CEPAL, 1985.

CETSS. *24 años de Revolución en la Seguridad Social en Cuba*. La Habana: Comisión Estatal de Trabajo y Seguridad Social, 1983.

COLINA, H. *Sistema de pensiones de la Seguridad Social en Cuba*: un debate presente para el futuro. Santo Domingo: FES, 2020.

COLINA, H. Trabajo por cuenta propia y Seguridad Social en Cuba: ideas preliminares para una actualización del esquema de protección vigente. *CONFIN Habana*, n. 15, 2021. Disponible en: http://www.cofinhab.uh.cu/index.php/RCCF/article/view/472.

DÍAZ, D. *Desigualdades, Discapacidad e Interseccionalidad*. La Habana: Flacso, 2019.

FUNDORA, G. *Políticas Sociales y sus efectos en las desigualdades*. La Habana: Flacso 2019.

GARCÍA, A.; ANAYA, B. Relación entre desarrollo social y económico. *In*: VILLANUEVA, O. E. P. *Cincuenta años de la Economía cubana*. La Habana: CEEC, 2010.

GONZÁLEZ, C. *La población cubana y la Seguridad Social*: una oportunidad para un régimen complementario de pensiones. Tesis de maestría, CEDEM, La Habana, 2012.

HIDALGO, V.; GANCEDO, N. (1998). Reforma del Estado y la equidad: La experiencia cubana de los noventa. *Economía y Desarrollo*, v. 27, 1998.

MESA-LAGO, C. *Cien años de Seguridad Social en Cuba*: Avances y problemas. Pittsburgh: Pittsburgh, 2002.

MESA-LAGO, C. Envejecimiento y pensiones en Cuba: La carga creciente. *Nueva Sociedad*, n. 216, jul.-ago. 2008.

MESA-LAGO, C.; VIDAL, P. The impact of the global crisis on Cuba's Economy and social welfare. *Cambridge Journal*, v. 42, v. 4, 2010.

MESA-LAGO, C.; MORENO, C.; KAY, S. J. The financial sustainability of public pensions in Cuba: The impact of ageing, structural reforms and the economic crisis. *International Social Security Review*, v. 75, feb. 2022.

MESILLA, L. (2013). *Envejecimiento Poblacional y Seguridad Social*: Reflexiones desde una perspectiva económica. Tesis de licenciatura La Habana: Facultad de Economía, 2013.

MORA, N.; COLINA, H. *Programas de pensiones no contributivas*: Cuba en el contexto latinoamericano. Tesis de licenciatura La Habana: Facultad de Economía, 2020.

ONEI. *Anuario Estadístico de Cuba*. La Habana: Onei. Disponible en: http://www.onei.gob.cu/publicaciones-periodicidad/Anual

ONEI; CEPDE. *Encuesta Nacional de Envejecimiento de la Población*. La Habana: Onei, 2017. Disponible en: http://www.onei.gob.cu/node/14237

PCC. *Resolución Económica V Congreso del Partido Comunista de Cuba*. La Habana: PCC, 1997.

PEÑATE, O. *Orden económico y seguridad social*: El futuro de la seguridad social en América Latina. México DF: Ciess, 2008.

RAGGI, C. El progreso de la Seguridad Social en Cuba. *Seguridad Social*, n. 3, año III, Ciudad de Mexico, 1960. Disponible en: http://biblioteca.ciess.org/adiss/g1009/f3. Acceso: 5 sep. 2024.

SANDÓ, D. I. *Seguridad Social*. Incidencias de las tendencias demográficas y económicas en las proyecciones actuariales hasta el 2025. La Habana: MTSS, 2009.

VIAMONTES, E. Política Social y derecho de seguridad social en Cuba. *In*: ARGÜELLES, M. (org.). *Debates actuales sobre Política Social*: Cuba en el contexto de América Latina y el Caribe. La Habana: Flacso, 2017.

VIGIL, A. Esbozo histórico del seguro en Cuba. Época moderna. *RIS Bogotá*, v. 21, n. 37, 2012.

# INVESTIMENTOS ESTRANGEIROS DIRETOS EM CUBA: O CASO DE MARIEL

Guilherme Sávio Marchi[1]

## Introdução

Nos últimos dez anos, aproximadamente, Cuba passa por mudanças em seu modelo econômico e social – processo também identificado como atualização do socialismo cubano. As contradições em pauta nesse período são conhecidas há tempos pelos(as) cubanos(as), porém têm ganhado mais atenção desde o giro do século. Iniciado efetivamente no 6º Congresso do Partido Comunista de Cuba (PCC), em 2011, e avalizado nos 7º e 8º Congressos, em 2016 e 2021, respectivamente, tal movimento representa a necessidade justa de atualizar-se diante do devir, enfrentando problemas estruturais do país e sobrevivendo no contexto de hegemonia capitalista mundial, tendo como objetivo central a consolidação de sua estratégia socialista (Castro, 2021; PCC, 2017a; 2017b; 2021).

1 Cientista social. Mestre em Integração Contemporânea da América Latina pela Universidade Federal da Integração Latino-Americana (Unila). E-mail: gsmarchi@hotmail.com.

Essa atualização toca em vários pontos da dinâmica e da organização da sociedade cubana, sendo um destes a promoção de Investimentos Estrangeiros Diretos (IED) no país, compreendidos como necessidade fundamental para o desenvolvimento das forças produtivas na ilha. Se, a princípio, a Revolução Cubana rechaçou completamente os IED, o curso da história mundial e a mudança na configuração das correlações de forças fizeram o país adotá-los, primeiro como mecanismo de sobrevivência após o fim da União Soviética (URSS) e do Conselho de Auxílio Mútuo Econômico (Came), depois como importante elemento para o futuro da economia – trajetória que Cordoví (2021) bem sintetiza:

> Nossa relação com o IED tem sido muito especial. Fomos um campo de investimento praticamente irrestrito para a economia e os capitais estadunidenses durante toda a primeira metade do século XX. Então, desde o início dos anos 1960 até praticamente o início dos anos 1980, o IED foi identificado como um inimigo jurado de nossas aspirações de desenvolvimento, um instrumento do neocolonialismo e do imperialismo (algo que não era de forma alguma incerto). Nosso acesso a ele tornou-se praticamente impossível, primeiro porque não era desejado política ou ideologicamente, e também porque o bloqueio norte-americano impôs um preço muito alto aos investidores estrangeiros. O financiamento barato que o país recebeu da União das Repúblicas Socialistas Soviéticas também permitiu contornar sua necessidade.

Na década de 1980, o Decreto-Lei 50 foi aprovado, mas nada de produtivo foi feito para atrair IED efetivamente até que o colapso do campo socialista se tornasse uma realidade concreta. Salvar o socialismo significou também abrir nosso país ao IED – que paradoxo! Isso foi assumido como um 'mal necessário', que mais tarde com a primeira lei de IED aprovada em 1995 tornou-se um 'complemento perigoso', para depois, por volta de 2010-2011, se tornar um 'complemento', e em 2014, quando foi aprovada a segunda lei, se tornar uma 'necessidade estratégica para o nosso desenvolvimento', critério endossado nos documentos do Partido Comunista de Cuba. (PCC, 2017, p. 33-34, tradução nossa)

Parece contraditório pensar no capital estrangeiro atuando como importante complemento na condução do socialismo, sobretudo numa ilha que passou metade do século XX sob a condição de feroz submissão aos interesses dos capitais norte-americanos. Assim, refletimos: qual papel os IEDs têm cumprido nas reformas em curso em Cuba? Como o Estado cubano pensa o uso dos IEDs como propulsores econômicos e como essa aplicação tem sido regulada? Com tais tópicos como base para este artigo, nos debruçamos, ainda, sobre um caso específico: a Zona Especial de Desenvolvimento de Mariel (ZED Mariel). Esse importante projeto no atual contexto cubano nos permite entender mais concretamente a dinâmica e controle dos IEDs a favor do socialismo em Cuba.[2]

## O xadrez da economia cubana e o papel dos IED na atualidade

Nos novos Lineamentos, elaborados, implementados e atualizados nos últimos três Congressos do PCC, foi reconhecida a propriedade privada em Cuba, bem como a coexistência

[2] Este artigo foi escrito com base na dissertação de mestrado intitulada "Atualização do socialismo cubano: análise a partir dos Investimentos Estrangeiros Diretos e da Zona Especial de Desenvolvimento de Mariel", defendida pelo autor em março de 2021 na Universidade Federal da Integração Latino-Americana (Unila). A quem possa interessar uma leitura completa do trabalho, este se encontra no repositório digital da instituição.

e a interação desta com as demais formas de propriedade que conformam o sistema empresarial do modelo cubano – sistema dirigido pela planificação, que atua, sobretudo, nos setores econômicos estratégicos, que são as atividades com potencial para impulsionar a transformação da estrutura econômica no geral. O Estado segue regulador de todas as formas de propriedade, de maneira que possa conduzir a articulação entre elas para o desenvolvimento econômico e social do país. Toda essa nova organização legal no que diz respeito à participação do capital privado na ilha complementa a Lei n. 118 de 2014, que versa sobre o IED em Cuba. A *Ley de la Inversión Extranjera* derrogou a anterior, de 1995, e passou então a orientar os objetivos dessa modalidade, orientando-a para a diversificação e ampliação dos mercados de exportação, a obtenção de financiamento externo, a busca por tecnologias avançadas, a substituição de importação, o esforço pelo aproveitamento de fontes de energia renovável, bem como a priorização da produção de alimentos e a geração de empregos (Anpp, 2014).

A entrada de capital externo em Cuba atinge, nesse sentido, um patamar de "necessidade estratégica" para o desenvolvimento do país (Cordoví, 2021, tradução nossa). Isso ficou evidente em uma fala de Raúl Castro de dezembro de 2016, quando concedeu grande importância à necessidade de dinamizar o investimento estrangeiro em Cuba e reconheceu atrasos excessivos no processo de negociação, com o que defendeu que fosse superada a mentalidade obsoleta e cheia de preconceitos contra o IED, alegando que Cuba não se tornará capitalista pela simples utilização de tais recursos (Castro, 2017).

Ao término de 2021, foram registrados 302 negócios com capital estrangeiro em Cuba, sendo 16 a menos que em 2020.

É um número superior aos 211 negócios de 2008 (o menor dos últimos 22 anos), mas abaixo das 403 participações atingidas em 2002. A modalidade de Associação Econômica Internacional (AEI) é a mais numerosa: 48,8% em 2019; 51,9% em 2020 – e também a que mais aumentou na comparação 2019/2020 (Onei, 2021; 2022; Villanueva, 2021). Infelizmente, detalhamentos sobre montantes investidos, áreas destinadas e as economias originárias desses tipos de recursos aparecem de maneira mais superficial. Informações oficiais com os dados sobre fluxos de IED no país estão indisponíveis para o público geral. Apenas em outubro de 2021 a Oficina Nacional de Estadísticas e Información (Onei) publicou indicadores selecionados referentes às modalidades de investimentos estrangeiros e sua dinâmica por atividades econômicas.

Com base em portais de notícias cubanos e internacionais, é possível encontrarmos algumas matérias sobre investimentos realizados na ilha nas últimas duas décadas, ao que se confirma a importância da Venezuela para Cuba, por exemplo, no refinamento de petróleo e gás, na modernização e na ampliação do acesso à internet por meio da instalação de fibra ótica – com um "pacote" de investimentos, em 2008, estimado a atingir a soma de dois bilhões de dólares.

A gigante economia chinesa investiu de maneira importante, como no caso da modernização das refinarias de Cienfuegos e Matanzas. Outro exemplo é o Irã, que até 2012 já havia destinado quase 700 milhões de dólares em créditos à ilha caribenha. Além disso, a entrada de divisas por remessas e pela atividade do turismo vinha em desempenho favorável na última década, até mesmo pela flexibilização de relações com os Estados Unidos no governo Obama.

No entanto, a crise da economia venezuelana a partir de 2014 resultou na diminuição dos termos de acordos e exportações de bens e capitais para Cuba. O governo Trump e a aplicação de 243 ações de endurecimento do bloqueio[3] também foram terríveis. Como agravante, em 2020 o enfrentamento à pandemia de covid-19 levou Cuba a encerrar o ano com uma retração de 10,9% do PIB – havendo uma pequena recuperação em 2021, fechando o ano com crescimento de 1,3% (Onei, 2022). A crítica conjuntura econômica e sanitária prejudicou ainda mais a situação dos fluxos de capital estrangeiro ao país. Aliás, tal panorama não é exclusividade dessa aguerrida ilha, pois atinge toda a região latino-americana e caribenha (Cepal, 2021). Contudo, por todas as batalhas internas e externas que Cuba enfrenta, tanto no sentido de sua sobrevivência quanto no aspecto do projeto político que empunha, o retrato se apresenta de maneira extremamente delicada.

Sendo uma economia caribenha que naturalmente, por sua condição de ilha, tem uma série de limitações, somado aos traços de sua formação histórica em condição de subordinação, seja colonial, seja dependente, a economia cubana é, necessariamente, aberta para garantir sua reprodução econômica e social (Torres, 2015). Nisso, mesmo com dificuldades, a Venezuela é sua principal parceira, compondo 44% da balança comercial de Cuba em 2012, mas reduzindo essa participação para 17,6%

---

[3] Ações que vão de proibição de hotéis e restaurantes que turistas estadunidenses pudessem frequentar em Cuba até a reativação dos títulos III e IV da Lei Helms-Burton. As consequências são atrozes, ocasionando um prejuízo econômico de cerca de 20 bilhões de dólares para a ilha e um agravamento no atendimento à demanda por alimentos – um dos principais itens importados pelo país (Mesa-Lago; Alejandro, 2019).

nos anos 2016 e 2017 – ultrapassada pela China apenas em 2016 (Mesa-Lago; Alejandro, 2019).

Ao analisarmos os destinos das exportações de bens cubanos nos últimos anos, vemos o continente americano na primeira posição, puxado substancialmente pela Venezuela entre 2014 e 2015, mas depois sendo esta superada pelo México e, principalmente, pelo Canadá – o que se sobressaiu nos anos da pandemia:

**Gráfico 1: Exportações de bens, indicadores selecionados – Cuba, 2015-2021 (%)**

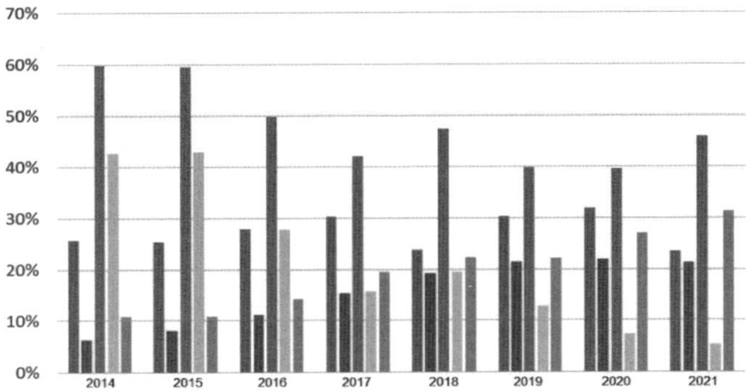


| | 2014 | 2015 | 2016 | 2017 | 2018 | 2019 | 2020 | 2021 |
|---|---|---|---|---|---|---|---|---|
| EUROPA | 26% | 25% | 28% | 30% | 24% | 30% | 32% | 23% |
| CHINA | 6% | 8% | 11% | 15% | 19% | 21% | 22% | 21% |
| AMÉRICA | 60% | 60% | 50% | 42% | 47% | 40% | 40% | 46% |
| VENEZUELA | 43% | 43% | 28% | 16% | 19% | 13% | 7% | 5% |
| CANADÁ | 11% | 11% | 14% | 19% | 22% | 22% | 27% | 31% |

Fonte: Anuário Estadístico de Cuba (Onei, 2019; 2022).
Créditos: elaboração própria.

Entre os bens exportados, os produtos de mineração têm se mantido como linha principal, compondo 28% do total, se levarmos em conta a série histórica de 2014 a 2021 – o que representa mais que o triplo da média exportada em relação à indústria açucareira (9%) (Onei, 2019; 2022). Tal dado tem ligação com o Gráfico 1, uma vez que a extração de níquel, no oriente cubano, é realizada em parceria com uma empresa canadense.

Reinsere-se aqui outra vez uma particularidade de extrema relevância na balança comercial cubana: a exportação de serviços, que têm, nos últimos anos, compensado positivamente as contas cubanas.

**Quadro 1: Exportações e importações de bens e serviços – Cuba (milhões de pesos)**

| Ano | Exportações totais | Exportações de bens | Exportações de serviços | Importações totais | Importações de bens | Importações de serviços | Exportações menos importações (total) | Exportações menos importações (bens) | Exportações menos importações (serviços) |
|---|---|---|---|---|---|---|---|---|---|
| 2015 | 14.941 | 3.572 | 11.369 | 12.605 | 11.745 | 860 | 2.336 | -8.173 | 10.509 |
| 2016 | 13.690 | 2.546 | 11.144 | 11.226 | 10.302 | 924 | 2.464 | -7.756 | 10.220 |
| 2017 | 14.093 | 2.704 | 11.389 | 11.304 | 10.212 | 1.092 | 2.789 | -7.508 | 10.297 |
| 2018 | 14.530 | 2.742 | 11.789 | 12.567 | 11.527 | 1.040 | 1.963 | -8.785 | 10.749 |
| 2019 | 12.632 | 2.392 | 10.240 | 10.971 | 9.937 | 1.034 | 1.661 | -7.545 | 9.206 |
| 2020 | 8.769 | 1.783 | 6.985 | 8.067 | 7.255 | 812 | 702 | -5.472 | 6.173 |
| 2021 | 190.246 | 49.027 | 141.220 | 246.058 | 228.380 | 176.479 | -55.812 | -179.353 | -35.259 |

Obs.: Valores de 2021 muito maiores do que nos outros anos em decorrência do reajuste decorrente da Tarefa Ordenamento.
Fonte: Anuário Estadístico de Cuba (Onei, 2019; 2022).
Créditos: Elaboração própria.

Assim, ao contrário do que muitas pessoas costumam pensar, Cuba não é mais uma economia essencialmente agrária. Depois de constatarmos que a mineração tem fornecido maiores valores na exportação, indicamos agora que o peso do setor terciário no PIB do país é enorme, compondo 73,4% desse indicador no período 2015-2019, sendo 54,5% de toda exportação de serviço cubano da área de saúde.

Há duas considerações a serem feitas sobre esse papel dos serviços exportados por Cuba. A primeira diz respeito a um aspecto político: as missões médicas e educacionais cubanas cumprem um papel imprescindível de solidariedade internacionalista. Obviamente que, devido ao contexto econômico cubano e à hegemonia capitalista no mundo, tais serviços são utilizados também como forma de arrecadar divisas, as quais são aplicadas em importações de mercadorias voltadas ao consumo da população e à produção em vários setores. Contudo, em diversas ocasiões – situações de catástrofe, epidemia, ciclones e terremotos, e também na pandemia de covid-19 – tal atividade, por meio da Brigada Médica Internacional Henry Reeve, não é contabilizada como venda de um serviço, mas como cooperação voluntária com povos que passam por momentos de extrema dificuldade e sofrimento, prevalecendo o sentimento e a premissa do reconhecimento da humanidade como genericidade, e que, passando por uma necessidade, podem contar com a capacidade cubana conquistada ao longo do processo revolucionário.

A outra consideração é que a Venezuela é o maior importador de serviços cubanos, com acordos em que o pagamento não é integralmente realizado em dólares, mas por meio de itens, como petróleo e gás natural. Por um lado, tais produtos seriam comprados por Cuba caso o pagamento fosse realizado em moeda forte, ou seja, a mesma finalidade seria atingida. Porém, em alguns momentos, tal tratativa retira de Cuba uma margem para fazer outros tipos de investimentos na ilha. De toda maneira, as relações construídas entre os dois países desde a chegada de Hugo Chávez ao poder levam em conta outros aspectos que não o meramente comercial, atingindo termos e tratados não aceitáveis e muitas vezes incompreensíveis a qualquer subjetividade arraigada ao (neo)liberalismo.

A Venezuela também se faz presente nas importações de bens, representando até 40% (2014) da origem dessas mercadorias, mas com a crise acabou sendo superada pelo mercado europeu. A China também seguiu sendo uma relevante fonte de bens importados.

**Gráfico 2: Importações de bens: principais parceiros comerciais, indicadores selecionados – Cuba, 2014-2021 (%)**

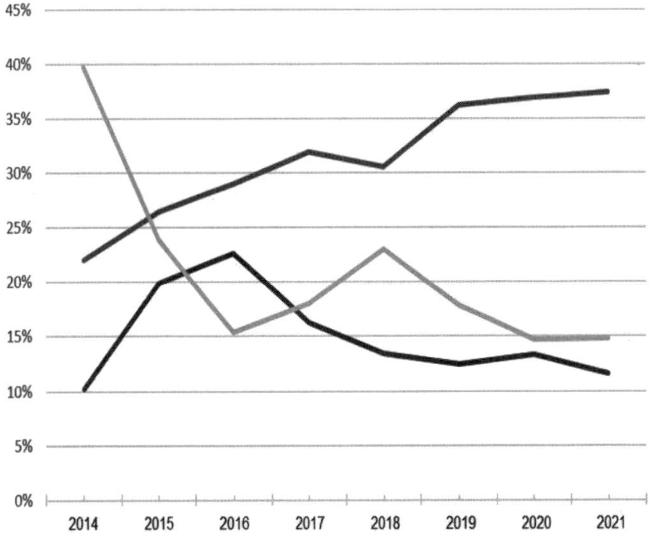


| | 2014 | 2015 | 2016 | 2017 | 2018 | 2019 | 2020 | 2021 |
|---|---|---|---|---|---|---|---|---|
| EUROPA | 22% | 26% | 29% | 32% | 31% | 36% | 37% | 37% |
| CHINA | 10% | 20% | 23% | 16% | 13% | 12% | 13% | 12% |
| VENEZUELA | 40% | 24% | 15% | 18% | 23% | 18% | 15% | 15% |

Fonte: Anuário Estadístico de Cuba (Onei, 2019; 2022).
Créditos: Elaboração própria.

Segundo a Onei (2019; 2021), considerando uma média das importações de 2014 a 2021, os bens intermediários compõem 65% das aquisições, sendo os combustíveis e lubrificantes os principais itens, com 26%. No geral, também são relevantes as importações de máquinas e equipamentos de transporte (bens de capital), com 23%, além de produtos alimentícios e animais vivos (bens de consumo), com 17%. Quanto às importações de serviços, a contratação de serviços profissionais, técnicos e científicos compõe 26,7% do total.

A baixa produtividade de sua economia em uma série de itens não lhe oferece tantas alternativas e rendimentos em matéria de exportação, o que dificulta não só a importação, mas o investimento interno que poderia – a médio e longo prazos – resultar em incremento da produção social. Acaba-se em um círculo vicioso, com uma sucessão de fatores que se encadeiam como causa e efeito de uma situação geral complicada. Assim, das três formas de aquisição de divisas – exportação de bens e serviços, IED e financiamento externo –, uma delas, o ingresso por meio da venda de produtos e serviços no mercado mundial, é extremamente dificultada. Isso posto, no caso cubano, os recursos externos apresentam-se como possibilidades, via crédito e/ou investimento direto. Seguindo o raciocínio lógico, o uso de tais mecanismos tem como objetivo fazer avançar o desenvolvimento das forças produtivas, proporcionando uma efetiva substituição de importações, sendo esta responsável por uma produtividade incrementada que tenha por finalidade uma elevação da qualidade de vida da população cubana em todas as esferas.

No entanto, retorna à baila um elemento que circunda a história do socialismo cubano: o bloqueio. Tal mecanismo restringe mercados de maneira impactante, com uma enorme quantidade de empresas e governos que se negam a fazer negócios com Cuba pelas implicações que os termos do bloqueio podem lhes trazer, desde sanções e multas até impedimentos de comercialização com o mercado estadunidense. Com isso, existe uma extrema dificuldade para as importações e exportações cubanas, já que muitas vezes há que se recorrer a intermediários ou ao pagamento de fretes e seguros, o que torna tais negócios ainda mais custosos – tanto no aspecto econômico quanto no humano. Como dimensão de seus efeitos, estima-se que a eliminação do bloqueio produziria um aumento anual de 2% no PIB cubano (Rodríguez, 2019).

Na pandemia, o bloqueio estadunidense dificultou e, em alguns casos, impossibilitou que chegassem a Cuba ventiladores, máscaras, seringas, insumos para produção de medicamentos, kits de diagnóstico e outros equipamentos médicos – o que não impediu que Cuba produzisse suas próprias vacinas. Alguns desses itens provinham de doações, o que escancara o caráter de tal instrumento como parte constitutiva de uma política imperialista de defesa da própria hegemonia das relações do capital.

Com todos esses obstáculos, a liderança cubana tem enxergado nos IED um importante mecanismo de melhoria de suas condições econômicas. Isso posto, como se encontram os IED em Cuba hoje? Qual seu montante e em quais setores se faz mais presente? Quais formas esse capital tem tomado em Cuba? Essas são perguntas iniciais para entendermos o grau de participação desses recursos na economia cubana atualmente.

Em 1986, Cuba começou a desenvolver o turismo internacional como forma de aquisição de divisas. Já em 1987, abriu-se, nesse setor, a possibilidade de investimento estrangeiro. A atuação internacional nessa importante atividade econômica para o país até os dias de hoje se deu – e se dá – por meio de contratos de administração, maneira a partir da qual a rentabilidade para o Estado é baixa, porém as propriedades ficam mais bem protegidas e não se contraem dívidas. Nesse aspecto, o que se ganha de mais relevante é a introdução de habilidades gerenciais e de marketing com padrão de qualidade internacional, uma vez que são grandes marcas hoteleiras que atuam no país (Jurlow; García, 2015).

Além do setor hoteleiro, há outros casos que exemplificam importantes parcerias com o capital externo na ilha: uma parte relevante do rum cubano é comercializado internacionalmente por meio de uma empresa mista, cuja parte estrangeira é da Pernod Ricard, empresa francesa que figura entre as maiores do mundo; o exímio tabaco cubano é vendido no exterior por meio da empresa mista Habanos S. A., com capital da Imperial Tobacco, do Reino Unido; a produção de energia elétrica a gás conta com participação estrangeira; a extração e o processamento de gás, petróleo e níquel também, como na parceria com a Sherritt International, companhia canadense que constitui empresa mista em Cuba e atua na planta de Moa, no oriente da ilha, há mais de duas décadas e projeta investimento para aumento de 15% a 20% da produção até 2024 (Torres, 2015; Torres; González, 2022; Villanueva, 2017).

Mesmo assim, tais investimentos ainda são pequenos em seu montante, por vezes não atingindo 0,5% do PIB cubano (Villanueva, 2014). O próprio ministro do Comércio Exterior e Investimento Estrangeiro, Rodrigo Malmierca, se pronunciou sobre as parcerias, indicando que a entrada anual ideal de capital seria de aproximadamente 2,5 bilhões de dólares, o que permitiria ao país um desempenho superior a 5% (Minrex, 2018). Tal previsão não se concretizou até então, mas, se observamos a dinâmica de fluxos de IED em termos regionais, verificamos um contexto de diminuição destes na América Latina e Caribe como um todo. Esses fluxos atingiram um pico recorde favorável em 2012 e depois entraram em queda quase ininterrupta (Cepal, 2021).

Especificamente em Cuba, com base nos anuários estatísticos disponibilizados pela Onei, temos um panorama de crescimento dos investimentos no geral entre 2011 e 2019, com uma pequena queda em 2014, fora a diminuição no ano de 2020 em decorrência da pandemia.[4] Ao verificarmos esses dados, vemos que a estrutura investidora em Cuba ainda é muito voltada à construção (infraestrutura), à qual é destinado 58% da média de investimentos no período 2011-2019. Os investimentos em máquinas e equipamentos (bens de capital) são de apenas 26%, e justamente estes são responsáveis por saltos produtivos (crescimento econômico; desenvolvimento das forças produtivas) (Onei, 2016; 2019).

Nesses documentos da Onei não são detalhados os tipos nem as origens de tais recursos. O que esses dados nos permitem verificar – para além de seu sentido de crescimento – é que, em análise de série histórica, a atividade que desponta no recebimento desses investimentos é a de serviços empresariais, atividades imobiliárias e de aluguel, com 35% de captação de recursos entre 2015 e 2020. Depois, vêm fornecimento de eletricidade, gás e água (11%), indústria manufatureira

---

4 Deve-se levar em conta que devido à pandemia houve, em 2020, uma recessão global de 6%, e latino-americana de 9,1%, além de uma drástica diminuição de IED não apenas regional, mas em todo o mundo. Para Cuba, no que se refere a esse quesito, o índice de seus dez principais parceiros econômicos ficou em -10,7%, o que tem ligação com a redução de IED no país (Cordoví, 2021; Torres, 2021a).

(excetuando indústria açucareira) (10%), construção, hotéis e restaurantes (8%) e agricultura, pecuária e silvicultura (6%). As outras áreas seguem com valores menores (Onei, 2016; 2019).

Sobre a inexistência de uma base de dados detalhando os montantes, fluxos e setorializações para os IED em Cuba, é importante deixar expresso que não se deve a uma falta de organização dessas informações ou a uma descabida ausência de transparência dos órgãos estatais, muito pelo contrário: a não publicização dos dados representa um mecanismo de defesa cubano aos ataques do bloqueio estadunidense, ou seja, um dos motivos para manter tais dados reservados é dificultar as ações persecutórias do Escritório de Controle de Ativos Estrangeiros (OFAC, em inglês) aos investidores estrangeiros que atuam em Cuba.

Nessa dificuldade de acesso à informação, deve-se utilizar leituras de economistas cubanos que têm alcance aos dados, com o que se verifica um cenário de crescimento dos IED no país, mas ainda de maneira tímida, insuficiente para suas necessidades. Segundo boletim do Centro de Estudos da Economia Cubana (Ceec) do final do primeiro semestre de 2021, as aprovações de investimentos de capital estrangeiro no país chegavam a 2,4 bilhões de dólares, o que se aproxima da cifra exposta por Rodríguez (2021), indicada em 3 bilhões de dólares. Porém, as ações dos governos Trump e Biden, os impactos da pandemia e as limitações da própria economia cubana resultaram numa concretização mínima desse valor (708 milhões de dólares), não conseguindo gerar os efeitos esperados (Rodríguez, 2022b; Torres, 2021b).

Outro elemento de redução de divisas que atingiu Cuba a partir de restrições impostas pelo governo Trump é o declive no recebimento de remessas: 37% em 2021. O governo Biden deu prosseguimento às sanções contra Cuba instituídas pela administração Trump. Apenas em maio de 2022 houve mínima flexibilização de algumas medidas, como a eliminação do limite de remessas e o aumento de voos à ilha (Rodríguez, 2022a).

Junto a esses fatores, a diminuição das exportações em cerca de um terço em relação a 2019 influiu, consequentemente, numa enorme redução dos itens importados. Assim, as divisas que ingressaram em Cuba em 2020 representaram apenas cerca de 55% da quantidade estimada. Em efeito cascata, esses resultados complicaram os pagamentos dos financiamentos externos firmados, ainda que tenha sido acordada uma moratória com os credores do Clube de Paris.

Essa postergação para 2022 do pagamento dos 200 milhões de dólares pendentes aos financiadores externos e a eficiência da campanha de imunização contra a covid-19 no país acabaram dando importante fôlego para a retomada da estabilidade na ilha. Vislumbra-se desde 2021 a possibilidade de exportação de vacinas cubanas para adquirir divisas, ocorrendo tratativas com Irã, México, Argentina e Bolívia, mas com vendas efetivadas apenas a parceiros tradicionais: Venezuela, Nicarágua e Vietnã (Cantoral *et al.*, 2022). Além disso, com a retomada do turismo internacional se estima uma melhora da arrecadação de divisas, o que incrementaria o abastecimento interno de produtos básicos (Rodríguez, 2021; Torres, 2021a).

Fazendo pesar ainda mais tais dificuldades, a implementação da Tarefa Ordenamento[5] acabou apresentando maiores

[5] Posta em marcha em 01/01/2021, a Tarefa Ordenamento congregou uma série de mudanças que podemos resumir em quatro eixos: I) unificação monetária,

complexidades e problemas em relação ao que havia sido previsto em seu desenho inicial, o que resultou num aumento assombroso do custo de vida na ilha, ao mesmo tempo que houve uma depreciação de 78% do peso cubano em relação ao dólar no período de janeiro a agosto de 2021 (Torres, 2021b). Somou-se a esses impactos o pior momento da pandemia atravessado pela ilha, em decorrência da chegada da cepa delta. Tal conjuntura, agregada à guerra informacional do movimento contrarrevolucionário, acabou resultando em manifestações consideráveis em várias cidades do país, em julho de 2021. Esse processo reflete até hoje, haja vista o agravamento das consequências da crise na conjuntura atual.

Todo esse panorama nos mostra o campo minado com o qual Cuba tem de lidar cotidianamente, motivo pelo qual o país tem depositado muita esperança na entrada de recursos externos como propulsores das reformas em curso. Quanto a isso, os IEDs podem e devem ser utilizados como elementos de conquista de melhores patamares econômicos, desde que conduzidos corretamente. E é isso que o Estado cubano vem tentando nos últimos anos. Tanto é que uma das regiões do país que mais tem sido preparada e tem acolhido tais recursos é a província de Artemisa. Se Havana permanece com uma forte concentração de investimentos (média de 53%), Artemisa

---

com eliminação do CUC, ficando com uma só moeda, o CUP; II) unificação cambial, estabelecida em 24 CUP cada dólar; III) reforma salarial e das pensões, na qual esses são incrementados de forma que se possa compensar a inflação resultante do processo de ordenamento; IV) eliminação gradual de subsídios e de gratuidades indevidas. Esse conjunto de mudanças desmonta, aos poucos, um sistema que foi se constituindo na primeira metade dos anos 1990, época em que a circulação de dólares na ilha – ou sua "circulação indireta" via CUC – se fez necessária para combater a crise que representava uma queda acumulada de 34,8% do PIB entre 1989-1993 (Rodríguez, 2021).

é a segunda província com maior montante investido (8%) (Onei, 2020). É essa a divisão político-administrativa do país que abriga o Porto de Mariel, onde ocorre uma série de transformações infraestruturais modernizantes envoltas no projeto de conformação de uma Zona Especial de Desenvolvimento (ZED) que abriga seu entorno e merece destaque.

## A Zona Especial de Desenvolvimento de Mariel

Evidenciar o caso específico da ZED Mariel é importante para demonstrar como o Estado cubano tem lidado com: I) a condução dos IEDs em benefício da consolidação do projeto socialista do país; e II) o enfrentamento ao bloqueio. Assim, ao analisar esse representativo projeto, colhem-se tendências mais gerais do processo atual da Revolução Cubana.

Na história da experiência socialista cubana, Mariel aparecia apenas ao se tratar de crises migratórias, quando aproximadamente 125 mil pessoas saíram pelo porto, entre abril e outubro de 1980, desencadeando uma tensão entre Cuba e Estados Unidos envolvendo a questão migratória que se estendeu por anos. Essa era a visão do Porto de Mariel que se havia fixado no imaginário coletivo de grande parte dos que acompanham a história cubana. Porém isso muda na última década, quando o porto e sua região de entorno são remodelados para acomodar um importante projeto para a atualização do socialismo cubano, uma vez que no 6º Congresso do PCC, em 2011, ficou estabelecido: "Promover a criação de Zonas Especiais de Desenvolvimento que permitam o aumento das exportações, a substituição efetiva de importações, projetos de alta tecnologia e desenvolvimento local; e que contribuam com novas fontes de emprego" (PCC, 2011, p. 19, tradução nossa). Tal item se relaciona diretamente com os planos de incremento do investimento estrangeiro, que, por sua vez, têm a intenção de complementar os impulsos da economia nacional, sendo direcionado para atividades de interesse de Cuba, em correspondência com a planificação estatal do país (PCC, 2011; 2017b).

Localizado ao norte e no centro da província de Artemisa, Mariel é um município litorâneo com extensão territorial de 270,86 quilômetros quadrados – sendo 32 quilômetros de costa (Onei, 2014). A baía de Mariel possui um canal de entrada de aproximadamente 500 metros que abre para um espaço de 5 a 6 quilômetros de comprimento, 3 a 5 quilômetros de largura e uma profundidade de até 10 metros. O Porto de Mariel é ligado a Havana por malha ferroviária e por uma rodovia – a *carretera* Panamericana – que bordeia a costa norte cubana. Há, ainda, uma estrada ligando o porto à autopista La Habana-Pinar del Rio. A distância aproximada, em linha reta, entre o Porto de Mariel e o Porto de Havana é de 45 quilômetros (Rodríguez, Oliveira, 2015).

A escolha de Mariel para tal empreendimento se deu, entre outros motivos, pelo fato de o Porto de Havana ser incapaz de receber grandes barcos, fazendo com que Cuba tivesse que direcionar algumas embarcações ao porto de Kingston (Jamaica) e de lá realizar suas operações comerciais, o que aumentava o custo das transações em 70 milhões de dólares por ano (Díaz, 2019). Além disso, enquanto o entorno do Porto de Havana já se encontra completamente urbanizado, com muitas estruturas arquitetônicas datadas do período colonial, os arredores do Porto de Mariel possuem alguns assentamentos urbanos e rurais, mas apresentam imensa possibilidade de ocupação do território voltado ao modelamento infraestrutural e à concentração de empresas (Rodríguez; Oliveira, 2015).

Quanto à modernização do Porto de Mariel, é preciso pontuar a importante participação de instituições brasileiras: empresas privadas – principalmente a Odebrecht – e o Banco Nacional de Desenvolvimento Econômico e Social (BNDES) no período dos governos petistas de Luiz Inácio Lula da Silva e Dilma Rousseff. Além do peso da economia brasileira na região, sobretudo no patamar atingido nos anos 2010 e 2011, o país detém um histórico experiente na área de desenvolvimento portuário estatal (Rodríguez; Oliveira, 2015). No caso de Mariel, é fato conhecido que o aporte estatal brasileiro ocorreu por meio de um financiamento via BNDES: do total de 957 milhões de dólares investidos na obra, o banco brasileiro disponibilizou 682 milhões de dólares. Porém, ao contrário do que dizem os manipuladores discursos, o dinheiro público brasileiro não foi enviado diretamente aos cofres do Estado cubano – algo que não existe nas diretrizes e possibilidades do BNDES. Na realidade, a instituição concedeu uma linha de financiamento à empresa Companhia de Obras e Infraestrutura (COI) – subsidiária do grupo Odebrecht – por meio de seu programa de apoio à exportação de serviços de engenharia.

Em 2019, o ex-presidente da Odebrecht, Marcelo Odebrecht, revelou que Lula teve um importante papel para o início do empreendimento em Cuba. Segundo ele, "apesar da lógica econômica por trás, teve uma motivação ideológica e geopolítica" (Veja, 2019). Com isso, encontramos convergência de interesses de três atores: Lula, setores da burguesia brasileira e a liderança político-estatal cubana. Logicamente, cada interesse inserido em uma determinada particularidade: à parte da burguesia brasileira contemplada com o financiamento e a obra interessava o lucro; para Lula, acreditamos na intencionalidade de cooperar com o governo cubano, mas havia, sobretudo, o ganho potencial para a economia brasileira no sentido do aumento da exportação de bens e serviços que tal obra demandaria e a possibilidade de destacar-se ainda mais no papel regional no contexto de então; ao governo cubano, o que estava posto era o potencial desenvolvimento de uma importante área que haveria de incidir relevantemente para suas relações internas e externas, tributando, assim, o fortalecimento de sua economia e, portanto, de seu projeto socialista. Como o próprio Marcelo Odebrecht expôs, em 2014: "O BNDES financiou as exportações de cerca de 400 empresas brasileiras, lideradas pela Odebrecht, no valor equivalente a 70% do projeto. Se o porto será de grande importância para o socialismo cubano, foi o capitalismo brasileiro que mais ganhou até agora" (Odebrecht, 2014).

Essa convergência de interesses com essências distintas leva em conta um movimento mais geral em relação às mudanças no papel dos portos no mercado mundial contemporâneo que "foram transformados e adaptados para enfrentar a nova competitividade e se inserir em escala global; para isso, passaram de simples zonas de passagem de mercadorias a centros logísticos e intermodais onde agregam valor" (Pérez Villanueva, 2014, p. 10, tradução nossa).

Todavia, por mais que o porto seja uma parte fundamental da ZED, esta não se limita a ele. Em seu projeto, a ZED Mariel conta com uma área de 465,4 quilômetros quadrados, dividida em nove partes, voltadas para diferentes setores. Uma das atrações é a força de trabalho cubana: mais barata e com alta qualificação, possibilitando rápida assimilação à alta tecnologia. Além disso, existem 17 acordos alfandegários entre Cuba e outras nações da região, o que favorece os IED. Para tudo isso, há marcos regulatórios específicos para a ZED Mariel (Díaz, 2019; GOC, 2013; Rodríguez; Oliveira, 2015).

Em vista da posição geográfica estratégica e da tecnologia investida – com terminal de contêineres automatizado, por exemplo –, a ZED Mariel tem possibilidade de ser convertida em um *hub* (funil, centro), interligando América, Europa e Ásia, favorecendo uma incidência global e macrorregional para o país (Rodríguez, Oliveira, 2015).

**Figura 1: ZED Mariel: hub do Grande Caribe**

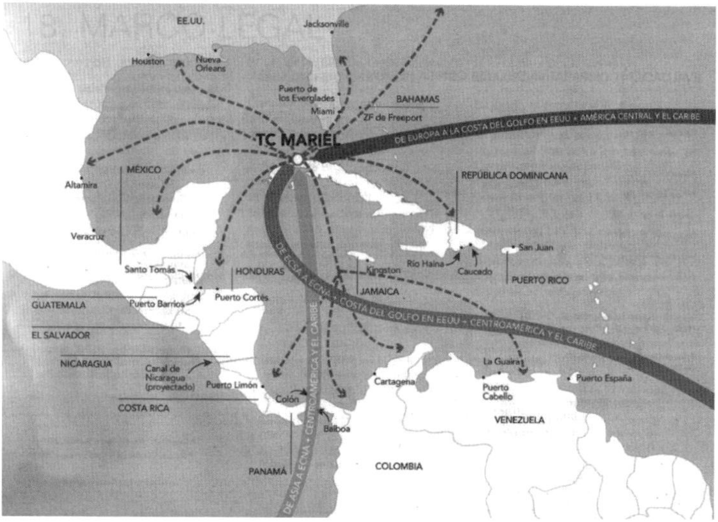


Fonte/Créditos: https://zdocs.pub/doc/presentation-special-zone-mariel-g1x3mqevo91y.

Para Cuba, não se trata de um simples porto modernizado com ambiente físico e legal propício à instalação de empresas no entorno, mas da possibilidade de atrair IED e ser uma referência regional como porto de transbordo (Villanueva, 2014). A expansão do Canal do Panamá permitiu a entrada, no Caribe, de embarcações três vezes maiores do que anteriormente, e o Porto de Mariel é um dos que têm condições de receber esses navios. Essas obras incrementam as relações comerciais entre Grande Caribe e Ásia Pacífico, especialmente se avançar o megaprojeto chinês da Nova Rota da Seda.[6] Cuba e mais oito países da América Latina já demonstraram interesse concreto em participar desta iniciativa, o que indicaria uma importante inserção de Cuba no fluxo do comércio internacional, tendo a ZED Mariel como importante plataforma deste movimento (Díaz, 2019).

Portanto, há para Cuba uma intencionalidade clara e definida em seu processo de abertura regulada e na construção da ZED Mariel: um recuo tático que visa desenvolver setores estratégicos para consolidar um avanço qualitativo e quantitativo sobre as forças produtivas alocadas na ilha; isso é entendido, acertadamente, como um fator estruturante para guiar as relações sociais de produção – socialistas – na ilha. Em outras palavras, desenvolver o pátio de forças produtivas nada mais é do que um pré-requisito para suprimir as mais variadas mazelas (do ponto de vista da escassez) que assolam o país.

## Os IEDs da ZED Mariel

Em funcionamento desde 2014, a ZED Mariel conta atualmente com participação de 21 países em 63 negócios aprovados, sendo pelo menos 31 de capital 100% estrangeiro, 15 empresas mistas e os demais 100% cubanos, ultrapassando

---

6 Principal estratégia econômica internacional atual da China. Iniciada em 2013 com o presidente Xi Jinping, a proposta é de uma rota comercial integrada que passa por 138 países da África, da Ásia, da Europa e da América Latina e Caribe. A China tem investido milhões de dólares em projetos de infraestrutura. Especula-se que o montante emprestado pelos chineses já ultrapasse US$ 461 milhões (Navas, 2020).

o montante de três bilhões de dólares investidos, dos quais ao menos um bilhão de dólares já foi executado, gerando mais de 15 mil empregos. São 41 empresas em atividade, sendo que 15 novos negócios entraram em operação durante a pandemia (Granma, 2021; Mincex, 2021; Oficina Zed Mariel, 2022a; 2022b; ZED Mariel, 2022).

Note-se que a contratação da força de trabalho para as empresas com participação de capital estrangeiro ocorre por meio de uma entidade empregadora. Além de ser uma forma de controle do Estado para evitar quaisquer excessos do investidor sobre os(as) trabalhadores(as), trata-se também de um mecanismo para arrecadar divisas, uma vez que o pagamento dessa força de trabalho é feito em Moeda Livremente Conversível (MLC) à entidade responsável que, por sua vez, destina a remuneração aos(às) trabalhadores(as) em moeda nacional, a partir de um câmbio no qual uma parcela é retida pelo Estado (Vaccaleon; Romero, 2018).

Buscando dar celeridade à implantação de negócios na ZED Mariel – tendo em conta que a burocracia é um dos problemas estruturais de Cuba –, os investimentos na região vêm sendo encaminhados em conjunto por uma equipe multi-institucional que compõe o Guichê Único para o Investimento Estrangeiro (Vuinex, na sigla em espanhol).

Outra medida de Cuba para atrair capital estrangeiro, não apenas na ZED Mariel, mas em todo o território nacional, se dá pela elaboração de uma Carteira de Oportunidades aos investidores, que vai, periodicamente, sendo atualizada, no sentido de manter uma correspondência entre o plano estatal, os IED e as atividades, os territórios e os setores priorizados (PCC, 2017b). Disponível no site do Ministério do Comércio Exterior e Investimento Estrangeiro (Mincex), a versão atual apresenta 708 oportunidades de negócio, que somadas atingem o montante de 33,5 bilhões de dólares – em 2020 eram 503 oportunidades oferecidas; em 2021, 678. A produção de alimentos, com 196 (27,7% do total), e o setor energético, com 128 (18%), são os que aparecem com maior quantidade de oportunidades, refletindo as principais necessidades do país na conjuntura. Na sequência, vem um dos setores fortes da economia cubana: o turismo, com 119 oportunidades (16,8%). Depois, vêm indústria (98), mineração (49) e outros. A ZED Mariel aparece com 55 projetos oportunizados (7,8%), sendo a maior parte dos 84 investimentos ofertados na província de Artemisa (65,5%). O montante de investimento estimado para a ZED é de pelo menos 1,65 bilhão de dólares. Os setores sinalizados para injeção de maiores valores são indústria em geral – desde fabricação de móveis plásticos de jardins até vidros para construção civil e automobilismo –, com 575 milhões de dólares,[7] e indústria farmacêutica e biotecnológica, cuja cifra marca 331,5 milhões (Mincex, 2022; Cuba, 2021).

Em termos quantitativos, nos anos de 2019 e 2020, dos negócios com capital estrangeiro na ilha, a ZED Mariel abrigou, respectivamente, 42 (14,9%) e 45 (14,2%) do total. Referente aos resultados obtidos até o momento, estes são interpretados distintamente. Na esfera estatal se mostram satisfatórios em relação ao projetado (CASTRO, 2021; PCC, 2021). Já para outros analistas, a ZED Mariel, desenhada para servir de ponteira aos IED presentes no país, não tem correspondido às expectativas, sobretudo pela lentidão no processo construtivo dos negócios aprovados (Villanueva, 2021).

---

7 Existem projetos cujo valor de investimento não é previsto, sendo definido em negociação e avaliação com a parte interessada.

Controvérsias à parte – com opiniões que também são influenciadas por posições políticas –, fato é que os IED têm ocorrido, e de alguns anos para cá com maior intensidade, sendo a ZED Mariel um projeto pensado para a atração de tais recursos, tanto por sua posição geográfica quanto por suas facilidades infraestruturais e seus incentivos fiscais.

Com base nos projetos divulgados,[8] o capital proveniente da Europa – especialmente espanhol – é o que tem mais participações na ZED Mariel, compondo, em quantidade, três vezes mais investimentos do que parceiros latino-americanos e caribenhos (22 participações e 7 participações, respectivamente), sendo 12 negócios de capital 100% europeu, enquanto há 6 projetos de capital 100% latino-americano e caribenho (excetuando os negócios integralmente cubanos), o que representa 54,8% dos empreendimentos nessa modalidade.

Os projetos em andamento até o momento na ZED Mariel estão voltados aos serviços logísticos e à produção industrial, perfeitamente em acordo com o Setor A, que está em processo de composição desde a inauguração da zona. Também se referem a bens de exportação do país – sucos e bebidas (cítricos), cigarros (tabaco), torrefação de café, queijos e produtos cárneos (gado) etc. – ou a itens de necessidade básica para a população, tal qual produção de alimentos, itens de higiene e limpeza etc. Sem contar os empreendimentos relacionados ao desenvolvimento da ZED Mariel, mas que também acabam sendo utilizados em outras áreas do país, como energia elétrica, prospecção de petróleo, materiais de construção e pintura etc.

[8] Até junho de 2022, era possível encontrar, no site oficial, algumas informações sobre os negócios, tanto em fase de investimento quanto em funcionamento, ainda que com algum atraso na atualização dos dados. Em novembro de 2022, já não havia mais esse material na plataforma da ZED Mariel.

Recentemente, foi anunciada a expansão de empreendimentos já existentes, como no caso da Brascuba Cigarrillos S. A. – empresa mista oriunda da associação da BAT Brasil com a estatal cubana Tabacuba no ano de 1995. Essa parceria foi a primeira joint venture na área industrial de Cuba e, atualmente, expande suas atividades na ilha com a construção de uma nova fábrica, maior e mais moderna, na ZED Mariel. Novos negócios com parceiros de renome internacional também se concretizam na região. São os casos da Unilever, gigante dos bens de consumo, e da China Communications Construction Company, maior empresa chinesa de infraestrutura.

Além disso, com tecnologia de ponta e capital 100% cubano, foi inaugurado em novembro de 2021 o Complexo Industrial Biotecnológico CIGB Mariel S. A, uma empresa cubana voltada à produção farmacêutica, sendo esse um rol de exportação de bens do país – que inclusive fabricou a vacina Abdala nessa unidade. Tal investimento, por se referir à saúde, um setor estratégico para a soberania do povo cubano, é realizado com recursos da BioCubaFarma com as Forças Armadas Revolucionárias, demonstrando que o Estado cubano preserva o essencial à sua população, sem dar margem para interferência externa nas principais áreas de conquistas sociais da Revolução. Isso representa traço distintivo de como a liderança político-estatal cubana lida com os IED.

## Conclusões

Cuba apresenta uma conjuntura complexa, tratando-se de: I) uma ilha caribenha com histórico de economia dependente; II) uma construção socialista que busca engendrar o novo ainda no velho; III) um país que vive em constante pressão contrarrevolucionária – recordemos o bloqueio; IV) não ter mais a forte parceria econômica da URSS e do Came há cerca de 30 anos. A solução para as carências decorrentes de tal contexto é a revolução mundial. Como esta não está na ordem do dia, cabe atualizar-se para atender às questões mais imediatas e construir fôlego para o processo de transição.

Diferentemente do que estamos habituados a ver nas relações puramente capitalistas, o caráter das reformas em curso em Cuba é distinto pois, conduzidas pelo Poder Popular, essas medidas expressam a preponderância do socialismo sobre o mercado. Por mais que haja uma série de mediações e relevantes contradições impossíveis de tratar no espaço destinado a este capítulo, as demonstrações históricas e o papel do PCC têm mantido essas reformas circunscritas à Revolução. Sem dar margem à formação de burguesia interna e à ingerência das classes dominantes estrangeiras, Cuba demonstra que a questão do poder é central.

Assim, como os problemas de Cuba não se resolvem apenas em Cuba – mas no avanço dos movimentos de emancipação no mundo –, entende-se a necessidade de que o modelo cubano se atualize frente aos desafios e contradições de sua conjuntura para seguir adiante. Nas palavras precisas de Katz (2017, tradução nossa): "É importante registrar o estreito caminho que existe atualmente para manter o projeto de emancipação. O mais perigoso para Cuba seria voltar ao Período Especial. As reformas são tão necessárias quanto impedir a restauração capitalista". Tendo como elemento central a conservação e o remodelamento das estruturas do Poder Popular, a flexibilização das relações de mercado, com a participação do capital estrangeiro como propulsor de desenvolvimento em alguns setores, vem sendo realizada, e é fundamental o cuidado com visões pragmáticas que possam colocar as várias conquistas dessas seis décadas de transição socialista em risco.

A concepção e a condução da ZED Mariel – que se apresenta como uma síntese de tensões em jogo – demonstra o grau de maturidade da liderança político-estatal cubana para lidar com as difíceis condições concretas existentes. Frente ao imperativo interesse da burguesia estrangeira pelo lucro, Cuba tem sabido usar considerável fluxo de capitais a seu favor. A produção de itens para consumo interno e a geração de empregos com boa remuneração – para os padrões nacionais – atacam diretamente necessidades imediatas. As maiores participações no mercado mundial e arrecadação de divisas são duros golpes no bloqueio imperialista. A planificação segue sendo ferramenta fundamental para essa abertura pontual, controlada pelo Estado, em favor do desenvolvimento das forças produtivas de sua economia.

Cabe seguir acompanhando a conjuntura para ver como se desdobram as tensões apresentadas, pois, em nível mais profundo, as conquistas e dilemas do socialismo cubano são as conquistas e dilemas dos(as) trabalhadores(as) na luta de classes em sua totalidade.

## Referências


ANPP – ASSEMBLEIA NACIONAL DEL PODER POPULAR. Ley n. 77 de la Inversión Extranjera, 1996. Disponível em: https://www.parlamentocubano.gob.cu/index.php/documento/ley-de-la-inversion-extranjera/. Acesso: 9 nov. 2021.

CANTORAL, L. F. *et al*. “El destino incumplido de las vacunas cubanas”. *Conectas*, 2022. Disponível em: https://www.connectas.org/destino-incumplido-vacunas-cubanas/. Acesso: 10 dez. 2022.

CASTRO, R. “Raúl: prevemos que economía cubana retomará crecimiento en 2017”. Disponível em: https://www.cubaperiodistas.cu/2016/12/raul-prevemos-que-economia-cubana-retomara-crecimiento-en-2017-2/. Acesso: 30 mai. 2022.

CASTRO, R. "Informe Central al 8vo. Congreso del Partido Comunista de Cuba". *Granma*, La Habana, n. 91, ano 57, suplemento especial, abr. 2021. Disponível em: https://www.granma.cu/file/pdf/2021/04/17/G_2021041717.pdf. Acesso: 20 mai. 2022.

CEPAL – COMISIÓN ECONÓMICA PARA AMÉRICA LATINA Y EL CARIBE. *La Inversión Extranjera Directa en América Latina y el Caribe*. Santiago: Cepal, 2021. Disponível em: https://repositorio.cepal.org/bitstream/handle/11362/47147/3/S2100319_es.pdf. Acesso: 21 mai. 2022.

CUBA; MINCEX – MINISTERIO DE COMERCIO EXTERIOR Y LA INVERSIÓN EXTRANJERA. Cartera de Oportunidades de Inversión Extranjera. [202?]. Disponível em: https://inviertaencuba.mincex.gob.cu/es//. Acesso: 10 dez. 2022

DÍAZ, L. S. *La zona especial de desarrollo Mariel*: incidencia en las relaciones político-económicas de Cuba con el Gran Caribe (2018-2030). Tese (Relaciones Internacionales) – Instituto Superior de Relaciones Internacionales "Raúl Roa García" (ISRI), La Habana, 2019.

GOC – GACETA OFICIAL DE LA REPÚBLICA DE CUBA. "Decreto-Ley número 313 "De la Zona Especial de Desarrollo Mariel". *Gaceta Oficial*, La Habana, n. 26, Ed. Extraordinaria, p. 205-235, set. 2013. Disponível em: https://www.gacetaoficial.gob.cu/sites/default/files/go_x_026_2013.pdf. Acesso: 21 mai. 2022.

GRANMA. "Se fortalecen los servicios de transporte de la Zona Especial de Desarrollo Mariel". abr. 2021. Disponível em: http://www.granma.cu/cuba/2021-04-27/se-fortalecen-los-servicios-de-transporte-de-la-zona-especial-de-desarrollo-mariel-27-04-2021-11-04-19. Acesso: 24 mai. 2022.

KATZ, C. "Socialismo y antiimperialismo". *Rebelión*, nov. 2017. Disponível em: https://rebelion.org/socialismo-y-antiimperialismo/. Acesso: 2 mai. 2022.

MESA-LAGO, C.; ALEJANDRO, P. V. "Economía cubana 2019: impacto de la crisis venezolana y de las políticas de Donald Trump". *Cubaposible*, 2019. Disponível em: https://cubaposible.com/economia-cubana-2019-impacto-crisis-venezolana-las-politicas-donald-trump/. Acesso: 11 mai. 2022.

MINCEX – MINISTERIO DEL COMERCIO EXTERIOR Y LA INVERSIÓN EXTRANJERA. Una cartera más amplia, diversa y novedosa. La Habana, nov. 2021. Disponível em: https://www.mincex.gob.cu/index.php/site/dataa/?lang=es&location=Noticia&title=Una+Cartera+m%C3%A1s+amplia%2C+diversa+y+novedosa. Acesso: 8 dez. 2021.

MINREX – MINISTERIO DE RELACIONES EXTERIORES. Inversión extranjera en Cuba, obstáculos y progresos. La Habana, dez. 2018. Disponível em: http://misiones.minrex.gob.cu/es/articulo/inversion-extranjera-en-cuba-obstaculos-y-progresos. Acesso: 16 set. 2021.

NAVAS, M. E. "Nova Rota da Seda: como a pandemia de coronavírus ameaça a maior iniciativa de política externa da China". *BBC News Brasil*, jun. 2020. Disponível em: https://www.bbc.com/portuguese/internacional-53152473. Acesso: 9 jun. 2024.

ODEBRECHT, M. "Quanto mais 'Mariels', melhor para o Brasil". *Folha de S.Paulo*, São Paulo, fev. 2014. Opinião. Disponível em: https://m.folha.uol.com.br/opiniao/2014/02/1409297-marcelo-odebrecht-quanto-mais-mariels-melhor-para-o-brasil.shtml. Acesso: 13 abr. 2022.

OFICINA ZED MARIEL. "El proyecto visionario llega a su noveno aniversario". ZED Mariel, nov. 2022a. Disponível em: https://www.zedmariel.com/noticias/el-proyecto-visionario-llega-su-noveno-aniversario. Acesso: 10 dez. 2022.

OFICINA ZED MARIEL. "Usuarios de la ZED Mariel cuentan sus experiencias en el desarrollo de sus inversiones tras la pandemia". ZED Mariel, nov. 2022b. Disponível em: https://www.zedmariel.com/noticias/usuarios-de-la-zed-mariel-cuentan-sus-experiencias-en-el-desarrollo-de-sus-inversiones. Acesso: 10 dez. 2022.

ONEI – OFICINA NACIONAL DE ESTADÍSTICAS E INFORMACIÓN. *Anuario estadístico de Cuba – Edición 2016*. La Habana: Onei, 2016. Disponível em: http://www.onei.gob.cu/sites/default/files/00_anuario_estadistico_2016.pdf. Acesso: 10 abr. 2022.

ONEI – OFICINA NACIONAL DE ESTADÍSTICAS E INFORMACIÓN. *Anuario estadístico de Cuba – Edición 2019*. La Habana: Onei, 2019. Disponível em: http://www.onei.gob.cu/node/13804. Acesso: 10 abr. 2022.

ONEI – OFICINA NACIONAL DE ESTADÍSTICAS E INFORMACIÓN. *Inversión Extranjera en Cuba*. Indicadores Seleccionados. Enero-diciembre 2020. Edición Octubre 2021. La Habana: Onei, 2021. Disponível em: http://www.onei.gob.cu/sites/default/files/publicacion_inversion_extranjera_en_cuba_ano_2020.pdf. Acesso: 13 abr. 2022.

ONEI – Oficina Nacional de Estadísticas e Información. *Anuario estadístico de Cuba – Edición 2021*. La Habana: Onei, 2022. Disponível em: http://www.onei.gob.cu/node/18491. Acesso: 10 dez. 2022.

PCC – PARTIDO COMUNISTA DE CUBA. Lineamientos de la Política Económica y Social del Partido y la Revolución. abr. 2011. Disponível em: http://www.cuba.cu/gobierno/documentos/2011/esp/l160711i.pdf. Acesso: 22 mai. 2022.

PCC – PARTIDO COMUNISTA DE CUBA. Conceptualización del Modelo Económico y Social Cubano de Desarrollo Socialista. jul. 2017a. Disponível em: http://media.cubadebate.cu/wp-content/uploads/2017/07/PDF-510-kb.pdf. Acesso: 21 mai. 2022.

PCC – PARTIDO COMUNISTA DE CUBA. Lineamientos de la Política Económica y Social del Partido y la Revolución para el Período 2016-2021. jul. 2017b. Disponível em: http://media.cubadebate.cu/wp-content/uploads/2017/07/PDF-321.pdf. Acesso: 12 mai. 2021.

PCC – PARTIDO COMUNISTA DE CUBA. Conceptualización del Modelo Económico y Social Cubano de Desarrollo Socialista / Lineamientos de la Política Económica y Social del Partido y la Revolución para el período 2021-2026. jun. 2021. Disponível em: http://media.cubadebate.cu/

wp-content/uploads/2021/06/documentos-partido-cuba.pdf. Acesso: 20 mai. 2022.

VILLANUEVA, O. E. P. "La Inversión Extranjera Directa en Cuba: necesidad de su relanzamiento". *Econ. y Desarrollo*, La Habana, v. 152, n. 2, p. 37-52, jul.-dez. 2014. Disponível em: http://scielo.sld.cu/scielo.php?script=sci_arttext&pid=S0252-85842014000200003. Acesso: 10 mai. 2022.

VILLANUEVA, O. E. P. "La Inversión Extranjera Directa en Cuba: un aporte al desarrollo nacional". *On Cuba News*, 2021. Disponível em: https://oncubanews.com/cuba/economia/la-inversion-extranjera-directa-en-cuba-un-aporte-al-desarrollo-nacional/. Acesso: 10 mai. 2022.

JURLOW, A. R.; GARCÍA, V. R. "IED: ¿a qué nos referimos?". *Econ. y Desarrollo*, La Habana v. 155, n. 2, p. 76-84, jul.-dez. 2015. Disponível em: http://scielo.sld.cu/scielo.php?script=sci_arttext&pid=S0252-85842015000300006. Acesso: 24 mai. 2022.

RODRÍGUEZ, J. L. "Notas sobre la economía cubana y latinoamericana: sesenta años después del triunfo de la Revolución Cubana". *In:* SALAZAR, L. S. (coord.). *Cuba en revolución*: miradas en torno a su sesenta aniversario. Buenos Aires: Clacso, 2019. Disponível em: https://www.jstor.org/stable/j.ctvt6rkqn.7?seq=1#metadata_info_tab_contents. Acesso: 18 mai. 2022.

RODRÍGUEZ, J. L. La economía cubana en 2020 y perspectivas del 2021: una evaluación preliminar. 2021. Disponível em: http://obela.org/system/files/LA%20ECONOM%C3%8DA%20CUBANA%20EN%202020%20Y%20PERSPECTIVAS%20DEL%202021_0.pdf. Acesso: 13 mai. 2022.

RODRÍGUEZ, J. L. "Cuba: factores de la compleja coyuntura económica en el primer semestre del 2022 (I)". *Cubadebate*, La Habana, ago. 2022a. Opinión; Economía. Disponível em: http://www.cubadebate.cu/opinion/2022/08/26/cuba-factores-de-la-compleja-coyuntura-economica-en-el-primer-semestre-del-2022-i/. Acesso: 10 dez. 2022.

RODRÍGUEZ, J. L. "La economía cubana en 2021 y las perspectivas para el 2022 (I)". *Cuba Periodistas*, mai. 2022b. Disponível em: https://www.cubaperiodistas.cu/index.php/2022/05/la-economia-cubana-en-2021-y-las-perspectivas-para-el-2022-i-1/. Acesso: 10 dez. 2022.

RODRÍGUEZ, J. M. M.; OLIVEIRA, R. "El Puerto de Mariel: los impactos en los procesos de desarrollo" *In:* VASCONCELLOS, C. A. Z. *et al.* (orgs.). *Cuba e Brasil no século XXI*. São Paulo: Blucher, 2015. p. 101-120. Disponível em: https://www.proceedings.blucher.com.br/article-details/el-puerto-de-mariel-los-impactos-en-los-procesos-de-desarrollo-9979. Acesso: 24 mai. 2022.

TORRES, R. "El sector externo y el desarrollo económico: oportunidades y retos para Cuba". *Econ. y Desarrollo*, La Habana, v. 155, n. 2, p. 60-75, dez. 2015. Disponível em: http://scielo.sld.cu/scielo.php?script=sci_abstract&pid=S0252-85842015000300005&lng=es&nrm=iso. Acesso: 24 abr. 2022.

TORRES, R. “Cuba: apuntes sobre comercio exterior y covid-19”. *In:*ROSALES, H. B; CRUZ, B. A. (coords.). *Apuntes sobre economía cubana y covid-19.* La Habana: Centro de Estudios de la Economía Cubana (CEEC), 2021a. Disponível em: https://library.fes.de/pdf-files/bueros/fescaribe/17594-20210428.pdf. Acesso: 14 abr. 2022.

TORRES, R. *La debilidad económica continúa en Cuba.* 2021b. Disponível em: https://www.cesla.com/archivos/Informe_economia_Cuba_mayo_2021.pdf. Acesso: 14 abr. 2022.

TORRES, R. “La economía toca fondo en 2021: informe sobre la situación y perspectivas de la economía de Cuba”. *Red Econolatin*, jun.-nov. 2021c. Disponível em: https://www.cesla.com/archivos/Informe_economia_Cuba_noviembre_2021.pdf. Acesso: 6 abr. 2022.

TORRES, R.; GONZÁLEZ, R. “Cuba enfrenta una recuperación lenta con elevada inflación”. *Círculo de Estudios Latinoamericanos*, jun. 2022. Disponível em: https://www.cesla.com/archivos/Informe_economia_Cuba_junio_2022.pdf. Acesso: 10 dez. 2022.

CORDOVÍ, J. Y. T. “IED en tiempos de covid-19: ¿qué podemos esperar?”. *In:* ROSALES, H. B.; CRUZ, B. A. (coords.). *Apuntes sobre economía cubana y covid-19.* La Habana: Centro de Estudios de la Economía Cubana (CEEC), 2021. Disponível em: https://library.fes.de/pdf-files/bueros/fescaribe/17594-20210428.pdf. Acesso: 14 abr. 2022.

VACCALEON, E. J.; ROMERO, F. G. “El proceso de Inversión Extranjera Directa en Cuba (1995-2005)”. *Rev. Bras. de Iniciação Científica* (RBIC), Itapetininga, v. 5, n. 2, Ed. Especial, p. 273-297, 2018. Disponível em: https://dspace.unila.edu.br/bitstream/handle/123456789/5820/1229-4543-1-PB.pdf?sequence=1&isAllowed=y. Acesso: 17 fev. 2022.

VEJA. “Lula nos pediu projeto em Cuba, diz Marcelo Odebrecht”. *Revista Veja*, São Paulo, dez. 2019. Política. Disponível em: https://veja.abril.com.br/politica/lula-nos-pediu-um-projeto-em-cuba-diz-marcelo-odebrecht/. Acesso: 12 abr. 2022.

ZED MARIEL. 2022. Disponível em: https://www.zedmariel.com/es/preguntas-frecuentes. Acesso: 30 maio 2022.

# DESAFIOS DA REVOLUÇÃO CUBANA APÓS A CRISE SANITÁRIA

Aline Faé Stocco[1]
Aline Fardin Pandolfi[2]
Arelys Esquenazi Borrego[3]

## Introdução

No início de 2020, o mundo tomou conhecimento dos primeiros casos de infecção pela covid-19 na província chinesa de Wuhan (WHO, 2023a), inaugurando o mais desafiador período da história recente. Em pouco mais de dois meses, o surto provocado pelo novo coronavírus alcançou o status de pandemia, sobrecarregando os fragilizados sistemas de saúde em diferentes regiões do globo terrestre, resultando em um acelerado número de mortos e um quadro generalizado de crise sanitária (WHO, 2023a). Esta se somou aos efeitos e consequências da crise estrutural do capital e precarizou ain-

1 Economista. Doutora em Política Social pela Universidade Federal do Espírito Santo (Ufes). Professora da Faculdade Interdisciplinar de Humanidades da Universidade Federal dos Vales Jequitinhonha e Mucuri (UFVJM). E-mail: alinefaestocco@gmail.com.

2 Assistente social. Doutora em Política Social pela Universidade Federal do Espírito Santo (Ufes). Professora do Departamento de Serviço Social da Ufes. E-mail: ali_pandolfi@yahoo.com.br.

3 Economista. Doutora em Política Social pela Universidade Federal do Espírito Santo (Ufes). Professora do Departamento de Economia da Ufes. Email: arelyseb@gmail.com.

da mais as condições de vida dos trabalhadores, ampliando a superpopulação supérflua para o capital.

Diante da fragilidade dos sistemas de saúde depois de décadas de políticas de ajuste neoliberal, da falta de um tratamento com eficácia comprovada para a doença e da ausência de um imunizante, as recomendações foram para que os países adotassem medidas para conter o vírus e diminuir sua propagação (WHO, 2020). Como ações para alcançar esse objetivo, foram indicadas a necessidade de autoisolamento, o distanciamento social e a quarentena. Medidas que por um lado produziram resultado positivo, reduzindo o ritmo de expansão da doença, mas por outro afetaram a atividade econômica com a paralisação de alguns setores e pela redução na circulação de pessoas (Cepal, 2020), o que influenciou de maneira desigual o contingente populacional dos vários países, visto que as condições de moradia, de acesso à riqueza, de trabalho e de renda são determinadas pelas relações de classe, gênero e raça que conformam nossa sociedade. Com isso, as previsões iniciais estimavam uma redução do PIB mundial entre 3% e 4% para os vários países do mundo (Cepal, 2020). Em específico para a América Latina e Caribe, constituídos por uma maioria de países de economia capitalista dependente, com passado colonial e de exploração do trabalho via escravização de pessoas negras, as débeis condições de vida dos trabalhadores já era uma realidade antes da pandemia. A preocupação no contexto de crise sanitária foram os já precários serviços de saúde e educação, o mercado de força trabalho e o aumento dos índices de pobreza e extrema pobreza, resultando na possibilidade de um descontentamento generalizado (Cepal, 2020).

Nesse contexto, os países também foram instruídos a adotar políticas para mitigar os efeitos socioeconômicos da crise sanitária. Dentre as medidas recomendadas, cabe destacar: a elevação dos gastos públicos, especialmente em saúde; a ampliação dos chamados programas de transferência de renda; a concessão de subsídios salariais e de desemprego; a abertura de créditos às empresas; e, marcadamente, o aumento da liquidez nos mercados financeiros, entre outras (Cepal, 2020; FMI, 2020; OIT, 2020). Nesse sentido, no início de maio de 2020, cerca de 159 países já haviam planejado, criado e/ou reforçado medidas já existentes de proteção social ligadas ao mercado de trabalho, à seguridade e à assistência social (Gentilini *et al.*, 2020).

Em 2022, passados quase dois anos do início da pandemia, os principais resultados observados nos países da América Latina têm sido: 1) a maior redução histórica do PIB e do PIB *per capita* (-6,8% e -7,7%, respectivamente) em 120 anos de série estatística da região; 2) um aumento das desigualdades medido por um aumento médio de 0,7% no índice de Gini dos países da região; 3) crescimento do número de pessoas em situação de pobreza e extrema pobreza, que em 2021 estima-se que havia alcançado 201 milhões e 86 milhões de pessoas, respectivamente; 4) um crescimento de três pontos percentuais na taxa de desemprego da região entre 2019 e 2020; 5) a população da região foi uma das mais afetadas em termos de saúde (elevado número de pessoas infectadas e mortes decorrentes da covid-19); 6) deterioração no acesso dos serviços públicos básicos, com impactos severos no âmbito da educação (Cepal, 2022a).

Esses resultados regionais, ao permitirem compreender os efeitos da crise sanitária na região, também colocam a necessidade de se compreender como, internamente, cada país enfrentou os momentos mais agudos da pandemia, entendendo que os impactos não foram homogêneos e que a resposta de cada país também esteve relacionada a uma série de determinantes históricos e situações conjunturais internas que se refletem, por sua vez, em diferentes resultados e desafios.

Dentro disso, o capítulo objetiva compreender como Cuba vem enfrentando os efeitos da crise sanitária mundial por covid-19 iniciada em 2020. Nesse empenho, é relevante não só avaliar as medidas e transformações implementadas recentemente, mas também consideramos fundamental analisar o histórico das transformações socioeconômicas realizadas no país desde a vitória do movimento revolucionário de 1959, com destaque para a criação de um sistema de políticas sociais que vem sendo aperfeiçoado ao longo de mais de 60 anos. Para isso, foram resgatadas as principais transformações realizadas na estrutura econômica e política da ilha após 1959, mostrando como a criação de um sistema de políticas sociais, com destaque para a política de saúde, garantiu que o país, no contexto da crise sanitária, tivesse condições particulares para proteger a população, em especial durante o primeiro ano da pandemia. Como parte dos resultados dessas condições diferenciadas, o país patenteou, além de medicamentos, a produção de cinco vacinas contra a covid-19, sendo elas: Soberana 01, Soberana 02, Soberana Plus, Abdala e Mambisa; atualmente, Cuba é o único país latino-americano e caribenho com produção própria de vacina contra a covid-19 (Valdés, 2021).

Agora, se por um lado essas condições históricas foram favoráveis ao país nesse contexto, este também foi marcado pelo acirramento do bloqueio estadunidense e das dificuldades econômicas que historicamente o bloqueio impõe à Cuba. As consequências da pandemia somaram-se a desafios históricos e a algumas mudanças realizadas pelo processo de atualização do modelo econômico e social. Exemplo disso foi o aumento das tensões e insatisfações internas que culminaram em manifestações populares no dia 11 de julho de 2021. Embora haja outros determinantes de ordem estrutural, elas foram impulsionadas, também, por elementos que se vinculam à crise estrutural do capital, agravada pela crise sanitária. Além disso, os efeitos da pandemia sobre a atividade econômica do país vêm se prolongando e afetando enormemente o acesso a bens e serviços essenciais na ilha, sendo que nos anos pós-pandemia (em 2022 e 2023) se identifica um aumento do desabastecimento de alimentos e medicamentos, a permanente falta de combustível, a continuidade de apagões, elevam-se as contradições no interior de uma proposta de transição para o socialismo via maior presença do mercado e elevação das desigualdades. Esse cenário leva a um contexto de insatisfação de uma parcela importante da população.

Assim, além desta introdução, o texto que segue está estruturado com mais três seções. A primeira apresenta as principais transformações realizadas no país desde a vitória do movimento revolucionário, que resultaram na criação de um sistema de políticas sociais garantidas à população como parte do processo de construção de relações sociais com caráter socialista. A segunda traz uma síntese das principais medidas implementadas, destacando a prioridade dada à proteção da saúde da população. E a terceira mostra os resultados alcançados e os desafios que o país vem vivenciando na busca pela recuperação econômica e social. Como metodologia, o trabalho utilizou o método qualitativo com base na pesquisa bibliográfica.

## Determinantes históricos e a capacidade de enfrentamento da pandemia em Cuba

A vitória do movimento revolucionário cubano em 1959 marcou o início da construção de uma sociedade em que as relações sociais de produção e apropriação da riqueza buscam assumir um caráter cada vez mais social, em oposição à lógica capitalista que se funda na apropriação privada da riqueza socialmente produzida (Carcanholo; Nakatani, 2006). Isso se deu desde os primeiros dias do governo revolucionário em 1959, quando medidas importantes foram adotadas no sentido de: 1) nacionalizar setores econômicos/empresas estratégicos para o desenvolvimento econômico do país; 2) recuperar os bens públicos desviados por políticos e funcionários públicos corruptos; 3) realizar a reforma agrária e urbana, garantido acesso à terra e à moradia; 4) criar programas e políticas públicas que dessem acesso a bens e serviços básicos (água, saneamento, eletricidade etc.) e a um conjunto de políticas sociais, dando concretude ao programa político da revolução (Bell; López; Caram, 2008). Essas medidas atingiram os interesses dos capitalistas norte-americanos na ilha, desencadeando uma série de agressões e retaliações que resultaram no estabelecimento de um bloqueio econômico[4] por parte do governo estadunidense a Cuba desde 1961 (Brigos *et al.*, 2012).

Foram aprovadas no país novas legislações que garantiram a expropriação e a transferência para a esfera estatal

[4] Desde 1962, o governo estadunidense e suas agências governamentais impõem à Cuba um bloqueio por meio de normas, medidas, regulações e sanções na esfera econômica, financeira e comercial aplicadas tanto às instituições cubanas como aos países e às empresas que mantêm relações com o país, com o objetivo de impedir qualquer desenvolvimento econômico e provocar descontentamentos internos da população cubana para com o processo de transformação em curso no país (Fernández, 2012). Desde 1992, a Assembleia Geral da Organização das Nações Unidas (ONU) vem aprovando uma resolução que exige o fim do bloqueio ao país, reconhecendo a grave violação que essas ações significam para este e os prejuízos que acarretam à população (ONU, 2021). Para mais informações sobre o bloqueio, ver: https://cubavsbloqueo.cu/. Acesso: 8 jun. 2024.

de parte importante dos principais meios de produção, que passaram a ser administrados pelo Estado com ampla e nova forma de participação popular (Pandolfi, 2019; Rodríguez, 1979). Por sua vez, outra parte importante dos meios de produção foi transferida à própria população por meio da Reforma Agrária e da reforma urbana (Rodríguez, 1979). Com isso, a propriedade privada dos meios de produção em Cuba ficou praticamente restrita às pequenas propriedades agrícolas na área rural e a um reduzido conjunto de atividades econômicas na área urbana.

À medida que os meios de produção foram sendo socializados, a propriedade estatal foi se tornando a forma hegemônica de propriedade sobre eles, levando à alteração nas relações entre os produtores, e destes com o Estado. Nesse processo, a regulação econômica foi assumindo a forma da planificação, realizada de maneira centralizada pelo Estado e parcialmente direcionada pelas necessidades e prioridades estabelecidas pela população organizada a partir de diferentes instâncias de participação social e política. Assim, o próprio conjunto de instituições e relações que perpassam o Estado cubano durante período de transição socialista foram, e continuam sendo, alteradas. De igual forma, novos sistemas e mecanismos de participação foram sendo criados para responder a esse conjunto de transformações, assumindo uma forma de participação política particular, diferente da presente nas sociedades capitalistas (Pandolfi, 2019).

Como parte dos mecanismos de regulação econômica, foi estruturado um conjunto de serviços públicos custeados pelo orçamento estatal ou pelos fundos das empresas estatais e cooperativas destinados a satisfazer as necessidades coletivas das famílias em áreas como educação, saúde, esporte, cultura e seguridade social, alimentação e habitação. Esse conjunto de serviços conformou um amplo sistema de política social no país.

Em países capitalistas, as políticas públicas e particularmente as políticas sociais executadas pelo Estado concentram-se na esfera da redistribuição que se promove a partir do orçamento público. Em Cuba, a partir da socialização dos meios de produção, da planificação e da nova forma de participação política do país, um conjunto de bens e serviços foi reconhecido e institucionalizado como necessidades sociais básicas a serem garantidas a todos os membros da sociedade – independentemente de qualquer contribuição tributária, aporte de trabalho ou posição social. Segundo Guitart e Hernández (2016), essas garantias ocorriam de diferentes formas: 1) serviços gratuitos ofertados à população (ensino, atenção à saúde, serviços comunitários etc.); 2) serviços em forma monetária (aposentadorias do sistema de seguridade social, benefícios da assistência social, ajuda a estudantes universitários etc.); 3) serviços em espécie (infraestrutura e bens de consumo nos lares para idosos e pessoas desamparadas, medicamentos e equipamentos de reabilitação para pessoas com ingressos monetários insuficientes etc.); e 4) subvenções estatais ou subsídios (creches, internatos, alimentação social etc.).

Nesse sentido, a política social em sua totalidade é central ao projeto social cubano. Ao se conformar como parte fundamental na estratégia de desenvolvimento do país, colocou as necessidades humanas no centro das prioridades e vinculou o econômico e o social como polos de uma mesma totalidade (Valadão, 2021). Essa estratégia de desenvolvimento em Cuba só foi possível pela conformação de um modelo de produção e distribuição da riqueza estruturado sob a forma de propriedade coletiva dos meios de produção[5] (Esquenazi; Pandolfi; Carraro, 2022).

A produção e a distribuição socializada de bens e serviços ocorrem com um mínimo de intercâmbio de meios monetários, tendo sido inicialmente determinadas pela necessidade de cumprir os objetivos sociais pactuados no Programa de Moncada e que garantiram a coesão política que levou ao poder o Movimento 26 de julho. Posteriormente, com a declaração do caráter socialista da Revolução, essa distribuição passou a ser determinada pela necessidade de acelerar o desenvolvimento das forças produtivas e elevar ainda mais as condições de vida da população. Segundo assinalam Baéz e Noda (2002), a essência dessa distribuição era reduzir paulatinamente as diferenças socioeconômicas entre os(as) trabalhadores(as) no âmbito da produção e paulatinamente avançar no processo de socialização da propriedade, dado que todos os membros da sociedade são, formalmente, proprietários dos meios de produção. Para Esquenazi, Pandolfi e Carraro (2022), no projeto societário cubano o sujeito social é tanto objeto da transformação como protagonista das mudanças necessárias.

Essas transformações resultaram em avanços consideráveis, que se expressaram em diversas áreas.[6] A educação, por exemplo, se tornou um dever do Estado, efetivando-se como um direito de todos (Bell; López; Caram, 2008; Odriozola *et al.*, 2018), e passou a ser concebida como parte das condi-

---

5 Uma análise mais detalhada sobre os determinantes dessa estratégia de desenvolvimento pode ser encontrada em capítulos anteriores deste livro.

6 Frente ao escopo limitado deste trabalho, não serão apresentados todos os avanços realizados. Para mais detalhamentos, consultar: Cepal, 1979; Esquenazi, 2021; Moreno, Rodríguez, 1987; Stocco, 2017; Valadão, 2021.

ções necessárias para o desenvolvimento do país (Esquenazi, 2021; Valadão, 2021), estruturada a partir de um sistema que integrou todos os níveis de ensino e aplicou o princípio da combinação do estudo com o trabalho (Stocco, 2017). Na saúde, uma das primeiras medidas foi a criação do Ministério da Saúde Pública e o fim dos serviços médicos privados (Esquenazi, 2021; Odriozola *et al.*, 2018), seguidos de uma ampliação permanente da rede de serviços da saúde para concretizar a cobertura de toda a população e de uma série de programas.[7] O fundamento do sistema de saúde foi a medicina preventiva e comunitária, pautada no desenvolvimento de ações que asseguravam a promoção e a proteção da saúde (Esquenazi; Pandolfi; Carraro, 2022), combinada à formação de recursos humanos para o atendimento da população, garantindo atendimento universal de saúde e aumentando a quantidade de especialistas e a qualidade do serviço prestado (Esquenazi; Pandolfi; Carraro, 2022; Stocco, 2017).

No campo da seguridade social, de início a lei reconheceu o direito de todos os trabalhadores à proteção e extinguiu todas as contribuições individuais, passando os serviços e benefícios a serem custeados pelo orçamento público. De maneira expressa, o Estado tornou-se responsável por garantir a todos os trabalhadores e suas famílias proteção em caso de

[7] Segundo Esquenazi (2021) e Esquenazi, Pandolfi e Carraro (2022), foram criados programas como: Programa Nacional de Imunização (1962), Programa Nacional de Planejamento Familiar (1964), Programa Nacional de Educação Sexual (1972), Programa Nacional de Prevenção e Controle das Doenças Sexualmente Transmissíveis (1972), Programa Nacional de Atenção Materno-Infantil (1983), Programa Nacional do Médico e da Enfermeira da Família (1984), Programa de Prevenção e Controle das Aids (1985), Programa Integral de Saúde (1998), Programa de Atenção à Infertilidade (2007), entre outros.

maternidade, acidente, enfermidade comum e profissional, invalidez, velhice e morte (Hernández, 2020). Segundo Hernández (2020), o sistema de pensões que se configurou em Cuba se caracterizou como um sistema de repartição solidário e universal, estatal e sem capitalização de fundos. Em 2008, novas modificações na Seguridade Social foram realizadas a partir da aprovação da Lei n. 105, que tratou de adequar os serviços e benefícios aos desafios colocados pelo envelhecimento da população, pelas novas modalidades de gestão da propriedade e pela necessidade de ampliar a cobertura dirigida a grupos mais vulneráveis da população (Hernández, 2020; Odriozola *et al.*, 2018).

Esses avanços permitiram ao país superar carências históricas nas áreas da saúde e da educação, investir no desenvolvimento cultural e intelectual da população, criar condições para a disseminação da prática esportiva e, por meio do emprego e da seguridade social, garantir aos cidadãos acesso a um sistema de proteção social mais integral (Pérez; Esquenazi; 2018). Os resultados também se expressaram em uma sociedade com menores margens de desigualdade social, alto nível de escolaridade e baixo índice de criminalidade e violência, diferenciando o país dos demais países da América Latina (Cepal, 1979; Pérez; Esquenazi, 2018).

No início da década de 1990, Cuba perdeu seus principais parceiros comerciais com o fim do campo socialista, sofrendo uma abrupta redução em sua capacidade de produzir riquezas. Essa situação se tornou ainda mais complexa com o recrudescimento do bloqueio econômico norte-americano levando o país a vivenciar uma grave crise econômica e social, marcada por uma profunda redução no consumo das famílias, sobretudo no que tange aos bens de consumo não alimentícios, uma diminuição da qualidade dos serviços prestados na área das políticas sociais, uma escassez de materiais de construção para a reforma e a construção de moradias e uma grave deterioração das condições de transporte (Muruaga; Ramos; Añe, 2006).

Nesse contexto, foram implementadas algumas mudanças[8] que contribuíram para a criação de uma estrutura econômica mais heterogênea e segmentada, que abriram espaço para a atuação maior de outros tipos socioeconômicos com diversificação das formas de propriedade e de gestão dos meios de produção com a aprovação, inclusive, de uma legislação para investimentos estrangeiros em determinados setores e para a propriedade privada nacional em atividades selecionadas pelo governo. Os setores de turismo e da biotecnologia[9] se tornaram

---

8 Entre as principais medidas, destacam-se: despenalização de posse e uso de divisas estrangeiras (Decreto-Lei n. 140); criação da rede comercial em divisas estrangeiras (Tiendas de Recuperación de Divisas, ou TRD); autorização para o trabalho autônomo (Decreto-Lei n. 141); transformação das fazendas estatais agropecuárias em Unidades Básicas de Produção Cooperativa (UBPC) (Decreto-Lei n. 142); Lei n. 77 sobre investimentos estrangeiros; reorganização do sistema financeiro e bancário nacional; reorganização e redimensionamento da Administração Central do Estado (Decreto-Lei 147); promulgação da Lei n. 73 sobre o sistema tributário; autorização para o funcionamento dos mercados agropecuários (Decreto-Lei n. 191); autorização para o funcionamento dos mercados industriais e artesanais (Decreto-Lei n. 192); Decreto-Lei n.165 sobre as Zonas Francas (ZF) e os Parques Industriais; criação do Banco Central de Cuba e do Banco Comercial (Decreto-Lei n. 172 e 173); Decreto-Lei n. 171, que autoriza o aluguel de imóveis. Para mais detalhes ver: Xalma (2007).

9 Cabe destacar que, ainda na década de 1980, quando se reconheciam os erros e a necessidade de realização de mudanças no modelo econômico e social, o desenvolvimento do setor biotecnológico foi considerado uma área estratégica para o país. Tanto que a partir de 1981 tem-se a implantação das seguintes instituições: Centro de Investigações Biológicas; Centro de Engenharia Genética e de Biotecnologia; Centro de Produção de Animais de Laboratório; Centro Nacional de Biopreparados; Centro de Imunoensaio; Centro de

as principais estratégias de sustentação do crescimento econômico, recebendo grandes volumes de investimentos. Essas mudanças tinham como objetivo, além de gerir os impactos da crise e começar a reanimar a economia, tentar inserir competitivamente a ilha em uma economia e geopolítica mundial unipolar. No entanto, deve ser destacado que mesmo nessa complexa situação Cuba não implementou nenhuma terapia de choque ou política de ajuste neoliberal; muito pelo contrário, em meio de uma profunda crise, salvaguardar as conquistas/avanços sociais promovidos pela Revolução desde décadas anteriores continuou sendo uma prioridade (Ferriol; Therborn; Castiñeiras, 2004).

Isso garantiu uma retomada do crescimento econômico durante a segunda metade da década de 1990, e logo no início dos anos 2000 o governo buscou reverter os efeitos negativos derivados do contexto de crise e das mudanças introduzidas. No que tange às políticas sociais, destaca-se o conjunto de iniciativas denominadas Batalha de Ideias, que estiveram direcionadas a melhorar a cobertura, qualidade, eficiência e diversidade de um conjunto de bens e serviços públicos (Ferriol; Therborn; Castiñeiras, 2004; García; Anaya; 2010). No total, foram mais de 170 programas, com destaque nas áreas de educação, saúde, cultura e assistência e seguridade social.

Desde 2011, o país vem realizando novas mudanças importantes em mecanismos essenciais da esfera econômica, social e política como parte do que tem sido chamado de

---

Imunologia Molecular; Instituto Finlay; Centro de Química Farmacêutica. Já em 1992 cria-se o Polo Científico do Oeste de Havana, o qual incluiu mais de 50 instituições. Esses institutos foram fundamentais para se desenvolver um nível importante de autonomia na produção de medicamentos e vacinas pelo país (Valdés, 2021).

processo de atualização do modelo econômico e social, entre as quais é possível citar: ampliação das formas de gestão da propriedade dos meios de produção com maior espaço para formas não estatais; ampliação do uso de relações monetário-mercantis combinadas à planificação econômica como formas de regulação econômica do país; redução de alguns subsídios econômicos, reestruturação das empresas estatais, dentre outras (Stocco, 2017).

Dessa maneira, os mecanismos de satisfação das necessidades sociais e coletivas, assim como o sistema de políticas sociais constituídos e aperfeiçoados ao longo de mais de 60 anos, evidenciam que Cuba possuía condições diferenciadas para enfrentar a pandemia de covid-19, podendo contar com um conjunto de bens e serviços públicos que foram mobilizados e rapidamente adaptados para proteger a saúde da população e mitigar os efeitos socioeconômicos mais imediatos sobre as famílias, como será tratado na próxima seção.

## Principais ações adotadas durante a pandemia em Cuba

A gestão da crise sanitária em Cuba teve como pilar central um sistema de saúde público, universal, gratuito e baseado na atenção básica à saúde, combinado ao desenvolvimento científico e tecnológico em temas médicos, biotecnológicos e farmacêuticos. Estes setores são historicamente comprometidos com as demandas populares, geridos de maneira planificada e centralizada e permanentemente priorizados em termos do orçamento público desde a Revolução de 1959 (Esquenazi; Pandolfi; Carraro, 2022). A isso se somaram múltiplas ações de apoio social e econômico com amplo envolvimento comunitário (Esquenazi; Pandolfi; Carraro, 2022). Cabe destacar que as respostas adotadas foram sendo alteradas à medida que a doença evoluía internamente e que os impactos da pandemia foram aprofundando as dificuldades econômicas já vivenciadas pelo país, exigindo revisão e adaptação constantes das medidas ao longo do tempo.[10]

Ainda em janeiro de 2020, o governo cubano iniciou suas ações no enfrentamento à pandemia, com elaboração e aprovação de uma estratégia nacional materializada no Plano para a Prevenção e Controle do Coronavírus, que previu a participação de órgãos centrais do Estado, empresas, setor não estatal e população em geral (Díaz-Canel; Núñez, 2020; Calixto *et al.*, 2020). Em seguida, foram mobilizados todos os esforços governamentais, científicos e tecnológicos com a criação do Grupo de Ciência para o Enfrentamento da Covid-19, do Observatório da Saúde Covid-19 e do Comitê de Inovação, sendo iniciados, em um mês, cinco projetos de investigação sobre o novo coronavírus (Díaz-Canel; Núñez, 2020). Cabe destacar também a capacitação profissional em temas de biossegurança garantida a trabalhadores da saúde e dos órgãos centrais do estado, iniciada antes que se identificassem os primeiros casos da doença no país (Calixto *et al.*, 2020).

A partir dos primeiros casos de covid-19 no país, registrados em 11 de março de 2020, começaram a ser implementadas as medidas concebidas e organizadas no Protocolo Nacional do Ministério da Saúde para a Covid-19, desenhadas e implementadas a partir da gestão integrada de centros de pesquisa, universidades, instituições de saúde e demais órgãos

---

10 Passados dois anos do primeiro caso confirmado de covid-19 em Cuba, identificava-se que o país havia passado por três fases de propagação da doença (Chaple *et al.*, 2022), tendo sido o mês de agosto de 2021 o momento mais agudo da pandemia no país, quando foram registradas as médias diárias mais elevadas de contaminação e morte (Portal Miranda, 2022).

relacionados, com um enfoque inter e multisetorial que envolveu a participação ativa da população (Calixto *et al.*, 2020). Conforme indicaram Esquenazi, Pandolfi e Carraro (2022), as medidas foram organizadas em três frentes, a saber: 1) a gestão epidemiológica; 2) a organização dos serviços de saúde; 3) a gestão da ciência e inovação.

Como parte das medidas implementadas, se estabeleceu a obrigatoriedade do isolamento e da hospitalização dos enfermos desde o início da pandemia (Calixto *et al.*, 2020). Associado a isso, se realizou busca ativa pelos contatos de pacientes positivos ou suspeitos para a covid-19 com a criação de centros de isolamento, sendo organizado, também, acompanhamento domiciliar para pessoas mais suscetíveis à doença (Esquenazi; Pandolfi; Carraro, 2022; Vega-Romero; Mendoza, Martufi, 2021). Foram adotadas medidas de restrição de circulação, de intensificação dos cuidados higiênicos e de testagem em massa da população (Calixto *et al.*, 2020). Os serviços de saúde foram reorganizados para garantir atenção adequada aos casos positivos de covid-19 e suas complicações, e foi ampliada a quantidade de insumos e equipamentos à disposição nos hospitais e centros de atendimento (Cepal, 2023). Outra particularidade da gestão da pandemia em Cuba apontada por Esquenazi, Pandolfi e Carraro (2022) foi a utilização de insumos, equipamentos e medicamentos produzidos, predominantemente, pela indústria nacional, conferindo ao país uma autonomia em relação aos principais fornecedores mundiais.

Também fez parte das estratégias de gestão da crise sanitária a difusão de informações de forma transparente e segura, permitindo à população acompanhar a evolução da doença no mundo e no país e compreender as ações adotadas para combatê-la (Vega-Romero, Mendoza; Martufi; 2021). Dentro disso, destacam-se as audiências sanitárias nos territórios, centros de trabalho e estudos, além das entrevistas diárias de especialistas nos meios de comunicação e das campanhas midiáticas de conscientização (Vega-Romero, Mendoza, Martufi, 2021).

Como parte das medidas de controle da doença, foram suspensas as viagens turísticas e foi restringida a circulação de pessoas internamente, inclusive com a suspensão do transporte público e privado entre as províncias (Vega-Romero, Mendoza, Martufi, 2021). As aulas presenciais foram suspensas e, para não prejudicar o ensino, passou-se a transmitir as aulas da educação primária, secundária e pré-universitária pelo sistema público de televisão e também por meio de plataformas virtuais que possibilitaram o ensino remoto no caso da educação superior.

No âmbito das ocupações laborais, foram acionados os mecanismos já previstos nas legislações quanto à interrupção da atividade laboral em caso de enfermidades, sendo criadas outras, em especial focalizadas naquelas pessoas inseridas no setor não estatal (Peña; Colina; Echevarría, 2021). No setor estatal, muitos trabalhadores passaram ao regime de teletrabalho, outros foram remanejados para centros de trabalho mais próximos do domicílio, e as trabalhadoras com filhos em idade escolar foram dispensadas para acompanhar os filhos, sendo assegurado 60% do salário a partir do segundo mês de afastamento laboral (Domínguez, 2020; Peña; Colina; Echevarría, 2021). Em vários momentos foram paralisadas as atividades laborais não essenciais, sendo mantido o mínimo de trabalhadores nas atividades essenciais. Além disso, para o sustento das famílias – em especial aquelas com pessoas pertencentes aos grupos mais vulneráveis, como idosos, crianças e famílias monoparentais chefiadas por mulheres (Domínguez, 2020) – foram implementadas ações no campo da assistência e da seguridade social. Isso englobou a entrega de ajudas monetárias e o pagamento de pensões, a entrega de alimentos controlados, a organização comunitária de serviços de alimentação, entre outras (Domínguez, 2020).

Em levantamento realizado pelo Observatório da Covid-19 da Cepal, foram contabilizadas 105 medidas com várias ações relacionadas à gestão da crise sanitária entre 11 de março de 2020, quando foi confirmado o primeiro caso de covid-19 no país, até 09 de abril de 2021, quando ocorreu a última atualização no instrumento de acompanhamento da evolução das medidas do observatório (Cepal, 2023). Essas medidas mostram o envolvimento de diferentes instâncias organizativas e participativas da sociedade cubana: desde o Conselho de Ministros até a Federação das Mulheres Cubanas, a Federação dos Estudantes Universitários e os conselhos de defesa territoriais (Cepal, 2023). Esse levantamento mostra a amplitude das medidas, as quais não se concentraram apenas a atenção à saúde, mas envolveram o desenvolvimento de medicamentos e de vacinas, a regulamentação de preços e do acesso aos alimentos, a proteção da renda monetária das famílias, a suspensão ou redução de impostos, a prevenção contra a violência de gênero, entre outras (Cepal, 2023).

Adicionalmente a esse amplo conjunto de medidas, alguns princípios norteadores que embasaram essas ações devem ser destacados por seu impacto nos resultados alcançados pela experiência cubana na gestão/no enfrentamento dos impactos da pandemia por covid-19. São eles: 1) a defesa e garantia da vida como prioridade, sem entrar em falsas dicotomias/hierarquias entre o social e o econômico; 2) a premissa de pensar como país, colocando o bem-estar coletivo e as prioridades da sociedade acima de interesses individuais ou setoriais; 3) a exigência de garantir soberania tecnológica e científica como única forma de enfrentar os impactos do contexto pandêmico internacional para um país subdesenvolvido e dependente como Cuba, além da necessidade de constituir resposta própria devido à escalada das restrições impostas pelo bloqueio dos Estados Unidos (Esquenazi; Pandolfi; Carraro, 2022). Em resumo, trata-se de uma resposta sanitária, social, científica e governamental que, além de seu caráter pragmático voltado à gestão/ao enfrentamento da pandemia, também tem visado ser consequente com os fundamentos éticos e políticos da Revolução Cubana (Esquenazi; Pandolfi; Carraro, 2022).

Com essa forma de gerir a pandemia, Cuba registrou índices bastante reduzidos de casos positivos por 100 mil habitantes (9.824,55) e no número de mortes – 8.530 mortes, 75,3 mortes por 100 mil habitantes (WHO, 2023b). Mas as áreas em que o país mais se destacou na gestão da pandemia foram no desenvolvimento de imunizantes, na cobertura vacinal e na solidariedade e colaboração internacional prestada a outros países por meio das 57 brigadas do contingente internacionalista "Henry Reeve", que tem prestado ajuda em 40 países no combate à pandemia da covid-19 (Esquenazi; Pandolfi; Carraro, 2022).

Desde o início do contexto pandêmico, o país aproveitou sua experiência com o desenvolvimento de uma consolidada e diversificada indústria médica, farmacêutica e biotecnológica para criar sua própria vacina para combater a covid-19 (Gorry, 2022). Com isso, o país desenvolveu as seguintes vacinas: Soberana 01, Soberana 02 e Soberana Plus pelo Instituto Finlay de Vacinas (IFV); além da Abdala e da Mambisa, criadas pelo Centro de Engenharia Genética e Biotecnologia (CIGB) de Cuba. Desse grupo, os esquemas vacinais de Soberana 02, Soberana Plus e Abdala alcançaram uma eficácia de mais de 90% em ensaios clínicos (Esquenazi; Pandolfi; Carraro, 2022).

Isso permitiu que Cuba se tornasse o primeiro país da América Latina e Caribe a alcançar soberania tecnológica e produtiva no desenvolvimento de vacinas exitosas para enfrentar a covid-19 (Esquenazi; Pandolfi; Carraro, 2022). Em janeiro de 2022, Cuba era o país com a terceira maior taxa de vacinação do mundo (Gorry, 2022). A ilha também foi o primeiro país no mundo a vacinar massivamente as crianças menores de 2 anos. A inícios de maio de 2023, Cuba acumulou, no total, 44.112.391 doses administradas de Soberana 02, Soberana Plus ou Abdala, o que representa 90,7% da população da ilha com esquema vacinal completo (três doses) (Cuba, 2023). Adicionalmente, Cuba tem exportado suas vacinas para países como Venezuela, Vietnã, Síria, Irã, Nicarágua e México, além de estabelecer acordos com vários países para transferir sua tecnologia e produzir vacinas a baixo custo (Padilla, 2023).

## Desafios e dificuldades agravados pelo contexto da pandemia

A chegada da pandemia em Cuba se deu em um momento bastante complexo para o projeto societário cubano. A crise nas economias dos principais parceiros comerciais de Cuba já vinha afetando drasticamente o PIB do país, indicador econômico também afetado pela perda de mercados externos compradores de serviços médicos cubanos e pelo incremento das medidas vinculadas ao bloqueio econômico imposto pelos governo norte-americano contra o povo cubano[11] (Rodríguez; Odriozola, 2020). Tudo isso reduziu a quantidade de divisas disponíveis no país e as possibilidades de adquirir produtos e serviços importados, em especial combustível, necessários à produção, aos investimentos e à satisfação das necessidades básicas da população (Peña; Colina; Echevarría, 2021). Por sua vez, a produção de alimentos, que já enfrentava problemas com a falta de insumos e de estímulos, se viu afetada pela redução do volume de chuvas em 2019 (Rodríguez; Odriozola, 2020).

Além disso, algumas mudanças realizadas no âmbito do processo de atualização do modelo econômico e social acabaram ampliando as heterogeneidades das formas de inserção produtiva e de acesso aos bens e serviços essenciais, gerando desigualdades internas, em especial quando realizadas de maneira incompleta e não combinadas a outras mudanças previstas para fazer frente a esses efeitos (Peña; Colina; Echevarría, 2021). Assim, a chegada da pandemia e de seus desdobramentos socioeconômicos criaram um ambiente ainda mais desafiador.

As medidas de restrição de circulação adotadas em âmbito mundial e o fechamento das fronteiras do país reduziram a atividade econômica do setor de turismo, um dos principais responsáveis pela geração de empregos e renda, pela entrada de divisas e pelo dinamismo nas cadeias produtivas e de serviços relacionados ao turismo (Rodríguez; Odriozola, 2020). A entrada de dólares se viu afetada, ainda, pela redução das exportações do país – em rubros como níquel, açúcar e exportação de serviços profissionais (fundamentalmente colaboração

[11] Segundo Rodríguez (2020): "Las afectaciones del bloqueo entre 2018 y 2019 se elevaron a 4 343 millones de dólares, cifra ligeramente superior al año precedente, alcanzando un acumulado que se estima en torno a 138 843 millones de dólares a precios corrientes".

médica) – e do envio de remessas de cubanos residentes no exterior a familiares em Cuba (Cepal, 2022b).

Além disso, o menor volume de recursos financeiros, o aumento das taxas de juros e o custo mais elevado de máquinas e equipamentos reduziram também os investimentos nacionais e estrangeiros no país (Cepal, 2022b; Rodríguez; Odriozola, 2020). Outro fator que tem um impacto significativo no desempenho da economia da ilha é a dívida externa que, embora com vários incumprimentos e renegociações nesses últimos anos, compromete uma parte substancial dos ingressos em divisas recebidos pelo país por meio do pagamento do serviço da dívida (Rodríguez, 2020). Com uma entrada menor de divisas e menor disponibilidade de crédito comercial externo, a capacidade de importação se viu afetada, resultando em uma menor disponibilidade interna de bens intermediários e de consumo para a produção e a satisfação das necessidades básicas (Cepal, 2022b; Rodríguez; Odriozola, 2020). Com efeito, ampliou-se a escassez de bens e serviços, em especial de alimentos, medicamentos, construção de moradias, transporte e eletricidade (Rodríguez, 2022).

Como consequência, o país registrou em 2020 uma redução do PIB de 10,9% e, em 2021, embora tenha revertido a tendência de diminuição, o crescimento registrado foi de apenas 1,3%, muito abaixo da média dos países da região (6,6%). O resultado do crescimento da economia cubana em 2021, embora seja um sinal de gradual recuperação, ficou abaixo do inicialmente projetado (6%), evidenciando as grandes dificuldades do país para retomar a atividade econômica.[12] Para

[12] Vale destacar que, devido a um conjunto de fatores internos e externos, a economia cubana já mostrava um pobre/baixo desempenho macroeconômico no

2022, a estimativa era de que o PIB crescesse 3,0% (Cepal, 2022b). De modo geral, estima-se que só no período 2024-2025 será possível alcançar a taxa de crescimento do PIB de 2019 (pré-pandemia) (Rodríguez, 2022).

Além disso, mesmo com as medidas de proteção social adotadas para proteger o emprego, a renda das famílias foi afetada pela perda de emprego ou redução de salário com a diminuição das atividades turísticas, realocação temporária de alguns trabalhadores do setor estatal em atividades com remuneração menor e redução das remessas recebidas desde o exterior (Hidalgo de los Santos, 2022; Rodríguez; Odriozola, 2020).

Assim, nesse contexto de menor produção de bens e serviços, o estado precisou lidar com a necessidade de aumentar os recursos destinados para setores como saúde, seguridade social, assistência e produção de biotecnologia e medicamentos (Cepal, 2022b), além de expandir as medidas de racionamento de alimentos e produtos de higiene, combustíveis e energia, para garantir um acesso mais equitativo a esses bens e serviços de alta demanda (Cubadebate, 2021; Falcón *et al.*, 2022).

Ainda dentro desse contexto de pandemia, em janeiro de 2021 o país deu início à implementação do chamado "ordenamento monetário", que buscou promover a unificação monetária e cambial, eliminando o CUC, moeda conversível, em divisas, que circulava no país, e as diferentes taxas de câmbio que operavam na ilha (Molina, 2021). Esse processo visava

período pré-pandemia, fundamentalmente desde 2017, quando se faz muito perceptível o início de um novo ciclo de desaceleração do PIB. Diversos estudos estimam para a economia cubana uma taxa de crescimento estrutural de longo prazo em um rango entre 2% e 3% (relativamente baixa), com algumas exceções nos primeiros anos do milênio (Hidalgo de los Santos, 2022).

reduzir distorções, subsídios cruzados inadequados e ineficiências no sistema empresarial (Hidalgo de los Santos, 2022).

O ordenamento monetário envolveu, ainda, mudanças salariais, reformas nos preços e eliminação de subsídios concedidos a alguns bens e serviços (Molina, 2021). Mas o aumento da oferta monetária em circulação frente à reduzida oferta de bens e serviços e de divisas, em uma economia com grande participação de mercados informais de comercialização e parcialmente dolarizados, resultou em uma desvalorização da moeda nacional e um descontrole dos preços, que afetaram o consumo e o poder aquisitivo dos salários, gerando descontentamentos e muitos questionamentos em relação à condução da política econômica e ao próprio processo de ordenamento monetário (Cepal, 2022b; Molina, 2021). Segundo a Cepal, o país vivenciou uma inflação anual, em 2021, de 77,3%, o que se refletiu em uma deterioração da satisfação das necessidades das famílias cubanas (Cepal, 2022b).

Esse complexo cenário econômico e social combinado ao pior momento da crise sanitária no país culminou nas manifestações ocorridas em 11 de julho, em que milhares de cubanos saíram às ruas em diferentes províncias e cidades do país, fato que rapidamente foi capitaneado pelos movimentos contrarrevolucionários internos e externos. Na ocasião das manifestações, no mesmo domingo de 11 de julho de 2021, o residente Miguel Díaz-Canel foi ao local onde a movimentação foi iniciada, bem como mobilizou a população para sair em defesa da Revolução. Em resposta, outra parcela da população aderiu e ocupou as ruas (Pandolfi, 2021). Ainda assim, é importante destacar que as condições materiais de vida não melhoraram, ao contrário: as contradições se avolumaram em termos de desigualdades devido à presença das pequenas e médias empresas, à circulação do dólar e do euro junto do peso cubano a partir da unificação monetária, ao desabastecimento de alimentos e medicamentos e à falta de combustível. Esse é um cenário que tem estimulado a emigração, sobretudo de jovens e até mesmo de núcleos familiares completos. Estima-se que desde 2022 tenham saído do país mais de um milhão de pessoas, segundo dados relativos à entrada de cubanos no Brasil, Estados Unidos e Espanha, principalmente. O cenário impõe muitos desafios à Revolução Cubana, que resiste completando 65 anos; ao mesmo tempo, o cenário é de urgente necessidade pela radicalidade na luta contra o capitalismo e suas consequências para a humanidade.

## Conclusões

As transformações realizadas pelo país em seus 65 anos de Revolução corroboram condições estruturais próprias, distintas da organização dos países capitalistas, e permitiram à Cuba responder à pandemia de covid-19 de maneira particular. A ilha conseguiu manter índices extremamente baixos de contaminação e de mortes por covid-19 por um longo período nos primeiros meses da pandemia, e mesmo após os momentos mais agudos, os indicadores mostram que a gestão sanitária logrou êxitos importantes, em especial quando comparados aos países da região, que ocupam as primeiras posições no número de contaminações e óbitos. Esse resultado foi decorrente das condições diferenciadas que o país possuía para enfrentar a pandemia de covid-19, contando com um sistema de políticas sociais consolidado por mais de 60 anos, composto por um amplo conjunto de programas, bens e serviços públicos, que foi rapidamente mobilizado e adaptado para proteger a saúde da população e mitigar os efeitos socioeconômicos mais imediato sobre as famílias.

Foi esse sistema, mas em especial a prioridade conferida à política de saúde e ao desenvolvimento da ciência e da biotecnologia, que garantiu ao país condições diferenciadas para patentear, além de medicamentos, a produção de cinco vacinas contra a covid-19. Com isso, Cuba apresenta um dos maiores indicadores de cobertura vacinal de sua população e vem comercializando/disponibilizando para países do Sul global as vacinas e tecnologias produzidas na ilha. A autonomia com que o país enfrentou a pandemia em relação a medicamentos, equipamentos, insumos e profissionais qualificados mostra o compromisso e a prioridade do processo revolucionário com a proteção de sua população e com a vida humana. Mas revela também o acúmulo do país em termos de desenvolvimento científico e de potencial humano altamente qualificado em áreas sensíveis e de grande demanda mundial, apresentando-se também como uma das estratégias que podem ser acionadas para superar as limitações econômicas que complexificam a retomada do país no contexto atual.

No entanto, pese aos avanços e bons resultados alcançados pela ilha em termos de saúde, ciência e biotecnologia, o contexto pós-pandemia também demonstra uma intensificação de problemáticas anteriores e a emergência de novas tensões socioeconômicas e políticas. Cuba enfrenta na atualidade fortes obstáculos externos a partir da agudização nos últimos anos do bloqueio econômico e da crise econômica mundial. Outro fator é a mudança não tão favorável do contexto regional latino-americano em termos políticos e econômicos – por exemplo, se reduzem as possibilidades de comércio exterior (exportação, importação, investimentos, créditos), mas também as vias de cooperação e integração (comercial, financeira, tecnológica etc.).

Adicionalmente, é urgente superar/contornar um conjunto de problemáticas internas, que se agudizam nos últimos dois anos, mas que já vinham se complexificando desde antes da crise sanitária. Exemplos disso são: a escassez de diversos bens e serviços de primeira necessidade para a população (medicamentos, alimentos, combustíveis, geração de energia, abastecimento de água); a dolarização parcial de diversos segmentos de mercados, formais e informais, inclusive após a implementação do processo de unificação monetária; a aguda crise inflacionária e cambial que enfrenta a economia, pese aos esforços do Estado para regular essa situação; o impacto desse contexto na cobertura e na qualidade de algumas das políticas sociais, entre outros.

Essas questões anteriores se somam a um conjunto de desafios e contradições que já são históricos, mas que se agravaram na conjuntura recente, como: escassez de liquidez de divisas; elevada dependência das remessas do exterior; comprometimento na cadeia de pagamentos e/ou compromissos com a dívida externa; alto nível de dependência das importações para a produção nacional e também para dar resposta à falta de abastecimento de produtos alimentícios; descapitalização que enfrentam diversos setores econômicos, com destaque para a indústria; dificuldade de gerar encadeamentos produtivos internos a partir de setores-chave, como o turismo; descompasso entre os níveis de empregos-salários-produtividade; perda de capacidade aquisitiva dos salários e deterioração do seu papel como principal via de satisfação das necessidades das famílias cubanas, sobretudo para os(as) trabalhadores(as) do setor estatal; agudização de um conjunto de desigualdades e contradições sociais associadas a fatores como: segmentação de mercados, diversificação/heterogeneização das formas de propriedade e de gestão da propriedade, acesso a remessas ou à participação em setores emergentes da economia (formal ou informal), entre outros.

Em resumo, conseguir dar uma resposta urgente à necessária melhoria das condições de trabalho e vida do povo continua sendo a tarefa de primeira ordem para o processo revolucionário cubano, tarefa da qual depende, em grande parte, o engajamento social e a própria continuidade do processo. As recentes manifestações ocorridas em 11 de julho de 2021 são um chamado de atenção sobre isso. Para além das críticas que devem ser feitas em termos das fontes de financiamento e de canais de incitação externa, apropriação de pautas por elementos contrarrevolucionários e formas violentas de expressar-se nas ruas e nas mídias, as manifestações também têm por base um conjunto legítimo de insatisfações da população cubana.

Desse modo, ainda se colocam como importantes desafios: a necessidade de fortalecer e/ou construir coletivamente novas agendas de transformação e consensos sociais; de diversificar e fortalecer as formas de participação social e de exercício do poder democrático do povo; de ampliar as vias de diálogo entre a população e os dirigentes; também de ampliar as formas de planejamento estratégico e de reduzir os mecanismo burocráticos; de fortalecer o predomínio da propriedade social (pública-estatal), sobretudo em áreas sociais e econômicas consideradas estratégicas, assim como de fortalecer a preparação política-ideológica e, em sentido mais amplo, de não perder de vista a relevância da batalha de ideias e de consciências.

No presente capítulo, não pretendemos fazer um balanço exaustivo de todos os avanços, contradições e desafios da

Revolução Cubana; esse é o fio condutor que perpassa o livro como um todo. Por isso, cada um dos seus capítulos sintetiza e faz suas análises desde as particularidades abordadas pelas(os) autoras(es), questões relevantes que hoje estão colocadas para o processo de transição na ilha. No entanto, a modo de resumo, gostaríamos de destacar uma última questão.

Consideramos que o principal desafio de Cuba no pós-pandemia – mais do que da recuperação paulatina dos níveis pré-pandemia de indicadores socioeconômicos (crescimento econômico, investimento estrangeiro, produtividade, investimento social, geração de emprego etc.) – é a própria consolidação da reforma econômica e social iniciada formalmente há mais de uma década. Avançar na implementação de uma reforma coerente, profunda e integral, que permita concretizar a visão de desenvolvimento socialista esboçada no processo de atualização do modelo econômico e social cubano continua sendo o mais importante desafio na atualidade.

Portanto, ainda que o contexto seja difícil e de muitos desafios, ao que tudo indica, do ponto de vista histórico, Cuba conta com possibilidades para enfrentar a conjuntura atual e seus desafios sem abrir mão de suas mais amplas conquistas. Essa não é uma tarefa simples numa conjuntura internacional cada vez mais favorável ao capital e menos favorável ao trabalho (trabalhadores em toda sua diversidade), sobretudo a quem se encontra nos países da periferia desse sistema mundial. Nesse sentido, este livro demonstra como historicamente avançou a Revolução Cubana, mesmo diante do bloqueio, de cenários de crise e de perdas na necessária colaboração internacional. Ainda assim, o capital tem sido intransigente na defesa de seus interesses de acumulação e na ofensiva contra quem reverbera as possibilidades de uma sociedade que lhe seja superior. A

Revolução Cubana tem empenhado todos os esforços em sua continuidade, mas não deve tardar suas possibilidades de alianças internacionais a seu favor, para que mantenha sua direção socialista.

## Referências

BELL, J.; LÓPEZ L. D.; CARAM, T. *Documentos de la Revolución Cubana 1961*. La Habana: Editorial Ciencias Sociales, 2008.

BRIGOS, J. P. G. *et al.* "Economía y transformaciones revolucionarias en Cuba". *In:* BRIGOS, J. P. G. *et al. Cuba*: propiedad social y construcción socialista. La Habana: Editorial Ciencias Sociales, 2012. p. 307-349.

CALIXTO, J. *et al.* "Gestión de los riesgos sanitarios en el enfrentamiento a la covid-19 em Cuba". *Revista Cubana de Salud Publica*, La Habana, v. 46, supl. 1, 2020. Disponível em: https://pesquisa.bvsalud.org/portal/resource/pt/biblio-1144564. Acesso: 20 nov. 2022.

CARCANHOLO, M.; NAKATANI, P. "Cuba: socialismo de mercado ou planificação socialista?". *Revista de Políticas Públicas*, São Luiz, v. 10, p. 7-34, jan.-jun. 2006. Disponível em: http://periodicoseletronicos.ufma.br/index.php/rppublica/article/view/3791/1887. Acesso: 15 jun. 2022.

CEPAL. "América Latina y el Caribe ante la pandemia del covid-19: efectos económicos y sociales". *Informe Especial covid-19*, Santiago, n. 1, abr. 2020. Disponível em: https://repositorio.cepal.org/bitstream/handle/11362/45337/4/S2000264_es.pdf. Acesso: 18 ago. 2020.

CEPAL. "Los impactos sociodemográficos de la pandemia de covid-19 en América Latina y el Caribe". Santiago, 2022a. Disponível em: https://repositorio.cepal.org/bitstream/handle/11362/47922/1/S2200159_es.pdf. Acesso: 20 nov. 2022.

CEPAL. "Cuba". *Estudio económico de América Latina y el Caribe*. Santiago, 2022b. Disponível em: https://repositorio.cepal.org/bitstream/handle/11362/48077/12/EE2022_Cuba_es.pdf. Acesso: 20 jan. 2023.

CEPAL – Covid-19 Observatory in Latin America and the Caribbean: Economic and Social Impact. *Follow-up of the Evolution of covid-19 Measures*. 2023. Disponível em: https://statistics.cepal.org/forms/covid-countrysheet/index.html?country=CUB. Acesso: 15 mar. 2023.

CHAPLE, E. B. *et al.* "Dieciséis meses de pandemia de covid-19 en Cuba". *Infodir*, Havana, n. 38, maio-ago. 2022. Disponível em: http://scielo.sld.cu/scielo.php?script=sci_arttext&pid=S1996-35212022000200005&lang=pt. Acesso: 20 jan. 2023.

CUBA – MINISTERIO DE SALUD PÚBLICA (CUBA-MINSAP). Actualización de la estrategia para el desarrollo de las vacunas cubana. 2023. Disponível em: https://salud.msp.gob.cu/actualizacion-de-la-vacunacion-

-en-el-marco-de-los-estudios-de-los-candidatos-vacunales-cubanos-y-la--intervencion-sanitaria/. Acesso: 5 mai. 2023.

DÍAZ-CANEL, M.; NÚÑEZ, J. "Gestión gubernamental y ciencia cubana en el enfrentamiento a la covid-19". *Anales de la Academia de Ciencias de Cuba*, v. 10, n. 2, p. e881, jun. 2020. Disponível em: https://revistaccuba.sld.cu/index.php/revacc/article/view/881/886. Acesso: 10 jan. 2021.

DISTRIBUCIÓN de productos de aseo de la canasta básica normada avanza en el país. *Cubadebate*, Havana, 27 jan. 2022. Economia. Disponível em: http://www.cubadebate.cu/noticias/2021/01/27/distribucion-de-productos-de--aseo-avanza-en-el-pais/. Acesso: 20 dez. 2022.

DOMÍNGUEZ, M. I. "Cuba ante la pandemia del covid-19". *Pensar la pandemia: Observatorio Social del Coronavirus*, La Habana, n. 46, abr. 2020. Disponível em: https://www.clacso.org/cuba-ante-la-pandemia-del-covid-19/. Acesso: 23 nov. 2022.

ESQUENAZI, A. *¿Una revolución dentro de la Revolución?* Desafíos para la emancipación de las mujeres en Cuba. Tese (Doutorado em Política Social) – Programa de Pós-graduação em Política Social (PPGPS), Universidade Federal do Espírito Santo (Ufes), Vitória (ES), 2021.

ESQUENAZI, A.; PANDOLFI, A. F.; CARRARO, G. "Cuba na gestão da covid-19: a vida como prioridade". *Revista História e Luta de Classes*, v. 17, n. 33, p. 43-50, 2022. Disponível em: https://dev.historiaelutadeclasses.com.br/upload/arquivo/2022/11/5a8ee2f54ce65a3c8efb0bed5c9d97ad5f92a013 . Acesso: 6 set. 2024.

FALCÓN, A. F. *et al.* "Cuba: actualización sobre la situación del sistema electroenergético". *Cubadebate*, Havana, mai. 2022. Economia. Disponível em: http://www.cubadebate.cu/noticias/2022/05/26/cuba-actualizacion--sobre-la-situacion-del-sistema-electroenergetico/#anexo-1693519. Acesso: 20 dez. 2022.

FERNÁNDEZ, R. D. *¿Embargo o bloqueo?* La instrumentación de un crimen contra Cuba. Habana: Editorial Capitán San Luis, 2012.

FERRIOL, A.; THERBORN, G.; CASTIÑEIRAS, R. *Política social*: el mundo contemporáneo y las experiencias de Cuba y Suecia. La Habana: Instituto Nacional de Investigaciones Económicas, 2004.

FMI – FUNDO MONETÁRIO INTERNACIONAL. Fiscal Monitor: Policies to Support People During the Covid-19 Pandemic. Washington, abril, 2020. Disponível em: https://www.imf.org/en/Publications/FM/Issues/2020/04/17/Fiscal-Monitor-April-2020-Policies-to-Support-People--During-the-covid-19-Pandemic-49278. Acesso: 12 jul. 2024.

GARCÍA, A. Á.; ANAYA, B. C. "Relación entre desarrollo social y económico". *In:* GARCÍA, A. Á.; ANAYA, B. C. *Cincuenta años de la economía Cubana*. La Habana: Editorial de Ciencias Sociales, 2010. p. 274-332.

GENTILINI, U. *et al. Social Protection and Jobs Responses to Covid-19*: a Real-Time Review of Country Measures. Washington, DC: World Bank, 2020. Disponível em: https://documents1.worldbank.org/curated/

en/590531592231143435/pdf/Social-Protection-and-Jobs-Responses-to--covid-19-A-Real-Time-Review-of-Country-Measures-June-12-2020.pdf. Acesso: 6 set. 2024.

GORRY, C. "Vaccines and Public Trust: Containing covid-19 in Cuba". *MEDICC Review*, California, v. 24, n. 1, p. 9-13, jan. 2022. Disponível em: https://www.scielosp.org/article/medicc/2022.v24n1/9-13/. Acesso: 30 nov. 2022.

ODRIOZOLA, S. *et al.* Política Social: la experiencia de desarrollo cubano. *In*: COUTO, B. *et al* (orgs.). *Análise dos sistemas de proteção social na América Latina*: Brasil, Chile e Cuba . Porto Alegre: EDIPUCRS, 2018, p.259-294.

GUITART, S. O.; HERNÁNDEZ, H. C. "Los retos de la distribución en la transición al socialismo en la Cuba de hoy". *Economía y desarrollo*, La Habana, v. 156, n. 1, p. 187-199, jan.-jun. 2016. Disponível em: http://scielo.sld.cu/scielo.php?script=sci_arttext&pid=S0252-85842016000100013. Acesso: 2 jun. 2024.

HERNÁNDEZ, H. C. "Sistema de pensiones de la seguridad social en Cuba: un debate presente para el futuro". *Friedrich-Ebert-Stiftung (FES)*, Santo Domingo, abr. 2020. Disponível em: https://library.fes.de/pdf-files/bueros/fescaribe/16174.pdf. Acesso: 29 mai. 2023.

HIDALGO DE LOS SANTOS, V. (coord.). *La economía cubana pospandemia de covid-19*. La Habana: Editorial UH, 2022.

MOLINA, E. M. "La marcha del ordenamiento monetario cubano en el orden legal y su trascendencia para la comunicación social". Política Internacional, Havana, v. 3, n. 3, p. 28-36, jun.-set. 2021. Disponível em: http://portal.amelica.org/ameli/journal/332/3322867004/3322867004.pdf. Acesso: 15 dez. 2022.

MORENO, G. C.; RODRÍGUEZ, J. L. *Erradicación de la pobreza em Cuba*. Habana: Editorial de Ciencias Sociales, 1987.

MURUAGA, A. F.; RAMOS, A; AÑE, L. "Reforma económica y población en riesgo en Ciudad de La Habana". *Cuba: Investigación Económica*, La Habana, ano 12, n. 1-2, p. 1-106, jun. 2006.

OIT. "Policy Brief: A Policy Framework for Tackling the Economic and Social Impact of the covid-19 Crisis". 2020. Disponível em: https://data2.unhcr.org/en/documents/details/77334. Acesso: jul. 2020.

ONU – ORGANIZAÇÕES DAS NAÇÕES UNIDAS. "Pelo 29º ano consecutivo, Assembleia Geral da ONU pede fim do embargo a Cuba". 24 jun. 2021. Disponível em: https://brasil.un.org/pt-br/133082-pelo-29%C2%BA--ano-consecutivo-assembleia-geral-da-onu-pede-fim-do-embargo-cuba. Acesso: 30 mai. 2023.

PADILLA, T. "Las vacunas cubanas y la inequidad mundial". *Cubadebate*, Havana, 2 jan. 2023. Salud. Disponível em: http://www.cubadebate.cu/especiales/2023/01/02/las-vacunas-cubanas-y-la-inequidad-mundial/. Acesso: 6 mai. 2023.

PANDOLFI, A. F. *Transição ao Socialismo*: a participação política dos trabalhadores nas empresas estatais de Cuba. São Paulo: Lutas Anticapital, 2019.

PANDOLFI, A F. Cuba: mudanças internas e relações internacionais. *Revista Textos & Contextos*, Porto Alegre, v. 20, n. 1, p. 1-11, jan.-dez. 2021. Disponível em: https://revistaseletronicas.pucrs.br/index.php/fass/article/view/41276. Acesso: 2 jun. 2024.

PEÑA, A.; COLINA, H.; ECHEVARRÍA, D. "La respuesta cubana ante el covid-19: complejidades socioeconómicas de un control sanitario efectivo". *In:* CHAM, G. G.; LIMA, S. H.; KEMNER, J. (coords.). *Pandemia y crisis*: el covid-19 en América Latina. 1ª edição. Guadalajara: Centro María Sibylla Merian de Estudios Iberoamericanos Avanzados em Humanidades y Ciencias Sociales (CALAS): Editorial Universidad de Guadalajara, 2021. p. 183-209. Disponível em: http://www.calas.lat/en/publicaciones/colecci%C3%B3n-calas-editorial-de-guadalajara/pandemia-y-crisis-el-covid-19-en-am%C3%A9rica. Acesso: 17 nov. 2022.

PÉREZ, O.; ESQUENAZI, A. "Protección y política social". *In:* COUTO, B. *et al. Análise dos sistemas de proteção social na América Latina: Brasil, Chile e Cuba*. Porto Alegre: EDIPUCRS, 2018.

PORTAL MIRANDA, J. A. "Dos años de covid-19 en Cuba". *Infodir*, Havana, n. 38, maio-ago. 2022. Disponível em: http://scielo.sld.cu/scielo.php?script=sci_arttext&pid=S1996-35212022000200018&lang=pt. Acesso: 20 jan. 2023.

RODRÍGUEZ, C. R. *Cuba en el tránsito al socialismo*: Lenin y la cuestión colonial (1959-1963). La Habana: Editora Siglo XXI, 1979.

RODRÍGUEZ, J. L. "Cuba y su economía en 2019: un año de avances en medio de dificultades (II)". *Cubadebate*, Havana, 18 fev. 2020. Economía. Disponível em: http://www.cubadebate.cu/opinion/2020/02/18/cuba-y-su-economia-en-2019-un-ano-de-avances-en-medio-de-dificultades-ii/. Acesso: 6 mai. 2023.

RODRÍGUEZ, J. L. "Cuba: factores de la compleja coyuntura económica en el primer semestre del 2022 (I)". *Cubadebate*, Havana, 26 ago. 2022. Economía. Disponível em: http://www.cubadebate.cu/opinion/2022/08/26/cuba-factores-de-la-compleja-coyuntura-economica-en-el-primer-semestre-del-2022-i/. Acesso: 6 mai. 2023.

RODRÍGUEZ, J. L.; ODRIOZOLA, S. "Impactos económicos y sociales de la covid 19 en Cuba: opciones de políticas". *PNUD*, 30 mai. 2020. Disponível em: https://www.greengrowthknowledge.org/sites/default/files/downloads/resource/266%20IMPACTOS%20DE%20LA%20covid-19%20EN%20CUBA-24%20JUNIO-2020.pdf. Acesso: 20 dez. 2022.

STOCCO, A. F. *Distribuição, igualdade social e desenvolvimento*: a experiência cubana. Tese (Doutorado) – Programa de Pós-graduação em Política Social, Universidade Federal do Espírito Santo, Vitória, 2017.

VALADÃO, C. C. *Política social na transição socialista cubana*: revolução e atualização. Tese (Doutorado em Política Social) – Programa de Pós-graduação em Política Social (PPGPS), Universidade Federal do Espírito Santo (Ufes), Vitória (ES), 2021.

VALDÉS, J. V. "¿Qué significan los cinco candidatos vacunales cubanos contra la covid-19?". *Revista Cubana de Salud Pública*, La Habana, v. 47, n. 2, abr.-jun. 2021. Disponível em: http://scielo.sld.cu/scielo.php?script=sci_arttext&pid=S0864-34662021000200001. Acesso: 2 jun. 2024.

VEGA-ROMERO, R. R.; MENDOZA, D. C.; MARTUFI, V. Lecciones de Cuba el control y prevención de la pandemia por Covid-19 desde el papel de la Atención Primaria en Salud. *APS em Revista*, v. 3, n. 1, p. 16-23, jan.-abr. 2021. Disponível em: https://apsemrevista.org/aps/article/view/157. Acesso: 20 nov. 2022.

WHO – WORLD HEALTH ORGANIZATION. WHO statement on cases of covid-19 surpassing 100.000. mar. 2020. Disponível em: https://www.who.int/news-room/detail/07-03-2020-who-statement-on-cases-of-covid-19-surpassing-100-000. Acesso: 20 out. 2023.

WHO – WORLD HEALTH ORGANIZATION. Covid-19 Dashboard. Geneva: World Health Organization, 2023a. Disponível em: https://covid19.who.int/WHO-covid-19-global-table-data.csv. Acesso: 1 mar. 2023.

WHO – WORLD HEALTH ORGANIZATION. Timeline: WHO's covid-19 response. 2023b. Disponível em: https://www.who.int/emergencies/diseases/novel-coronavirus-2019/interactive-timeline#event-53. Acesso: 20 out. 2023.

XALMA, C. *Cuba*: ¿Hacia donde?. 1ª edição. Barcelona: Icaria Editorial, 2007.